Z是ZARA、H&M、UNIQLO、TOPSHOP、GAP…

Z是个人魅“力”

Z = ZERO

——时尚O距离——

平 价 时 尚 力

——时尚女王教你穿出个人竞争力

铁打的贵妇 陈璧君——著

CNS 湖南文艺出版社
HUNAN LITERATURE AND ART PUBLISHING HOUSE

PREFACE

时尚，是做一个聪明的消费者，而非追随者

全球的时尚来自巴黎，巴黎时尚的创始者是一位英国律师之子查尔斯·沃斯 (Charles Worth)， 今天时尚的主宰者是来自德国的时尚大帝卡尔·拉格斐 (Karl Lagerfeld)。

早期的时尚因为时代的巨变而平民化，平民化的时尚又因为时尚大帝的临门一脚麻雀变凤凰，时尚的百年蜕变殊途同归，今天你我都可以用平价与英国凯特王妃穿同一件ZARA，这就是时尚的最高境界——民主时尚，时尚之前人人平等。

平价时尚革命的推手：时尚大帝卡尔·拉格斐

卡尔·拉格斐——最高精品殿堂的时尚大帝，却同时也是平价时尚（Fast fashion）的先驱。

这句话听起来很讽刺，但却是事实。

我爱卡尔，而且对这位老佛爷愈来愈敬佩！

卡尔贵为高级时装界的领袖却没有盲目地拥抱上流，早在2004年他便嗅到时尚之民意所趋，完全不顾当时时尚界的舆论与纷争，首开先例，一脚跨到好几层之下的平价时尚(H&M)去试水温，果然这临门一脚，不仅让束之高阁的时尚像落入凡间的精灵，同时也加速了平价时尚的快速发展。

多年来，卡尔不仅依然领导高级时尚产业（High Fashion）继续向上提升，同时对于代表时代巨浪的Fast Fashion也高度参与。对他而言，时尚是个使命而非枷锁，不管你的收入多少，都应该有权利享受到时尚所创造出来的魅力，时尚的本意应该是分享。

现在卡尔正领着平价时尚的旗帜，大步迈向更多想贴近时尚、拥抱时尚的人群。2012年2月3日由“Karl × Net-a-poter”合作首度开卖的Karl平价奢华系列多数单品在第一时间被抢购一空。

平价是让时尚更民主

没错，这就是老佛爷的魅力，也是时尚的可爱之处，以往高不可攀的时尚踏过“跨界合作（Crossover）”，变成了你我都负担得起的平民时尚，如同Lanvin前设计总监阿尔伯·艾尔巴茨（Alber Elbaz）所说：“我们已经到达一个转捩点，没有人会穿着某个品牌的标志了，人们毫不犹豫地将Lanvin与Topshop搭配在一起，一切都变得更民主了。”

“一切都变得更民主了。”我喜欢这句话！

民主需要流血流泪去争取，时尚却像一场优雅而宁静的革命，静悄悄、却又那么充满戏剧性地划过了一个又一个世纪，就当我们咀嚼着这两个字时，原来它早已融入你我的血液里。时尚不再遥不可及，现在我们口中的时尚是一个人人平等的全民运动，每个人都可以塑造属于自己的风格，你可以大声地说：“有风格的自己就是时尚！”

聪明的消费者 VS.盲目的追随者

因为网络，因为不景气，让“平价时尚（Fast Fashion）”快速攻略你我的衣服，也因为这些平价品牌，让我们可以拥

有更多机会与权利去找寻属于自己的时尚，我问了身边朋友对于快时尚（Fast Fashion）的看法，一致的结论就是：这是一个可以让我们可以有更多选择的提案。我们可能会花钱去购买Louis Vuitton、Chanel、Dior广告上强打的包款，但是我们也会理所当然地走进ZARA、H&M、Topshop……花个几百块台币买件T-Shirt，接着可能会走进巷弄间一家年轻设计师的店买取一条裙子或饰品，然后将这些行头穿戴在身上，这样会让我们感到信心满满，因为我们想要传达的不只是“时髦”两个字，我们是有主见的聪明消费者，不是盲目的追随者。

出版这本书，目的不在于对快时尚（Fast Fashion）的歌功颂德，纯粹是一位时尚工作者多年的观察与体验，希望可以与众人一起分享这个时代的时尚语言，这是一个个人风格左右时尚的潮流年代，每个人只要拥有自己的时尚力（Z Fashion），你可能就是下一位卡尔·拉格斐。

铁打的贵妇
陈璧君

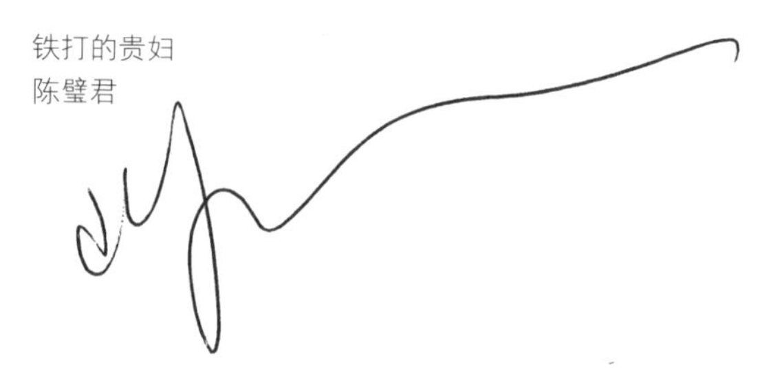

序 II

PREFACE

快时尚，人人消费得起的时尚

当我们在谈快时尚（Fast Fashion）一周上新货的快速抢钱戏码时，速度确实已经成为主宰时尚霸主的关键词。近几年，备受快时尚的威胁，奢侈品也不得不快，于是从一年四次的平均上架次数改成一年六次，甚至也有卯起来直接与快时尚对仗的。主掌Moschino的美籍设计师杰瑞米·斯科特（Jeremy Scott），一上任便开始破天荒地网上直购秀上新品，虽然只是部分商品的在线直购，却已经达到快速抢钱以及热炒话题的效果。再者，另一数字化最先端的英国老牌Burberry，在CEO兼创意总监克里斯托弗·贝利（Christopher Bailey）的带领下，除了与Wechat、Line合作在线直播时尚秀外，同时还“变本加厉”地玩起私人定制在线下单，果然一波又一波地与速度接轨奏效，让精品大牌除了荷包满满，同时也大大地免费换取了品牌高度曝光的机会，因此，快时尚，已经不在局限于平价品牌，从上到下，没有速度就是Out！！！

短短几年光景，快时尚的激流，由下往上地冲击了整个时尚产业链，其实最大的帮凶来自新媒体。互联网的大肆扩张，网络的发达，社群媒体的热络，所有信息在移动端秒速传递，分享时尚、分享个人品味成为了一番事业，自拍与街拍的自媒体狂潮，圆了每个人都可成名15分钟的梦想，时尚博客每天为了祭出更吸引人的时尚美图，喜新厌旧、不重复穿搭的消费，可以让新品在全球瞬间秒杀，说穿了，这股由时尚博客引领的粉丝经济，才是当前快时尚的幕后推手。

快时尚的崛起，让人人消费得起时尚，时尚不再遥不可及，当每个人都有机会参与时尚时，更多拥有个人风格特质的潮人，顺势成为意见领袖，搭衬着标榜素人时尚的国际街拍时尚，透过Street Snap的高速渲染力，快时尚的商业模式，从线下实体店铺到在线网店，几乎毫无缝隙地全速攻略你我的生活与消费。

21世纪，迎接的是80后、90后的消费族群，快时尚的快，反应新世代消费族群对数字媒体的高度依赖，未来的快时尚，除了快，若无更吸引人的设计与营销手法，恐怕也只能淹没在一片与速度赛跑的蓝海之中。

推荐序
PREFACE

专属个人的混搭时尚潮

璧君是一个很特别的女人，对时尚敏感——很冲！

但有时候也很糊涂，像我们录影的时候，她有时会忘记接她的女儿。但她不会忘记“一丝一毫”的流行讯息。

很多人认为艺人都是穿名牌的衣服，名牌固然有它的特殊设计和它特好的材质。但如果买不起名牌怎么办呢？

璧君就会在这本书中告诉你——混搭的力量！

综艺教母
张小燕

推荐序

PREFACE

让风格不再被价格局限

一个人的独特风格是无法用价格来衡量的。

正如其名，铁打的贵妇并非含着金汤匙出生的名媛，她和我们多数人一样靠着不断摸索和尝试，在各种生活经验的累积下创造属于她自己独到的审美观，所以说她是“铁打的”一点儿也不过分。这回她出书分享平价时尚，更是突显了风格大于价格的概念，我和她两个人私下沾沾自喜地向彼此炫耀如何聪明购物：“500块钱的衣服也能发挥50,000元的功效”，只要懂得灵活搭配，每个人都可以与众不同！

摄影：邵庭魁

平价时尚让流行随手可得、让时尚千变万化、让风格不再被价格局限，这也让我们这群天马行空、不按常理出牌、又有些小叛逆的人们有了挥洒想象力的空间！

“个人风格”才是定义精彩的指标，让我们一起跟着“铁打的贵妇”去了解平价时尚的影响力吧！

时尚甜心
侯佩岑

推荐序
PREFACE

把『美丽』这件事放在心上

时尚感的造就绝对不是一天两天随随便便就能拥有的，需要长时间把“美丽”这件事放在心上，推敲研究，慢慢找出属于自己的风格。

铁打的贵妇绝对不是叫假的，Stacie老师这些年来帮助无数人量身打造他们的美丽，练成一身时尚好功夫！学老师穿搭就对啦！

氧气美女
范玮琪

推荐序
PREFACE

衣柜不需要太大，但需要军师

穿衣哲学我没有很懂，大部分都交给造型师去专业地发展，台上电视上的那个各种形象的我美丽的出现都是经由很棒的造型师打造出来的，我最爱的其中一位就是璧君 Stacie。

曾经在金曲奖合作时让我美丽兼具时尚的上台，在红毯上不俗气不超龄的打扮要归功于她，拍广告时那个清新的邻家的女神样子也需要她。

私底下其实我是她的粉丝，常常看她每日的街拍造型。私底下我跟她一个部分很相似，就是喜欢条纹的T-shirt和oversize的大衬衫、白衬衫、各种颜色的衬衫，还有复古的永不退流行的old school style白球鞋。

还想起，我们都是墨镜控。呵呵，装酷的气势在极度休闲装扮时是需要一个超大墨镜。身上的颜色不超过三种，配件的包包最好是有点当季的流行元素。

最近流行的球鞋装扮正适合我们，可以脱掉高跟鞋后舒服的自在着，就好像平日周末的装扮。

非常easy！

简单，才有出路， 简单，就不会出错。

谢谢璧君。恭喜再次出书解救我们，衣柜不需太大，但需要军师如璧君。

大卖。

Cheers！

情歌天后
梁静茹

推荐序
PREFACE

人人必败的时尚圣经

在荧光幕前，不论是红毯战袍、典礼主持，抑或是广告造型，我相信专业，而铁打的贵妇——璧君便是我最信赖的高手。

平价时尚混搭需要基本功，衣服的特色胜过于它的标价，能够穿出自己风格才是专家，时尚不再遥远，想要更精打细算地穿出一身潮流感，这本《平价时尚力》绝对是必败的时尚圣经。

金钟影后
天 心

摄影：邵庭魁

目录
CONTENTS

01 Chapter 01
从Fashion→Fast Fashion百年时尚革命ING这100年时尚产业究竟发生了什么事？

02 时装简史

Fashion，时尚生活的关键字

Fast Fashion 不景气时尚——负担得起的时尚

平价时尚就像印钞机，每一秒快速抢钱

06 百年时尚革命：12 Icon ×“她们”的Style

35 关于时尚，9个风靡全球的平价时尚潮牌 Chapter 02

36 推翻富人才能享有时尚的定律—— ZARA 西班牙

41 欧洲服装界中的平民天王—— H&M 瑞典

48 新锐设计师的摇篮—— Topshop 英国

53 平价贩售好莱坞名人流行—— ASOS 英国

56 美式休闲风格的蓝色奇迹—— GAP 美国

60 永远如21岁少女般—— Forever 21 美国

63 居家文化服饰通路的鼻祖—— Urban Outfitters 美国

67 从一家小西装店变成国民服饰—— UNIQLO 日本

72 时尚圈独领风骚170年—— C&A 荷兰

77 Chapter 03

全民平价时尚革命运动ING！

大牌设计师、名模、明星、名媛、女人、男人、小孩、你、我，都是这场时尚革命的参与者。

78 平民时尚跃升主流

时尚大帝Karl Lagerfeld：平价时尚革命推手

平价时尚革命先驱：H&M

打破了平价与高级服饰之间的森严界线：Topshop

低调的蓝色魅力：GAP

国民品牌的时尚魔法术：UNIQLO

Chapter 04

89 未来的潮流趋势就是——我型我塑的个人风格
全球IT Girls引领潮流

New York
90 花边教主真人版——奥利维亚·巴勒莫 Olivia Palermo
91 前卫独立品位——科洛·塞维尼 Chlöe Sevigny
92 奢华波西米亚创始者——奥尔森姐妹 Olsen Twins
93 随性自然的时髦——凯特·波茨沃斯 Kate Bosworth

London
94 时尚界MVP——艾里珊·钟 Alexa Chung
96 平价时尚教主——凯特·摩丝 Kate Moss
98 英国新一代的时尚偶像——平民王妃 凯特·米德尔顿 Kate Middleton
99 随性时尚的当代嬉皮——西耶娜·米勒 Sienna Miller

Paris
100 巴黎最时髦的女人——伊娜·德拉弗拉桑热 Inès de la Fressange
101 含着时尚金汤匙出生的女孩却独爱平价品牌——露·杜瓦隆 Lou Doillon

Russia
102 俄罗斯时尚四剑客——埃琳娜·佩米诺娃Elena Perminova/优丽亚娜·瑟吉安科 Ulyana Sergeenko/维卡·G Vika Gazinskaya/米洛斯拉瓦·杜玛 Miroslava Duma

China
103 从头到脚都是焦点的时尚名媛——孙芸芸 Yun Yun Sun
104 台湾时尚明星NO.1——侯佩岑 Patty Hou
106 东方葛丽丝·凯莉——李冰冰 Bing Bing Li
107 复古男孩——刘雯 Wen Liu
108 全亚洲最潮的女明星——徐濠萦 Hilary Tsui
109 甜美与摇滚混搭的潮流教主——杨颖 Angelababy

Korea
110 潮流发电机——郑秀妍 Jessica

Japan
111 引领时尚潮流的 Jun Style——长谷川润 Jun Hasegawa

Chapter 05
平价时尚先修班—**6 Ways**提升你的时尚竞争力
113

115 Way 01：Fashion Show——从秀场吸取潮流精华
118 Way 02：时尚人生不能没有网络
119 时尚必修——推荐你每日必读的时尚网站
www.style.com从配件到整体造型通通即时帮你归类
www.vogue.co.uk透过犀利潮人的注解，一探当季趋势重点
120 Street Fashion Blogs 不可不看的热门街拍时尚网站
121 时尚人要知道——坐在秀场第一排的时尚博主
最年轻的时尚评论家：泰薇·盖文森 Tavi Gevinson
瑞典时尚教母：伊琳·可灵 Elin Kling
最会穿女装的美少男：布莱恩 Bryan Boy
时装界的毒舌派女王：苏西·门克斯 Suzy Menkes
花帽女魔头：安娜·皮亚姬 Anna Piaggi
126 Way 03：你所阅读的刊物代表了你的品位
129 Way 04：艺术启蒙个人品位
136 Way 05：时尚纪录片让你成为真正的“时尚人”
140 Way 06：经典电影 = 时尚圣经

Chapter 06 145
15 Must Have 不退流行的百搭单品
Smart Shopping→Smart Fashion

146 骑士风皮衣 Leather Biker Jacket
151 黑色洋装 Little Black Dress
154 围巾/披肩 Scarf/Shawl
157 绅士帽 Fedora
159 帆布鞋 Converse Shoes
162 坦克背心 Tank Top
165 腰带 Belt
168 条纹衫 Striped Shirt
171 牛仔裤 Jeans
176 马丁大夫靴 Dr.Martens Boots
177 及膝长靴 Leather Knee Boots
180 西装外套 Men's Jacket
162 墨镜 Sunglasses
184 风衣 Trench Coat
186 饰品 Accessories

Chapter 07 189
43×Z People时尚人的小钱潮穿术
谁的衣柜中没有Z？这些人不仅会买，且深谙运用平价混搭穿出时尚的大学问

319 后记

Chapter 01

从Fashion→Fast Fashion
百年时尚革命ING
这100年时尚产业究竟发生了什么事？

快时尚的诞生就是提供了没有压力的时尚享受，是人人消费得起的平民时尚，这股时尚民主化的潮流正是21世纪的时尚符号。

首先，在进入百年时尚革命之前，
我们先来聊聊何为Fashion（Slow Fashion）？
何为Fast Fashion?
在快（Fast）与慢（Slow）之间的差异是什么?

时装简史

裁缝（Fournisseur）→高级定制（Haute Couture）19世纪~20世纪→高级时装（Ready to Wear）。

现在我们看到一年两次的时尚秀（Fashion Week）其实就是Ready to Wear的成品发表会。当然至今巴黎还有几个大品牌定期会有高级定制服装的秀（Haute Couture）。

认识高级定制服装

Haute（高级）Couture（量身定制），两个字不管是分开或是合在一起都象征着不凡，高级定制服Haute Couture迄今仍是象征地位与财富的奢侈品极致表率，也是百年法国时装的精神。想进入这个最高规格的时尚殿堂并不容易，首先必须通过巴黎时装公会（Mode a Paris）旗下高级定制服部门（La Chambre de la Couture）严格的标准考核，才能成为会员，目前称得上正式会员的包含Christian Dior、Chanel只有11个，再加上其他准会员与见习资格的品牌约34个，且每两年重新评估一次。

巴黎高级定制女装会员的严格规定：

1.在巴黎必须有充足的人员配备与设备齐全的工作室、制作室。
2.必须配备25位以上裁缝师、50个以上的设计和50个造型。
3.每一件定制服必须符合120~800个工时的纯手工制作。
4.必须每年在巴黎各做一次春夏秀和秋冬秀。
5.每次展示必须有50款以上的各式高级女装。

备注：每一套定制服需要经过6次试装，每一套衣服都有个人专属的名字。每件高级定制服的价格不一，大致上可以从2万美元到100万美元，能消费得起Haute Couture的成员非富即贵，目前全球人数绝不超过300人。

Fashion，时尚生活的关键字

Fashion=Ready to wear=High Fashion=Slow Fashion

Fashion本身代表的就是时装、时髦、流行的意思，而流行意味着就是一个现在进行式的动词，所以Fashion一直以来就是一个会随着时间、季节、年代而有所变动的符号。

19世纪以来这个源自巴黎的时尚产业，百年来一直左右着全世界人们的衣着态度，一年两次（春夏/秋冬）的时尚大秀（Fashion Week）像是一场串通好的商业阴谋，Fashion就是这么公式化地运作着，所以说Fashion是被创造出来的需求一点也不为过。

不过严格讲起来，今天我们所说的Fashion，最早是源自巴黎高级定制服（Haute Couture）的雏形，打从16世纪皇宫贵族、上流社会的交际圈起，随着18世纪末的法国大革命、大环境的改变（两次世界大战）、资本主义的崛起、全球的经济发展、以及资讯科技的突飞猛进，辗转变成一种象征大众化并具备强烈商业色彩的时尚产业。

Fashion这个字的诞生虽然源自于巴黎时装产业，但是随着时间的催化，现在提到Fashion，一方面除了意指高级时装（High Fashion）所引领的季节性趋势潮流外（时尚），另一方面也涵盖生活层面，可能是音乐、设计、美食等多数人所认同追随的一种通俗的集体意识行为（流行），“时尚”可以带动流行，成为每个年代人们的衣着品位与生活态度，但是，不是每一个时装设计都能成为流行。在这里我们探讨的Fashion是从纵向的时装产业链横向发展成为影响普罗大众衣着、生活品位的潮流现象（全面性的生活方式），完整的说法是“流行时尚”，简称为“时尚”。

Fast Fashion 不景气时尚——负担得起的时尚

Fast Fashion=Mc Fashion= Recession Fashion（不景气时尚）=时尚民主化

快时尚（Fast Fashion）的概念出现于20世纪90年代，这是个不景气的年代，也是个资讯爆炸的年代，来自美国的速食文化席卷全球，从吃饭到穿衣，从娱乐到交友，能快就快，以便利而快速地达到目的为主，于是便诞生了快时尚（Fast Fashion），或一如美国所称的“Speed to the Market”，流行什么就卖什么，急速反映市场需求。快时尚就是以麦当劳式（Mc Fashion）的快速，满足普罗大众的时尚胃口。

刚挤下“股神”巴菲特（Warren Buffett），成为全球第三大富豪的西班牙平价品牌ZARA老板阿曼西奥·奥特加（Amancio Ortega），正是带动全球平价时尚力当中的一哥，运用快速回应（Quick Response）的垂直整合效应，自Fashion Week的T台上或城市街头（Fashion Hunter）撷取流行趋势后，从设计、打样、生产到销售，平均只需费时7天，速度之快，堪称时尚界奇迹。除了快（新鲜感），也顾及了精品流行的时尚感（高级感），但价格却不到十分之一，这种在行销上以低价的策略刺激大量的购买欲，让消费者有“物超所值”的理性价值观，不但心甘情愿掏荷包，且排着人龙等抢购。更重要的是，它扭转了原本时尚等同于高价的既定印象，随着时间的催化，Fast Fashion逐渐变成多数人的消费模式，甚至是衣着态度。

从20世纪90年代到21世纪的今天，“快时尚”（Fast Fashion）之所以蹿起，且影响力愈来愈大的原因，除了不景气的大环境因素外（2008年的金融海啸我们将快时尚称之为不景气时尚——Recession Fashion），最主要是因为他们贩售了“负担得起的时尚”，“圆了多数人对时尚的梦想”，他们让消费者开始反思“时尚与价格的关系”，走在潮流尖端的不再只是精品大牌的专利，能够快速反映消费者心态的才是赢家。确实，人们不会因为经济不佳或收入紧缩，就停止朝拜时髦的欲望，快时尚的诞生就是提供了没有压力的时尚享受，时尚不再是个遥远的奢侈品，而是人人消费得起的平民时尚，平价时尚（Fast Fashion）推翻了百年High Fashion的八股定义，想掌握最前线的潮流品位无需花大钱，每个人对时尚的解读都有一套专属自我的时尚语言，这股时尚民主化的潮流正是21世纪的时尚符号。

平价时尚就像印钞机一样，每一秒快速抢钱

快（Fast）与慢（Slow）之间的差异是什么？经济学家郎咸平曾表示："在21世纪，成功者已不再是创造者，而是快速反应者。"首先，快与慢是一种相对词。不过事实上也是针对流行的速度而分，传统的时尚季节分为春夏与秋冬两个年度周期，平均一个潮流季节大约是6~7个月，但是，快时尚的流行周期则压缩成4~6周的时间，在这种情况下，快时尚的营销人员可以比奢侈品时尚（Slow Fashion）创造出更多的购买季节，在薄利多销的行销策略下，平价时尚就像是印钞机一样，每一秒快速抢钱。此外，快时尚在Fashion Week后的第一时间，以不到一个月的时间，将未来新一季的趋势重点，复制成平价单品火速上架，这种快速拷贝精品的手法，让这些必须在Fashion Show秀后经过生产期3~6月才能上架的精品时尚几乎变成过季时尚。在这种快速汰换的新时代，恐怕Slow Fashion会成为Out of Fashion！而快时尚若尚无法创造出新颖的设计概念，未来时尚将何去何从？套一句 Dior先生的名言："没有人能改变流行，流行是自己改变的。"一切就顺其自然吧。

同样都是时尚，一则快一则慢，一则平价一则昂贵，一则质感平庸一则精致高档，原来应该是贫贱各取所需的市场供需，但这几年快时尚大动作地与名师跨界合作，把平价品牌的层次不断往上提升，价钱却依然平价，而且设计感与精致度也够吸引人。这种快狠准的力道，完全抓住了消费者的脾胃，现在不管你口袋有多深，从英国的凯特王妃到你我一般市井小民，大家都爱平价时尚了。

Q: 面对着平价时尚大军大敌当前，High Fashion该何去何从？

A: 重返经典，重新建构品牌的核心价值，把自己的地位拉到更崇高的品位象征，全力诉求百年工艺的传承，精益求精的考究与讲究细节与设计。确实，这正是我们意识到精品大牌这两年来，在不景气时尚（Recession Fashion）的低气压下，大举兴店，把最能代表品牌精神的旗舰店（Flagship Store）进驻每个城市，用逆向操作的高姿态，展开双手拥抱这些对精品死忠坚持的高档消费者。因为和多数人穿同一件衣服绝不是他们所期望的，而面料不够高档，设计不够原创更是无法满足他们。

百年时尚革命

12 Icon × “她们”的Style

每个关键年代都会有一位足以象征大时代背景的Fashion Icon，这12位女人不仅拥有经典不朽（Legendary Icons）的个人风格，同时她们勇于做自己的姿态，也是颠覆时代的时尚改革先行者。

1900~1909

史上第一位高级女装设计师查尔斯·沃斯（Charles Frederick Worth）诞生，不过他的设计仍沿袭18世纪不自由、一致性的保守浮华服饰，直到1905年，保罗·波烈（Paul Poiret）废除掉近200年的紧身胸衣，成为时尚史上第一位时装革命者。

莎拉·伯恩哈特
Sarah Bernhardt

这个时期剧院就是女士们的时尚竞技场，当时最红的女演员就是有女神之称的莎拉，她的穿着仪态是上流社会名媛们的模范，她与波烈的关系如同50年代奥黛丽·赫本（Audrey Hepburn）与于贝尔·德·纪梵希（Hubert de Givenchy）的关系一样，也可以说因为莎拉的死忠支持间接造就了波烈的时装影响力。

1910~1919

随着时代环境的改变，尤其是在第一次世界大战期间(1914~1918)，女性开始走入职场与战场，对于服装希望可以务实利落，整个服装设计开始一连串的变革，于是由香奈儿及让·巴杜(Jean Patou)等设计师所带领的中性风格旋即成为20世纪的新时尚风潮。

葛洛丽亚·斯旺森
Gloria Swanson

第一次世界大战后，美国的默片电影远播欧美，社会的偶像从女演员转变成电影女明星。当时最受欢迎的女明星就是葛洛丽亚·斯旺森，她雍容华贵的气质与出色的演技是当时票房的保证。

1920~1929

在1929年股票崩盘之前，整个欧美社会是个极度奢侈与纵欲的“疯狂时代”，人们沉溺在战后的享乐主义中，此时期女性开始展现独立自主的个性品位，短发、纤瘦、浓妆艳抹搭配华丽裸露的服装是当时的风潮。

可可·香奈儿
Coco Chanel

影响这十年时装设计最深的就是香奈儿女士，CoCo Chanel以她杰出的品位，让女性服装走向男性化，“女男孩”即是这阶段的时装写照，而香奈儿本身的穿着正是当时所有女性模仿的对象。

1930~1939

在这个悲惨的年代，及时享乐是多数人的体悟，此时也是好莱坞电影空前发展的时期，电影可以使人脱离现实，电影明星的穿着打扮就是流行指标，这时期最受欢迎的女装设计师是伊尔莎·斯奇培尔莉（Elsa Schiaparelli），由她所设计的服装几乎影响了整个30年代的巴黎风尚。

玛琳·黛德丽
Marlene Dietrich

30年代是电影左右流行的年代，于是好莱坞造就了玛琳·黛德丽的偶像指标地位；拥有完美脸蛋的她，却爱穿着男士西装、军装、高礼帽，她不仅是30年代的性感女神，至今仍是许多设计师的缪斯。

1940~1949

二次世界大战期间(1939~1945)，巴黎时装重镇陷入胶着，整个时装业几乎是停滞的，虽然在战后1947年由克里斯汀·迪奥（Christian Dior）创造了女装新面貌“The New Look”，重振了巴黎时装威名，但是随着时代的巨变，时尚焦点已逐渐转移到美国。

琼·克劳馥
Joan Crawford

电影让人暂时忘却战争的残酷，此时好莱坞女星透过大银幕依然引领着女人的流行脉动。出身穷困的琼·克劳馥因为电影《一夜风流》被推上第一女主角的地位，她那优雅大方的穿着，成为当时女人争相模仿的对象。

1950~1959

50年代是个物质挂帅的时代，经历了二次世界大战的洗礼，人们开始怀念起战前的美好时光，此时由迪奥先生所领导的新面貌“The New Look”时装，几乎完全攻略了不同社会阶层的每颗心，“新面貌”跨越国界成为引导流行的国际品位。

碧姬·芭铎
Brigitte Bardot

这年头迪奥先生完全主导了时尚趋势，全世界女人都打扮得跟“超完美娇妻”一样，金发、华服、高跟鞋，但是碧姬·芭铎却以自然慵懒的形象，看似随性的长发，合身牛仔裤和脚上的平底芭蕾舞鞋，轻易就拿下性感女神的封号。

百年时尚革命

12 Icon ×
“她们”的Style

1960–1969

这是一个非常动荡的时期，整个社会出现一股逆流，反文化、反潮流、反权威的意识形态相当普遍，法国高级时装式微，取而代之的高级成衣诞生，另一方面平民化的时装更为普遍了，街头年轻人的穿着成为流行的现象，1960年后时装变成真正的国际性产业。

1970–1979

狂野的70年代，巴黎的高级时装更显没落，把高级时装与大众品位结合成为此时的时装主流，高级成衣在此时似乎占了上风。这个时装衰退的10年尤其加速了时尚的国际化与平民化，此时设计师出现了国际化的现象。

1980–1989

80年代是个物质享乐主义挂帅的时代，这是个“白领阶级”领头的年代，人们不仅为美观而穿衣，更为彰显自己的成功而穿。时尚语言来自街头、来自不同民族的自由意识与文化，时尚变成一个多方发展国际产业，80年代也是时装设计的辉煌年代。

伊迪·塞吉维克
Edie Sedgwick

简·柏金
Jane Birkin

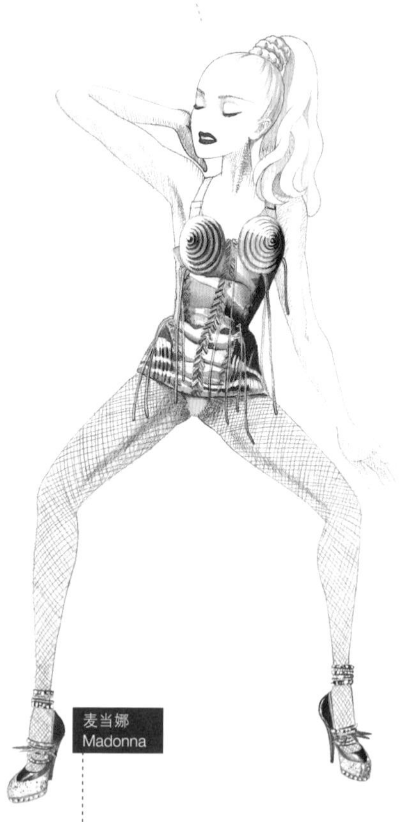

麦当娜
Madonna

安迪·沃霍尔：“伊迪·塞吉维克是60年代最美好的事物。”出生背景良好的伊迪是60年代叱咤艺坛和时尚圈的标志人物，疯狂前卫的伊迪是一众创作家的缪斯，短发、夸张的耳环、粗厚眼线和迷你短裙，招牌黑色裤袜，影响至今仍是时尚舞台的时髦搭配方式。

那般嬉皮疯狂的岁月，比起夜店女王比安卡·贾格尔（Bianca Jagger）的高调刻意，简·柏金显得轻松自然。简·柏金就是这样，一条牛仔裤和略带透视的波希米亚上衣，将嬉皮文化和法国香颂音乐结合，就是她的招牌打扮。

没有人比娜姐更有资格作为时尚指标了，不只在80年代，即便到了现在还是。她不仅在歌词上大胆谈论性爱，服装造型上也大胆挑战当时的道德界线，娜姐至今依旧是音乐与潮流的领导者，是非常多设计师的灵感缪斯。

1990–1999

这是个数码时代，随着资讯快速扩张，网际网络的发达，人们的生活节奏变得非常快，对于服装的要求和速食文化一样，奢侈品牌在集团的营销操作下，变成大众也可以拥有的，贩卖人人都消费得起的平价时尚（快时尚）也同步崛起。

2000–2011

互联网泡沫化而导致全球经济衰退，再加上美国“9·11事件”，人们对未来的不确定性更严重。快时尚快速复制时尚引领潮流，混搭（Mix&Match）成为了这个时期的显学，人人都要学会如何用少少的钱架构出时尚的模型。

2010–2011

这十几个年头的时装潮流，虽然新锐设计师辈出，整个流行风向似乎是对过去百年时尚的回顾，虽然高级时装依然操控着国际潮流，但是它的影响力已渐渐被异军突起的平价时尚(快时尚)给削弱，甚至反被这些更贴近一般真实生活的IT Girl所取代。

格温·史蒂芬妮
Gwen Stefani

凯特·摩丝
Kate Moss

嘎嘎小姐
Lady Gaga

还记得露腰迷你上衣、垮裤、紧身七分裤的年代吗？这个青春洋溢的90's就是由来自美国的格温·史蒂芬妮，与英国辣妹合唱团（Spice Girls）所主宰的年代。

她从小在英国乡间的二手店穿梭，买的都是带着嬉皮味的复古服装和便宜配件，中性风、混搭、带着古着的摇滚气质，这也成为她一贯的穿着风格。

在个人风格强出头的时代，Gaga绝对是个赢家。2008年第一张专辑《The Fame》里的造型实在太惊人，诡异却时尚，她不在乎人们对她穿着的评价，即使逛街服也充满戏剧张力。

时装史上第一次的革命，妇女们终于脱掉束缚了身体近200年的紧身束衣，现代时装由此开始演进。

1900~1909

解放女性200年来的束缚，现代时装诞生

在查尔斯·沃斯之前，裁缝师（Fournisseur）纯粹就是接受那些富有客户的委托，把他们在报章杂志或某些社交场合看到的服装样式，一模一样地复制出来，说穿了其实就像现在永乐布市里的阿姨，买不起名牌或一些不存在的夸张样式，你就把图和你的需求告诉她，八九不离十都可以满足你的需求。跳脱裁缝师的代工身份，把自己当成明星设计师的查尔斯·沃斯，改变了整个既定的游戏规则。当时大受欧仁妮皇后青睐的他，开始把自己的创意与风格提供给法国皇室与贵族阶级的淑女们，且在每一件服装上签上名字，郑重其事地把自己当成一个品牌在经营，果然在他积极的行销策略下，代表时尚时装产业的三大基本架构——服装设计师、品牌意识与流行风格诞生。

查尔斯·沃斯后继有人，有才华又具备营销天分的保罗·波烈（Paul Poiret）不仅废除了近两百年的紧身束衣，还发明了H-line的高腰洋装及直筒裙，并结合东方与俄罗斯芭蕾舞的服饰中设计了第一款女裤装。同时他也成为第一个定期推出个人时装系列的设计师。而今天的品牌广告包装及时装秀与时尚派对的一系列营销手法也都是在波烈接手后变得更为具体有规模了。

时尚关键词

查尔斯·沃斯（Charles Frederick Worth 1826—1885），英国人

高级女装设计之父

维多利亚时期最具代表性的服装设计师。沿袭18世纪不自由、一致性的保守浮华服饰（S-bend 与A的紧身胸衣），提升了服装设计师的社会地位，首创真人（Model）示范服装，制定一年两次的服装发表。

保罗·波烈（Paul Poiret 1879—1944），法国人

时尚史上第一位时装革命者，废除掉近200年（始自16世纪）的紧身胸衣（Corset）。他的口号:“把女性从紧身胸衣的独裁垄断中解放出来。”

1900'

时尚ICON

歌剧女王莎拉·伯恩哈特

Sarah Bernhardt (1844—1923)

这个时期豪华女装的顾客主要是女演员，而展现服装与化妆最好的场所就是剧院。在巴黎，剧院就是女士们的时尚竞技场。当时最红的女演员是有“女神Sarah”之称的莎拉·伯恩哈特，莎拉以她姣好的容貌、出色的演技和精湛的嗓音征服了所有人的心，她的穿着仪态更是上流社会名媛们的模范。她与波烈的关系如同50年代奥黛莉·赫本与纪梵希的状况一样，也可以说因为莎拉的死忠支持间接造就了波烈的时装影响力。

关键年代

1828 法国Guerlain香水上市。

1837 Hermès于巴黎店开设马具店。

1851 伦敦举办首场万国博览会，正是时装秀的滥觞。

1854 Louis Vuitton旅行箱在巴黎开店。

1867 美国时尚杂志《Harper's Bazaar》诞生。

1868 巴黎高级定制服协会成立。

1890 第一条 Levi's 501 牛仔裤诞生。

1891 Burberry于伦敦开店（经典款大衣上市）。

1900 巴黎世界博览会，高级时装（Haute Couture）出现，服装设计成为法国国家活动之一，宣告巴黎是世界时装之窗。

1901 维多利亚时代结束，泡沫化结束，全世界脱离40年来的严谨与束缚。

1902 丰胸束腰轮廓的“S型”女士服装出现。

1903 保罗·波烈于巴黎歌剧院旁设立服饰公司。

1905 保罗·波烈将身体从束缚的禁锢中解放出来（直线型轮廓）。

1908 拖曳长裙消失。

- 时装史第二次革命，第一代现代时装设计师出现，S与A形式的服装正式走入历史，女性换下华丽的戏服，穿上简约利落的中性服装。
- 此一时期时装也由狭隘的高级定制发展到由设计师主导的高级时装潮流。美国的默片电影远播欧洲，社会的偶像从女演员转变成电影女明星。

1910~1919

彻底解放的中性风潮/设计师主导高级时装

就在沃斯创造了时尚之后，虽然紧接着有保罗·波烈发扬光大，但事实上，此时的时装走的还是华丽繁琐的高级定制路线，香奈儿认为波烈的服装比较像是“戏服”而非“衣服”，她甚至还毫不客气地批评：“打扮成雪赫拉莎德王妃的模样，当然很容易引人注意，但是一件黑色洋装可以让你看起来更高尚。”

确实随着时代环境的改变，尤其是在第一次世界大战期间(1914~1918)，女性开始走入职场与战场，她们逐渐习惯制服的单纯化，也不觉得自己的能力和男人有什么差别，对于服装更是希望可以务实利落，整个服装设计开始一连串的变革。于是，由香奈儿及让·巴杜 (Jean Patou)等设计师所带领的中性风格旋即成为20世纪的新时尚风潮，呼应香奈儿所说的：“奇特风格已死，我希望是这样。不过，我也是协助杀死它的共犯。”至此，女性同胞终于可以真正摆脱掉那些要命的束腰与蓬裙。

时尚关键词

可可·香奈儿(Coco Chanel 1883—1971)
时装史的第二位革命者

真正终结掉“美好时光”女性不自由不自我的形式服装，堪称世界第一位现代时装设计师。

美好年代—1900年前后的时期

装饰华贵、样式保守的旧时代，女性丰胸翘臀的S曲线，完全是以吸引男性视觉而穿着、设计。

10'

时尚ICON

默片皇后葛洛丽亚·斯旺森 Gloria Swanson (1899—1983)

第一次世界大战后，美国的默片电影远播欧洲，社会的偶像从女演员转变成电影女明星。当时最受欢迎的女明星就是葛洛丽亚·斯旺森，她雍容华贵的气质与出色的演技是当时票房的保证，直到进入有声电影前她都堪称片量最高的女星，因此有“默片皇后”之称。随着她电影的影响力，也塑造她成为新一代的女偶像，她的妆发与中性的裤装打扮也都是粉丝们追随的流行Style。

不过如同电影《大艺术家》里的男主角，随着有声电影的来临，葛洛丽亚沉寂了一段时间，直到1950年《日落大道》问鼎奥斯卡最佳女主角，演技派的葛洛丽亚再创演艺生涯高峰。

关键年代

1910 可可·香奈儿于巴黎开店。

1911 保罗·波烈成为第一个推出品牌香水的女装设计师。

1914～1918 第一次世界大战，妇女服装着重朴实，重机能性，短直长外套出现，裙长渐短，外观倾向男装。

1917 俄国革命芭蕾舞者流亡到巴黎，影响巴黎时装设计。

1919 长裤正式成为女性时装的一部分。

20~30年代是时装有史以来的第一次高潮，无腰身直筒优雅简约的洋装是最时髦的单品，时装的潮流也从巴黎辐射整个欧洲，甚至影响至美国、亚洲。时装偏向男性化、“女男孩”，是当时的潮流风向。

1920~1929

实穿与品位是主流 / 巴黎高级时装潮流化

在1929年股票崩盘之前，整个欧美社会是个极度奢侈与纵欲的“疯狂时代”，人们沉溺在战后的享乐主义中，纸醉金迷的大都会夜生活热络，对于时装的需求量很大，因此助长了此一时期的时装产业。

这期间时装最大的转变就是，服装的设计不再是以取悦男人的角度来思维，这不仅是穿着的改变，更是思想的革新。此时期女性开始展现独立自主的个性品位，短发、消瘦、浓妆艳抹搭配华丽裸露的服装是当时的风潮。而影响这十年时装设计最深的就是香奈儿女士，可可·香奈儿以她杰出的品位，让女性服装走向男性化，“女男孩”即是这阶段的时装写照，而香奈儿本身的穿着正是当时所有女性模仿的对象。

时尚关键词

黑色小洋装（Little Black Dress）

美国版《Vogue》称之为“时装界的福特汽车（FordModel Car）”（当时福特汽车是全世界销售第一的名车）。

香奈儿黑色洋装利落剪裁的灵感来自男装，可以展现独立自信的优雅女人味。一个聪明的女性可以白天穿着工作，再搭配饰品便可穿到晚上约会，无须随着场合与需求一天换好几套服装，实穿又符合经济效益，可以说是时装上的一大革命。

全世界最有名的香水

1921年香奈儿为了庆祝自己四十大寿推出了第一款香水。它是第一款合成香水，名字取自编号第5号。

关键年代

1920 香奈儿取男装特色，创造出无腰线、容易穿着的中性直筒连身裙。

1921 欧洲第一本女性杂志《L'officiel》（时装）诞生于巴黎。

1922 巴黎成衣协会成立。

1926 香奈儿的The Litte Black Dress——黑色小洋装诞生。

20'S

时尚ICON

女人独立的先行者可可·香奈儿

Coco Chanel (1883—1971)

虽然说，把女人从裙撑和束腰中解放的是保罗·波烈和马瑞阿诺·佛坦尼（Mariano Fortuny），但是在那个疯狂年代(Crazy Years 1925~1929)，可可·香奈儿带给了女人最疯狂的想法“为自己装扮”。

经过第一次世界大战 (1914~1918)，女人证明有能力代替男人工作、上战场，于是女人开始争取更多自由的权利。这也反映在当时的穿着上，女人开始穿起长裤、剪短发，不再强调丰胸、细腰和翘臀；而此时，香奈儿女士则带给人们更大的震撼，脱离男人的附属，女人也能独立！

香奈儿女士拿掉了美好年代的服装设计元素，像是强调胸臀曲线的皱褶、装饰，以及繁复的配件，她将男装的软呢、针织等材质和利落剪裁融入设计中，不卖弄身材却强调中性简洁。例如她常穿着衬衫搭配长裙，女人笑她寒酸，男人却觉得她清新出色；她甚至将当时丧礼才会穿着的黑色洋装加入运动风元素，掀起一阵风潮，后来被称作黑色小洋装；即使过了近一世纪，仍旧是我们衣橱里的must have。

虽然她不是第一个穿上男装的女人，却是将男装元素彻底融入女装的推手，她用服装带给女人行动自由，或者应该说她是女人“独立”的先行者。

- 30年代是电影左右流行的年代，人们争相模仿好莱坞电影明星的穿着打扮。
- 勇于不同的天才设计师伊尔莎·斯奇培尔莉（Elsa Schiaparelli），以其时尚品位结合现代艺术的强烈设计风格，为巴黎时装年代擦出亮点。
- 参与运动是时尚与社会地位的象征。
- 巴黎的时装设计多数被美国人抄袭与翻版，加上好莱坞电影效应，美国开始大批量地生产时装于百货销售，巴黎时装产业极为惨淡。

1930~1939

电影明星引领潮流／美国时装产业诞生

30年代开始于经济大危机，结束于第二次世界大战（1939）开始。在这个悲惨的年代，及时享乐是多数人的体悟，此时也是好莱坞电影空前发展的时期，电影可以使人脱离现实，电影明星的穿着打扮就是流行指标，而这个时期大家也厌倦了20年代毫无女人味的男孩风，开始追求能够凸显女性魅力的典雅服装，不过碍于经济拮据，多数人除了以改造旧衣来赶上流行外，也很聪明的利用包包、帽子等配件来满足时髦的新鲜感，因此在这时期包包、饰品等配件的设计非常的突出，而这时期最受欢迎的女装设计师应该是香奈儿女士的死对头伊尔莎·斯奇培尔莉，由她所设计的服装几乎影响了整个30年代的巴黎风尚，而她设计的帽子更是当时名媛们心目中的No.1。

不景气的消费模式似乎不会改变，21世纪的今天，口袋很浅（经济危机的原因）的普罗大众也只好以配件来追赶时髦。深知服装难卖的精品，和30年代一样也是铆起来以精进的配件设计来攻略消费者有限的银弹。

时尚关键词

伊尔莎·斯奇培尔莉（Elsa Schiaparelli 1890—1973）

出生于意大利的法籍设计师伊尔莎，活跃于30年代，她的时尚地位与香奈儿女士不相上下，风格前卫的伊尔莎，擅长以精湛的剪裁和充满创意的大胆设计来凸显女性主义，热爱艺术的她，常和好友——艺术家达利（Salvador dali）及让·谷克多（Jean Cocteau），联袂设计服装与饰品。她常说：“好的设计是游走在坏品位的边缘。”所以，即便在30年代，伊尔莎的幽默式时尚已征服了不少追求时髦的名媛仕女，此时由她提倡的崭新女装设计——垫肩设计（大女人风范），更是成为影响往后十年的一大时装趋势。

楔型鞋（Wedge and platform）

30年代后期，女装出现垫肩设计，为了强调肩部线条的特色，下半身则偏向以短小的裙子搭配，因裙子变短，鞋背的设计变成一大重点，但碍于当时物资贫乏，于是从好莱坞红回意大利的明星鞋匠——创意大师Salvatore Ferragamo便以软木取代皮革创造出富有无限绮想的厚底楔型跟鞋，来满足女士们爱美的欲望。

30'S

时尚ICON

冷艳巨星玛琳·黛德丽 Marlene Dietrich (1901—1992)

经过纸醉金迷的疯狂年代和经济大萧条后，女人们不能像无忧无虑的小男孩沉溺享乐中，于是世故优雅的女人形象又回来了，而且还带着性感与神秘。在那个强调妩媚的时刻，没有人比她更有致命魅力，玛琳·黛德丽，雌雄同体的性感女神。

30年代是电影左右流行的年代，不再流行浓妆、创意夸张的打扮，而是强调自然与完美，于是好莱坞造就了玛琳·黛德丽的偶像指标地位。有着完美脸蛋的她，却爱穿着男士西装、军装、高礼帽出现在电影与各种正式场合，在保守的30年代，简直吓坏大家了；并且她还从不讳言自己的双性性向，无论以华丽皮草装扮或是英挺西装出现，总是冷艳动人。

她不仅是30年代的性感女神，至今仍是许多设计师的缪斯，那些我们熟知的时尚偶像，像是梦露、“玉婆”、麦当娜和凯特·摩丝，无不以玛琳·黛德丽作为造型模仿的对象。你认为莎朗·斯通只穿燕尾服外套、里面什么都没有的性感造型很酷？玛琳·黛德丽早就玩过了。

关键年代

1930 Salvatore Ferragamo厚底楔形鞋诞生。

1933 Hermès 经典方巾诞生。

1937 《Marie Claire 》杂志创刊。

1938 英国杜邦公司发明尼龙用于袜子、内衣及衣料。

- 时装史上第三次革命，40年代巴黎高级时装没落，美国大众成衣兴起，大量制造、大规模消费，流行成为时装的同义词。
- 40年代正值好莱坞的电影产业发展最快的时期，好莱坞的女艺人是推动时装产业最大的媒体利器。

1940~1949

高级时装没落/大众化成衣盛行

二次世界大战期间(1939~1945)，巴黎时装重镇陷入低迷，在这期间虽然高级时装依然存在，但限于物资贫乏，整个时装业几乎是停滞的，人人以制服为首，连当时富有的权贵都穿起制服来，于是军队制服一度成为风尚。虽然在战后1947年由克里斯汀·迪奥创造了女装新面貌“The New Look”，重振了巴黎时装威名，但是随着时代的巨变，时尚焦点已逐渐转移到美国。早在战争之前，纽约的成衣制作商便开始研发快速生产技术，希望制造轻便、实穿的服装，终于随着一连串的发明与革新，美国的成衣产业快速崛起。

从战时到战后，美式的休闲服装大为风行(运动风尚)，连法国的设计师伊尔莎·斯奇培尔莉都高度赞扬美国运动服装的风潮别有一番品位，加上战后美国的富强，对高级时装的大量需求，也间接动摇到巴黎高级时装的地位。时装开始批量化飘洋过海到世界各地，而美式风格的大众化服饰也随着当时的好莱坞明星开始风靡全球，巴黎的时尚地位依然存在，但已不是那么重要。时尚在当时是一种精神上与心灵上的慰藉。

时尚关键词

克里斯汀·迪奥 “The New Look ”

1947年迪奥先生推出的“新面貌”（The New Look），其实是对时装革命的反弹，细腰、丰臀的S线条，几乎是回复到19世纪“美好年代”的高贵气势。不过当时人们渴望繁荣与富有，他的设计抓住了战后时代的脉搏与精神，跨越了国界征服了全球女性的一致心愿——重返美好年代，穿上迪奥吧！“新面貌”成为了国际品位。

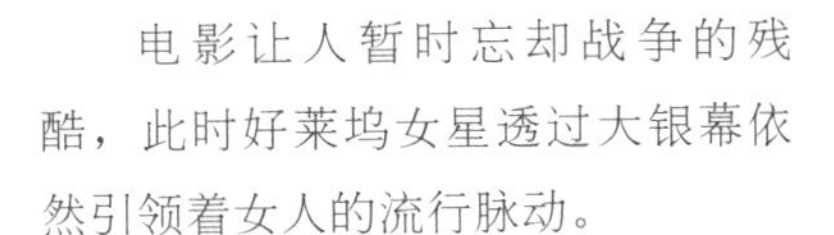

40'S

时尚ICON

永远的巨星琼·克劳馥 Joan Crawford (1904—1977)

电影让人暂时忘却战争的残酷，此时好莱坞女星透过大银幕依然引领着女人的流行脉动。

出身穷困的琼·克劳馥因为电影《一夜风流》被推上第一女主角的地位，她优雅大方的穿着，成为当时女人争相模仿的对象。

第二次世界大战再度重击时尚圈，物资缺乏的时期，一切只能讲求效率，实用至上，流行时尚的设计十分乏味。除了军队制服式的服装外，幸好有伊尔莎·斯奇培尔莉以柔美的线条及趣味的装饰设计来取代当时无趣而呆板的时装。特别是垫肩窄臀的轮廓线条，赋予了女性更坚强的形象，由气质出众的琼·克劳馥来诠释更是气势不凡。在时装史上，性感的琼·克劳馥为乏味的40年代带来一丝希望，她证明了即使在平凡单纯的服装底下，女人的妩媚风情就是最美的配件。

关键年代

1939—1945 第二次世界大战。

1940 巴黎举办第一场时尚秀，开启往后每年两次的时装周（Fashion Week）。

美国《Vogue》杂志创刊。

1940 美国纽约成衣兴起，高级时装没落。

1945 法国《Elle》杂志创刊。

1947 克里斯汀·迪奥用“The New Look”——“新面貌”告别了第二次世界大战，代表女装的新纪元。

- 50年代是高级时装的最后一个10年（1947—1957，高级时装全盛时期），也是讲求极致典雅服装设计的最后时期。
- 迪奥先生率先制定出6个月一次的时装新系列，也是一直沿袭至今的一年两次时装季节。
- 迪奥（1905—1957）挽救了巴黎，重振了在战争中不断衰退的巴黎时装产业。
- 高级时装批量化，迪奥依循30年代的专利费用制度（License fee），开启巴黎高时装批量化行销全球的手法，促成高级时装走向大众化。

1950~1959

高级时装的重生／时装批量化行销全球

50年代是个物质挂帅的时代，经历了二次世界大战的洗礼，人们开始怀念起战前的美好时光。此时由迪奥先生所领导的“新面貌”时装，几乎完全攻略了不同社会阶层的每颗心（时代的语言），因为它象征着繁荣、财富与享受。虽然他的衣服矫揉造作、奢华又昂贵，并非人人消费得起，但是在他聪明的行销策略下，“新面貌”跨越国界成为引导流行的国际品位。当时，人人都想穿上迪奥，对于每个女孩来说，“穿着的目的是恋爱，恋爱的目的是结婚”，受到贾桂琳·甘乃迪与葛丽丝·凯莉王妃等灰姑娘故事的影响，50年代是个浪漫到不行的年代，每个女孩都幻想着能借着时装打扮而改变命运，梦想成真。

话说迪奥的设计左右了整个50年代时尚一点也不为过，他是个真正将流行国际化的人。他不仅影响了服装，鞋子、帽子、饰品甚至彩妆与内衣，它们都依循着迪奥每年春秋两次的新系列发表而有所改变。他他以专利制度大量地复制其设计，终于在他默默积极的耕耘下（迪奥的使命：重振传统法国服装的雍容典雅），巴黎高级时装几乎重返了19世纪前后的“美好年代”，这个时候人们热衷于打扮、重视外貌，在乎品位与礼仪，但这也似乎说明了一点，时装在革命了50年后，似乎又回到了形式至上的样貌了。

关键年代

1952 于贝尔·德·纪梵希和皮尔·卡丹（Pierre Cardin）在巴黎开店。

1954 可可·香奈儿重回时尚圈，仍保持简约奢华的服装风格。同时期Balenciaga、Dior、Givenchy法国时装品牌都很受欢迎。

1955 比基尼泳装诞生。香奈儿女士为纪念自己东山再起，设计了一款菱格纹、金属链带的经典包款，并以发表时间命名（1955年2月）为“Chanel 2.55”。

1956 Hermès将摩洛哥王妃葛丽丝·凯莉常提的爱马仕包命名为“凯莉包”。

1956 针织品问世。

1957 奥黛丽·赫本找来当时还不是很红的于贝尔·德·纪梵希为她设计《甜姐儿》剧中戏服。

1957 克里斯汀·迪奥过世，年仅23岁的伊夫·圣罗兰（Yves Saint Laurent）接管Dior。

50's

时尚ICON

性感小猫『BB』碧姬·芭铎
Brigitte Bardot（1934~迄今）

你一定会问我，为什么不是奥黛丽·赫本、贾桂琳或是葛丽丝·凯莉？因为我们今天可以在海滩上穿着比基尼、享受男人们的口哨声，这都得要归功于碧姬·芭铎。

当50年代富人以服装彰显财富的时候，其实年轻的街头次文化正渐渐发酵。

好莱坞女星与巴黎高级定制服有了紧密的关系，这年头迪奥先生完全主导了时尚趋势，全世界女人都打扮得跟“超完美娇妻”一样，金发、华服、高跟鞋，但是碧姬·芭铎以自然慵懒的形象、看似随性的长发、合身牛仔裤和脚上的平底芭蕾舞鞋，轻易就拿下性感女神的封号。1952年，她在首部电影《穿比基尼的姑娘》里，以那套比基尼一举奠定自己性感女神的地位，使得比基尼迅速流行，也让裸露的泳装终于被人们接受，并被认为是性感的穿着，再也不是低俗地卖弄肉体的装扮。她和詹姆斯·迪恩所代表的青春气息，成为接下来60年代通俗街头文化的先行，最重要的是，碧姬·芭铎证明了女人的自信就是性感。

时尚关键词

比基尼泳装（Bikini）

1946年由法国设计师雅克·海姆（Jacques Heim）所推出，一开始被称为“atome”，是如内衣般分为上下两截的泳装，由于此泳装一推出就造成激烈的震撼，一如当时美国在太平洋马绍尔群岛的比基尼岛进行的全球首次核子弹试爆，便以此得名。

“凯莉包”（Kelly Bag）—— 皮包中的劳斯莱斯

这款包包在1935年就已经问世，最早的设计用途是马鞍袋（Sac A Croix），时隔21年，因为葛丽丝·凯莉一提而成为名媛淑女争相拥有的梦幻经典包包，1956年Hermès索性便以她的姓氏重新命名为Kelly Bag。

奥黛丽·赫本（Audrey Hepburn）—— 好莱坞电影明星

奥黛丽·赫本是50年代的Icon人物之一，集优雅、美丽与品位于一身的奥黛丽·赫本，不仅是时尚品牌Givenchy的缪斯，Tiffany也因她一炮而红，她的影响已经超过半个世纪，至今仍是时尚最经典的代表人物。

- 服装史上第四次革命（1958~1963 成衣业开始动摇高级时装），皮尔·卡丹将高级时装大量生产，开始了第一批成衣时装系列“Ready to wear”。“Ready to wear”成为世界服饰主流，量产的成衣登上了时装的大雅之堂，高高在上的时装也开始量产。
- “摇晃的60年代”这十年是近代服装史上最激烈的变革期，典雅的时装主张完全被抛弃，堪称“时装世纪的终结”。
- 60年代是年轻人的时代，嬉皮、摇滚是主流。超窄身的迷你裙与宽裤管的喇叭裤是最IN的时髦单品。

1960~1969
高级成衣诞生/高级时装平民化

这是一个非常动荡的时期，整个社会出现一股逆流，反文化、反潮流、反权威的意识形态相当普遍，法国高级时装界因为皮尔·卡丹将时装量产化，产生了一连串的成衣时尚效应（时装开始走进一般小老百姓的日常生活），就在这个混乱晦暗的年头出现了一位天才型的超级设计师——圣罗兰，他的灵感常常来自街头，他将通俗文化推广到高级时装上，也将燕尾服引入女装而创造了“unisex无性别设计”，更不断地将普普、欧普艺术及嬉皮文化融入时装设计。出身名门（Dior接班人）的他，没有把重心只放在上流社会人士上，他的口号是“打倒丽池(上流社会)，街头万岁”，反骨的他背负着法国时装界的最高寄望（拯救法兰西文化），却一意坚持他的人人买得起的平民时尚理念，这对整个服装发展史而言是一个新的里程碑。

此时虽然高级时装品牌仍依循它国际化的规模蓬勃发展，但在同一个时期内，平民化的时装更为普遍了，街头年轻人的穿着成为流行的现象。这时期在美国出现了嬉皮（Hippie）文化，这些人穿着旧衣服，不在乎世俗眼光，我行我素的随性穿搭成为当时的潮流，时装变成一种自我意识强烈的行为表态。随着时尚大众化，流行成为时装的同义词，于是大量制造、大规模消费成为常态，1960年后时装业变成真正的国际性产业，从此以后，制造流行、传播流行讯息反而变成品牌最重要的一件事。

时尚关键词

伊夫·圣罗兰（Yves Saint Laurent 1936~2008） 法国设计师

“可可·香奈儿和克里斯汀·迪奥是巨人，而圣罗兰是一个天才。”——美国版《VOGUE》

皮尔·卡丹（Pierre Cardin 1922~ ）意大利设计师 高级时装革命者

最早将品牌打入中国市场的时装设计师。1959年设计了第一批法国批量生产的成衣时装系列，Ready to wear于是诞生。

玛莉官（Mary Quant 1934~ ） 英国设计师

设计了全世界第一条迷你裙。

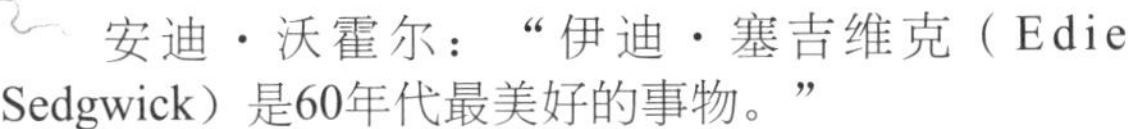

60'S

时尚ICON

浮华女郎伊迪·塞吉维克
Edie Sedgwick (1943—1971)

安迪·沃霍尔：“伊迪·塞吉维克（Edie Sedgwick）是60年代最美好的事物。”

比起崔姬（Twiggy），伊迪·塞吉维克更能代表那个叛逆的年代。出生背景良好的伊迪·塞吉维克是60年代叱咤艺坛和时尚圈的标志人物，有Youth Quake（1960年代的青年学潮）、地下电影皇后的称号，这个浪掷千金的富家女，生活疯狂、我行我素，她的男友们个个都很拉风，最有名的是安迪·沃霍尔和鲍勃·迪伦（Bob Dylan）。疯狂前卫的伊迪是他们创作的缪斯，短发、夸张的耳环、粗厚眼线、迷你短裙，招牌黑色裤袜和连身内衣外穿，影响至今仍是时尚舞台的时髦搭配方式。虽然她和出生英国的模特儿崔姬，都有着小男孩般的清纯气质与打扮外型，但是伊迪的特立独行，投身电影和地下音乐的创作之举，以及她的叛逆与荒诞不羁，成为那个反权威的震撼年代的流行缩影。

她曾是安迪·沃霍尔最亲密的“Super Star”，“Factory”最佳的公关；一代传奇女星、经典的Party Girl，她足以代表60年代繁花似锦、前卫狂癫的纽约精神，她曾登上1965年九月版的《LIFE》杂志，《Vogue》杂志首席编辑戴安娜·弗里兰（Diana Vreeland）称她为“Youth quakers”。她的美貌被誉为“a human perfection”，她独领风骚的言行举止、穿着打扮是当今帕丽斯·希尔顿（Paris Hilton）与凯特·摩丝（Kate Moss）都难以媲美的。她短暂的二八年华是“Glamour”这一流行体系字汇的最佳代言者，她引领了60年代的纽约时尚风潮，她也是整个unisex trip的开始，是中性风潮的经典。

关键年代

1961 伊夫·圣罗兰成立公司。

1962 裤裙被视为正式服装。玛莉官伦敦开店，推出迷你裙。皮尔·卡丹引导高级成衣平民化。

1964 人造皮革出现，Andre Courreges推出太空服装系列。

1965 太空装的潮流；几何形的剪裁、超短迷你裙、针织连身短裤、几何形图案和高筒靴为基本元素。

1965 意大利皮革皮草品牌Fendi，找来年轻才华洋溢的卡尔·拉格斐，企图将品牌转变成时髦的时装流行品牌。

1966 服装受普普艺术影响。

1967 日本设计师高田贤三成立Kenzo。

1968 裙长更短（裙长短至膝上20或30公分），嬉皮风格的服装风行。

- 高级成衣（Ready to wear）取代高级时装成为时装产业主流（巴黎高级时装产业转型）。
- 牛仔裤跃上时尚榜，男女老少都爱牛仔裤，代表“从来不在意时装”立场宣言。
- 卡尔·拉格斐重振香奈儿的时尚威名，并将香奈儿的时尚精神延续到21世纪的今天。
- 朋克教母维维安·韦斯特伍德（Vivienne Westwood ）把朋克引入时装设计，将反叛变成主流设计。
- 意大利设计师崛起，米兰有号称“3G”设计师：乔治·阿玛尼（Giorgio Armani）、詹尼·范思哲（Gianni Versace）、奇安弗兰科·费雷（Gianfranco Ferre）。

1970~1979

高级成衣取代高级时装/设计师国际化

时尚平民化持续发展，街头流行文化成为主流，狂野的70年代，巴黎的高级时装更显没落，把高级时装与大众品位结合成为此时的时装主流。高级成衣(Ready to wear)在此时似乎占了上风，人们不受时装规范，高低品位混搭，随意自在的穿搭只为凸显个人风格，不过这些热裤、厚底鞋、聚酯纤维衬衣、喇叭裤与闪亮亮的迪斯科装还真是没品位。

这个对时装来讲可以说是衰退的年代，不过对时装革命而言，这个十年尤其加速了时尚的国际化与平民化，此时随着时尚媒体的爆发性发展，时装自然变成了生活资讯的一部分。因为随性恣意谋杀了时尚，人们反而不晓得如何穿出上流感，于是应需求出现了所谓的时尚专家来教导人们如何穿搭。而这个时期，设计师出现了国际化的现象，日本设计师、英国设计师、意大利设计师等，陆续打入国际时装界，成为与法国设计师同步的时尚催生者。

时尚关键词

柏金包（Hermés Birkin Bag）

刚生下女儿的简·柏金，有一回在飞机上巧遇Hermès总裁让-路易斯·杜迈（Jean-Louis Dumas）,她向杜迈抱怨凯莉包容量太小，袋口太窄，无法装下小孩的尿布和奶瓶以及一堆婴儿用品。改进后的包包顺利在1987年推出，为感谢简·柏金给的灵感，以“柏金包”（Birkin Bag）命名。

70'S

时尚ICON

嬉皮女王 简·柏金 Jane Birkin（1946—迄今）

那般嬉皮疯狂的岁月，人们在纽约Studio 54里打混，安迪·沃霍尔的工厂与A女郎，同样惊世骇俗，因为大胆叛逆是那个时代的流行风格，简·柏金的表演也是百无禁忌，但比起夜店女士比安卡·贾格尔（Bianca Jagger）的高调刻意，简显得轻松自然。

她拥有清新稚嫩的脸庞，搭配慵懒，感性却潇洒，不受世人眼光拘束。有人这么说，因为70年代的生活太复杂，所以穿着就变得简单。

简·柏金就是这样，一条牛仔裤和略带透视的波希米亚上衣，将嬉皮文化和法国香颂音乐结合，成为她的招牌打扮；还有她的宽牙缝，加强了她那任性的率真，仰头大笑露出的齿缝，格外迷人，至今模特儿凡妮莎·帕拉迪斯（Vanessa Paradis）和劳拉·斯通（Lara Stone）依旧走着她的清新路线。

关键年代

1969 喇叭裤、低腰短裙风行全球。

1970 Vivienne Westwood在伦敦开店。
高田贤三成为第一个在国际时装舞台出头的日本设计师。

1971 山本耀司成立Y'S品牌。
美国李维·斯特劳斯（Levi Strauss）获得美国时装科堤大奖（Coty Award）。

1973 法国高级时装协会制定出服装秀的规则；高级时装展期为每年的一月与七月，高级成衣展为三月与十月。三宅一生首度参加巴黎服装秀。

1974 拉尔夫·劳伦（Ralph Lauren）担任电影《大亨小传》服装设计师。

1975 米兰举办第一次国际服装秀。
Giorgio Armani品牌成立。
Agnes' b巴黎服饰店开幕。

1976 英国设计师保罗·史密斯（Paul Smith）进军巴黎。

1978 Jean- Paul Gaultier开设服饰店。
Prada经典尼龙包造成全球热卖。

1978 朋克式风潮盛行。

- 国际新锐设计师大量崛起，巴黎老牌陆续由法国以外设计师主导。巴黎时尚的传承经历了前所未有的考验。
- 80年代娱乐事业发达，超级巨星迈克尔·杰克逊（Michael Jackson）、麦当娜（Madonna）等流行摇滚歌手引导潮流风范。
- 80年代是个对时装极为渴望的年代，雅痞追求名牌、讲究时尚，重视个人品位的时装旗舰店林立，设计师成为社会新贵，意大利设计师Versace与Armani红极一时。

1980~1989

炫耀名牌的物质主义/时尚春秋战国时期

80年代东西方经济繁荣，是个物质享乐主义挂帅的时代，这是个“白领阶级”领头的年代，这些年轻的专业人士（雅痞），对于时装的要求除了时髦外，最重要是权威(Power dress)，人们不仅为美观而穿衣，更为彰显自己的成功而穿衣。相较于60年代的嬉皮、70年代的随性、80年代保守正式的穿着，当时经济能力较好的中产阶级雅痞更是将这些高级成衣当成身份地位的表征，将一身的名牌视为财富与权力的象征。

这个时期最能抓住这些虚荣权贵心理的人就属意大利设计师范思哲与阿玛尼，他们将奢华与品牌完美结合，创造出品牌等同个人身份与品位的型态。另外，在此时德国设计师卡尔·拉格斐接手Chanel，重振了香奈儿的雅致时装，他让这个睡美人苏醒，终于让 80年代初期奄奄一息的法国高级时装获得一线新的生命力。不过此时也是国际设计师纷纷跃上国际舞台的春秋战国时刻，时尚语言来自街头、来自不同民族的自由意识与文化，时尚变成一个多方发展的国际产业，法国巴黎不过是其中一个环节罢了，尤其是随着美国设计师拉尔夫·劳伦的崛起、大型百货公司的普及化，时尚对人们而言，其实就是一种生活形态，人们对于超级名模如何过生活的兴趣可能高过于流行时尚，于是乎时尚在此时变得更不重要了。不过话说回来，80年代也是时装设计的辉煌年代，时装设计充满创意与探索，尤其受惠于成熟的市场机制，设计师只要结合好的行销模式便能一举成功。

时尚关键词

德国设计师卡尔·拉格斐

50年代初期曾与YSL合作，并于1954年一并获得国际羊毛协会设计大奖。他是一位独立的自由设计师，自1963年开始为Chloé工作，1965年又接手意大利品牌Fendi，1983年担任Chanel设计总监，重振了香奈儿的雅致时装，1997年自创同名品牌，其时尚影响力一直到现在。

权威时装（Power dress）

人们为工作而穿，时装必须表现权威、力量与尊严。

雅痞（The Yuppie）

源自英文“Young urban professional”年轻的中产阶级住在城市中的专业人士。

80's

时尚ICON

拜金女孩麦当娜

Madonna（1958~迄今）

没有人比娜姐更有资格作为时尚指标了，不只在80年代，即便到了现在还是。一首《Like a Virgin》让从底特律长大的麦当娜，立刻登上排行榜第一名，她不仅在歌词上大胆谈论性爱，在服装造型上也大胆挑战当时的道德界线，穿上改良白纱，内衣外穿，将有宗教意义的十字架、念珠当作饰品，将连身韵律服当作日常搭配。最经典的造型当然是Jean-Paul Gaultier为她设计的那套尖锥胸罩，奠定了两人在流行音乐与时尚界的地位。

娜姐至今依旧是音乐与潮流的领导者，是非常多设计师的灵感缪斯。除了与许多品牌合作之外，她终于也和她女儿开始了自己的独立品牌设计。而晚她成名三十年的后起之秀，“衣”不惊人死不休的Lady Gaga，还是要以麦当娜当作学习模仿对象。娜姐在80年代不仅塑造了自己的大胆叛逆风格，将曾经被认为是低俗品位的裸露和浪荡、转化为女人面对自我身体解放的符号，女人从此才能真正自在的展现胴体。她也成功地将“女孩力量”发挥得淋漓尽致。麦当娜的巨星光芒横扫全球，她从一开始就誓言：“我掌管自己的幻想、事业和人生。”

风格不仅代表着一时的流行，还包括着个人的本质、态度、个性和生活方式。在此同时，麦当娜仍然掌控着自己的传奇生涯，哪怕只穿一件简单的运动衫，对全球流行时尚的影响力历久不衰。

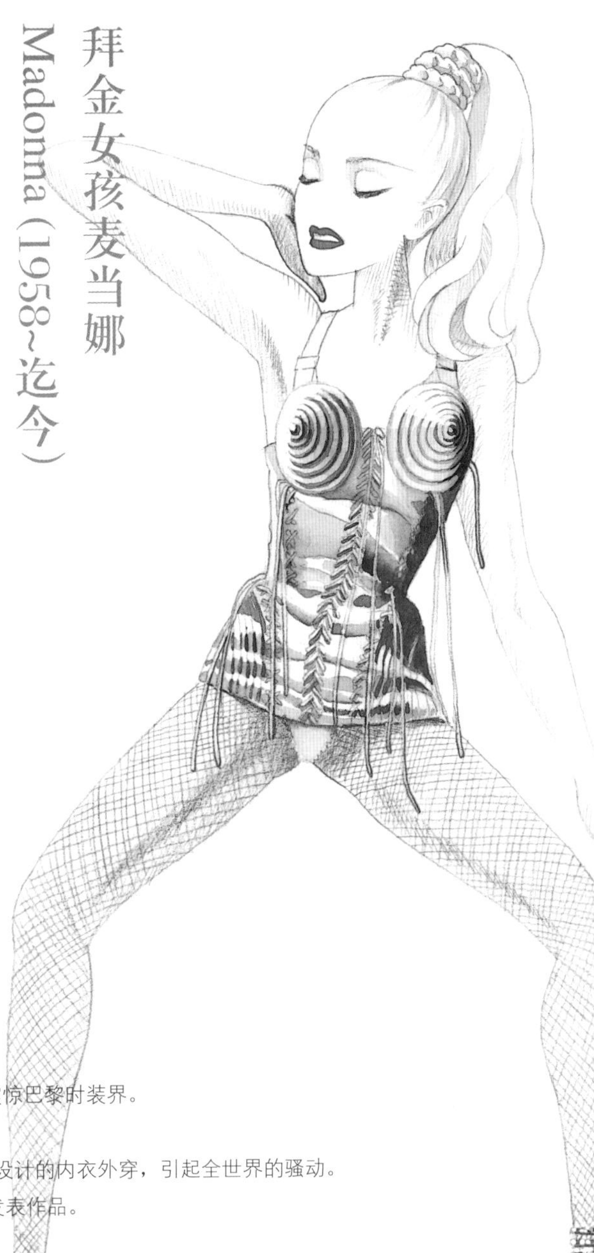

关键年代

1980 Calvin Klein 颠覆女性内衣。
纽约时装周（Fashion Week）开始。

1981 米兰时装开始受欢迎、纽约时装亦抬头。
日本设计师川久保玲与山本耀司合作发表作品震惊巴黎时装界。

1983 德国设计师卡尔·拉格斐接手香奈儿任设计总监。

1984 让-保罗·高缇耶（Jean-Paul Gaultier）为麦当娜设计的内衣外穿，引起全世界的骚动。
英国计师约翰·加利亚诺（John Galliano）首度发表作品。
法国商人Bernard Arnault成立LVMH。

1985 意大利设计师品牌Dolce&Gabbana首度发表时尚秀。
东京国际时尚秀登场。

1986 重视体型的服装成为主流。

1987 牛仔布开始普遍使用于时装。

1988 比利时设计师马丁·马吉拉（Martin Margiela）于巴黎办秀。

- 少即是多“Less is more”是90年代人们对于时装的观念。
- 90年代在时尚产业上是以行销挂帅的年代，高贵与通俗没有太大的界线，关键在于品牌的知名度与能见度。
- 时尚老牌大翻身 (年轻设计师拯救时尚老牌)，时尚进入一个新纪元。
- 网络时代来临，Jean Paul Gaultier率先在网络上销售自己的服装，高价品牌与平价品牌开始在虚拟的网络市场竞争。
- 亚洲成为高级成衣的最大市场。

1990~1999
极简主义 / 平价时尚崛起

这是个数码时代，随着资讯快速扩张、网际网络的发达，人们的生活节奏变得非常快，对于服装的要求和速食文化一样，简单、实穿、舒适，最好是一套衣服可以从早穿到晚，“less is more”的极简主义影响当时的时装设计，即便服装简单到像是看不出差异的制服，人们仍然欣然接受，这个时候许多时尚品牌陆续被超大集团并购 (LVMH、PPR)，或者发展成一个集团，大量复制品牌效应。因此，每一间购物中心里都卖着同样款式的服饰，奢侈品牌变成大众也可以拥有的，而造梦(品牌精神)与创造需求也变成品牌行销手段。

面对时代的骤变，有些时尚老牌因为适应不良而走进历史，某些品牌在注入新鲜血液（设计师）后反而愈是茁壮，90年代时尚产业最让人津津乐道的，就是美国设计师汤姆・福特（Tom Ford）把一个摇摇欲坠的意大利品牌Gucci打造成时尚万人迷，这也让众家时尚老牌群起效仿，希望借由新鲜血液开始一连串的品牌革新计划，不过巴黎时尚老牌也在此时一一落入非法籍的设计师手中。

虽然奢侈品牌让人陶醉，但是真实生活里美式休闲品牌如GAP、Nike、Levi's，以及来自亚洲的平价服装才是大众消费的主力。因为网络与大众媒体无远弗届，流行资讯极为普遍，大众对追求时尚的欲望也不断地提升，但是碍于全球的潮流时尚几乎是掌控在这上百家的奢华品牌中，这些伸展台上的时尚并非人人消费得起，于是ZARA、H&M、Topshop等这些平价时尚品牌便开始悄悄地攻占你我的衣柜。

关键年代

1994 美国设计师 Tom Ford出任意大利老牌Gucci 设计总监。
英国设计师亚历山大·麦昆（Alexander McQueen）首度发表作品（高原强暴系列）。

1997 约翰·加利亚诺接掌Dior。
亚历山大·麦昆出任Givenchy设计总监。
意大利设计师詹尼·范思哲遭枪击身亡。

1998 比利时设计师马丁·马吉拉出任Hermès设计总监。

1998~2004 HBO《欲望城市》风靡全球，莫罗·拍拉尼克（Manolo Blahnik）声名大噪。

还记得露腰迷你上衣、垮裤、紧身七分裤的年代吗？这个青春洋溢的90年代就是由来自美国的格温·史蒂芬妮，与英国辣妹合唱团所主宰的年代。格温首支单曲《Just a Girl》因成为全球最瞩目的女主唱，并在极短时间取代流行天后麦当娜，成为引领时尚的潮流Icon，于1999年获得VH1/Voguc造型时尚大奖提名成为最佳时尚女艺人。另外一股来自欧洲席卷全球的潮流是辣妹合唱团，她们打破以往偶像团体造型的一致性，五个成员分别有自己的风格，例如有运动辣妹、高贵辣妹、甜美的宝贝辣妹等，证明了时尚终于不再是专制统一的世界，强调个人化风格的年代终于来临；于是继60年代之后，街头次文化再度抬头，例如嘻哈、极限运动，甚至影响了高高在上的时尚圈，成为伸展台上的风潮。

格温·史蒂芬妮与辣妹合唱团，借由流行音乐的力量，将年轻女孩们的活力传递到世界各地，在充满单调的极简90年代风格中，显得格外突出；她们打破了唯一“潮流”的界线，女孩们在追赶潮流的同时无需像穿制服般、套上同一风格的设计，反而能透过服装展现风格，从此，女孩们的打扮正式成为自我宣言！

90'S

时尚ICON

街头潮人 格温·史蒂芬妮 & 辣妹合唱团

Gwen Stefani (1969~迄今) & Spice Girls

时尚关键词

Tom Ford

美国德克萨斯州人，1990年入主Gucci担任设计总监，只花3年时间就在时尚界创造了神话，将Gucci从一个老牌的家族企业，革新成世界上最具规模的时装品牌公司之一。

LVMH与PPR

20世纪后掌控全球时尚产业的两大集团。

LVMH Group　1984年由法国大亨伯纳德·阿诺（Bernard Arnault）打造出来的奢侈品王国。LVMH是Louis Vuitton、Moet、Hennessy三个公司合并的名称。旗下拥有60多个品牌，是当今世界最大的精品集团。集团主要业务包括以下五个领域：葡萄酒及烈酒、时装及皮革制品、香水及化妆品、钟表及珠宝、精品零售。旗下的精品囊括 Dior、Givenchy、Loewe、Donna Karan、Kenzo、Fendi、Celine、Marc Jacobs、Emilio Pucci、Thomas Pink、Hermès。

PPR Group　法国春天集团，由大股东法商弗朗索瓦·皮诺（Francois Pinault）所有，也是由三个公司合并而来（Pinault-Printemps-Redoute），于1999年成立，旗下拥有10多个品牌，是当今第二大知名的精品集团，集团主要业务包括皮革制品、鞋履、珠宝、香水、化妆品等。旗下的品牌有Gucci、YSL、Alexander McQueen、Bottega Veneta、Stella McCartney、Balenciaga、Sergio Rossi、Boucheron等。

- 混搭Mix&Match是这个时期的显学，一衣多穿、一包多功能的实用价值是王道。
- 敌不过不景气的冲击，高级精品时装沦为配件。
- 快时尚(Fast Fashion)快速攻略一级精品战区。

2000~2011

实穿是王道 / 快时尚凌驾时尚

跨过千禧年，原来应该是个欣欣向荣的新纪元，却遇上网际网络泡沫化而导致全球经济衰退，再加上美国911事件，人们对未来的不确定性加剧，环保意识抬头，世界末日的舆论甚嚣尘上，逛商城或网购变成一种减压的生活模式，且在全球时尚精品强力行销策略下，人们对于奢侈品（名牌）的欲望不降反升，因此奢侈品的消费在稍稍停滞后，很快就恢复原来水平。不过挺过这场风暴的，不只是奢侈品牌，平价品牌如 ZARA、 H&M、 Topshop等竟然硬是逆势成长数倍，可见时尚的魅力已深植人心，再怎么不景气想消费的心情还是在所难免，所以多数人或许会买个LV或Dior的包，但他们会花不到十分之一的钱在平价品牌中挖宝穿搭出时尚味。

混搭（Mix&Match）成为了这个时期的显学，人人都要学会如何用少的钱架构出时尚的模型，于是愈来愈多人只愿意花钱购买精品的配件，尤其是更年轻一点的消费族群，那些有logo的精品服饰完全吸引不了他们，他们有自己的时尚主张，没有人想跟其他人穿一样或被冠上什么品牌，于是名人、名模私下穿搭以及街拍的潮穿人士成为时尚意见领袖。时尚在一百年后又回到街上，只是此一时彼一时，以前是这些精品掌控着潮流的发言权（权力），今天时尚民主化后，接下来每一季的流行现象已经转由那些聪明的时髦个体——IT Girls来发号施令。

时尚关键词

IT Girl

“IT”=潮流指标。只要戴上“ IT”这个皇冠，代表你将引领时尚，这是当前时尚界对于具有影响力的Icon人物的一个最高荣耀简称。除了用于形容人物外，时尚编辑最常用IT来形容当季最In的包款或鞋款，作为指标性报道。

“IT”这个字最早源自 1927年一位英国小说家埃莉诺·洛林（Elinor Glyn），他用其形容电影《IT》里的女主角克拉拉·鲍（Clara Bow）。20~30年代， 克拉拉·鲍活泼、开放、充满野性的形象与穿着是当时年轻女孩们的模仿对象，所以也可以说克拉拉·鲍是IT Girl 始祖。

2000

时尚ICON

平价天后凯特·摩丝

Kate Moss (1974—迄今)

凯特·摩丝，凹陷的两颊、矮小(168CM，以模特儿来说算是)、削瘦如纸片人的身材，她的不完美，却是最迷人的姿态。

她从小在英国乡间的二手店穿梭，她买的都是带着嬉皮味的复古服装和便宜配件，中性风、混搭、带着古着的摇滚气质，成为她一贯的穿着风格。14岁被发掘成为模特儿，在Calvin Klein的全球广告放送下，很快就成为超模。

我想，凯特·摩丝绝对是英国时尚的救星，因为她而重生的英国品牌可多了，Burberry、Mulberry、Luella……即使年近四十、多次深受毒品和丑闻困扰，她依然是时尚圈宠儿，全世界轻熟女们的流行偶像。她那自然随性的装扮，开启了混搭风潮，在她之前，谁想得到一双平底长靴配亮片洋装和一头微乱的长发，也能这么迷人呢？ 这就是凯特最美的“不完美”风格。

关键年代

2001　美国“9·11事件”。

2003　格温·史蒂芬妮自创服装品牌L.A.M.B。

2004　Jean Paul Gauhier接手Hermès。

2007　美国次房贷风暴 。

2008　全球金融海啸。

2009　意大利精品Roberto Cavalli、法国高级定制服品牌Christian Lacroix、德国精品Escada，不少奢华精品纷纷垮台，山本耀司也因负债申请破产。
美国流行天王迈克尔·杰克逊逝世。

- IT Girl个人风格引导时装潮流。
- 设计师卡尔·拉格斐几乎每月一物的crossover。精品大牌设计师继续与平价时尚联名合作，创造另类的设计师平价时尚魅力。
- 快时尚（Fast Fashion）颠覆百年时尚产业，通过实体店铺与网购成为销售天王天后。

2010~至今

个人风格左右时尚/时尚零距离

综观21世纪到现在，这十几个年头的时装潮流，虽然新锐设计师辈出，但其实不论老辈新秀几乎一律游走在复古与未来之间，服装没有崭新的轮廓，纯粹就是从不同的年代中拼凑记忆，整个流行风向似乎是对过去百年时尚的回顾。虽然此时高级时装这百年大业依然操控着国际潮流，但是它的影响力已渐渐被异军突起的平价时尚(快时尚)给削弱，甚至被这些更贴近一般真实人生的IT Girl所取代。

蝉联GLM2012年度时尚流行语榜首的凯特王妃便是高级定制到高街时尚的IT Girl代表之一。接下来的大环境依然不乐观（代表着高级精品未来路并不好走），还有，人们也已经习惯了快时尚的节奏与消费模式，“奢华”这两个字已经被过度使用，变得没有太大意义，对聪明的消费者说，那只意味着过高的价格以及言过其实，理性消费代表你走在时代的尖端，一身没有名牌标志的品味混搭才是王道， 21世纪的时尚是以消费者为主导的逆时尚，精品大牌设计师从被动转成主动联姻（crossover）快时尚，将平价与奢华结合的平价奢华时尚（Masstige）才是王道， Fashion与Fast Fashion从遥远的两条平行线终于交会在一起，最大的受益者就是我们这些普罗大众的消费者。

时尚关键词

Masstige:平价奢华时尚

Masstige 是mass（大众）与 prestige（名声、威望）两字所组合的新名词，Masstige 同时也是兼具 mass and class（大众与格调）的新意，这是意指介乎在高价精品与低价商品之间的行销路线。多数人买不起高档精品，却又不想屈就于大卖场粗劣的低价品，于是乎就会有像Coach、DKNY这类高贵不贵的大众品牌（Masstige）来满足其购物欲望。另外，在平价时尚大风行的近十年，像平价品牌H&M为了向上延伸，不断找来精品设计师跨界（Crossover）合作，创造出以平价买到奢侈品等级设计师的力作，这种完全符合消费者物超所值心态的行销手法，确实为平价品牌杀出一条康庄大道。

2010

时尚ICON

行动艺术家女神嘎嘎

Lady Gaga（1986~迄今）

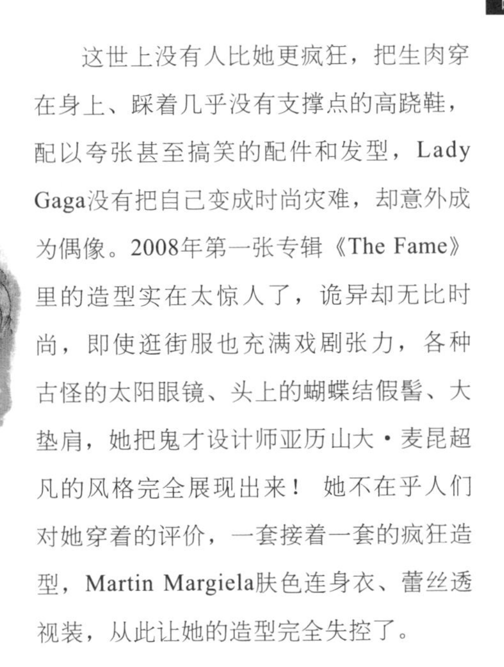

这世上没有人比她更疯狂，把生肉穿在身上、踩着几乎没有支撑点的高跷鞋，配以夸张甚至搞笑的配件和发型，Lady Gaga没有把自己变成时尚灾难，却意外成为偶像。2008年第一张专辑《The Fame》里的造型实在太惊人了，诡异却无比时尚，即使逛街服也充满戏剧张力，各种古怪的太阳眼镜、头上的蝴蝶结假髻、大垫肩，她把鬼才设计师亚历山大·麦昆超凡的风格完全展现出来！ 她不在乎人们对她穿着的评价，一套接着一套的疯狂造型，Martin Margiela肤色连身衣、蕾丝透视装，从此让她的造型完全失控了。

她的时尚策略就是“挑衅”，并且拥抱流行文化，她爱她的歌迷小恶魔们，小恶魔们也将她的风格在街道上发扬光大，Lady Gaga试图要人们面对内心的自己，忘记世俗的界线吧，因为我们天生完美啊（Born this way）！

关键年代

2010 2月11日英国时尚顽童亚历山大·麦昆逝世。

2011 英国设计师约翰·加利亚诺被服务15年的老东家Dior开除。

克里斯托弗·勒梅尔（Christophe Lemaire）接手Hermès。

克里斯托弗·狄卡宁（Christophe Decarnin）离开一手振兴的Balmain。

美国流行天后Lady Gaga 跃上全球36本时尚杂志封面。

2012 美国流行天后惠妮·休斯顿（Whitney Houston）逝世。

3月 阿尔伯·艾尔巴茨（Alber Elbaz）确定离开法国经典品牌Lanvin。

4月 H&M宣布2013年将展开精品品牌系列。

7月 YSL新任设计总监艾迪·斯理曼（Hedi Slimane）宣布将“Yves Saint Laurent”更名为“Saint Laurent Paris”。

8月 西班牙平价品牌ZARA老板奥特加以446亿美元身价挤下股神巴菲特，成为全球第三大富豪。

Chapter 02

关于时尚，
9个风靡全球的平价时尚潮牌

随着全球平价时尚力的大势崛起，每个城市也开始陆续诞生属于自己的平价品牌。本章带你认识全球9大平价潮牌，此外，也在此推荐网络上可以直接购买到的其他平价潮牌网站，带你一窥时尚潮人与明星艺人们私下最热衷的快时尚平价网站。

ZARA

推翻富人才能享有时尚的定律

品牌DNA
血统：西班牙
诞生：1975年
创办人：阿曼西奥·阿曼西奥·奥特加（Amancio Ortega）
店铺数：遍及全球将近80个国家和地区，多达1700多家店
官网：www.zara.com

1975年，创办人阿曼西奥·阿曼西奥·奥特加在西班牙西北部的一个小城镇，开设了一家名为ZARA的服装店。从此ZARA在这个人口数跟台北市三重区差不多的小城崛起，如今已经是平价时尚服饰的领头羊，店铺遍及全球将近80个国家和地区，数量多达1700多家。并从ZARA发展成 Inditex大集团，旗下还有 PULL & BEAR、Massimo Dutti、Bershka、Stradivarius、Oysho、 UTERQUE及 ZARA HOME等品牌。ZARA旗下有女装、男装和童装，售价从基本款服装约台币390元、外套类的10000元不到， 配饰类从200元到1000不等。2011年，阿曼西奥·奥特加登上了《福布斯》富豪榜，名列第七，身价310亿美金！2012年阿曼西奥·奥特加以466亿美元身价挤下“股神”巴菲特（Warren Buffett），晋升全球第三大富豪。76岁的他在同年一月宣布退休，新任总裁帕布罗·伊斯拉（Pablo Isla）接任掌管集团，但仍有六成持股的阿曼西奥·奥特加，还是常到总部走动视察。

2012年全球首富是墨西哥电信大亨埃卢（Carlos Slim Helú），第二位富翁是微软（Microsoft）共同创办人比尔·盖茨（Bill Gates）。

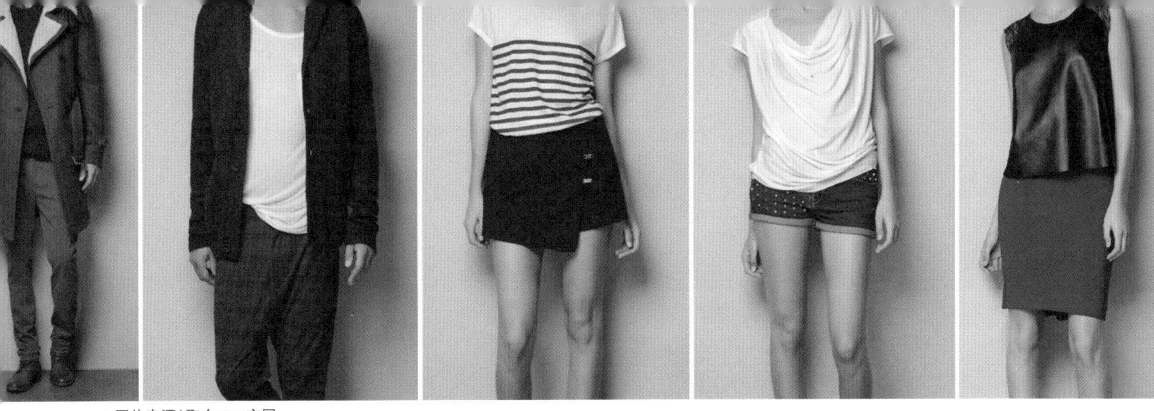

>图片来源/ 取自zara官网

品牌故事 brand story

从铁道工人之子到西班牙首富，传奇创办人阿曼西奥·奥特加

ZARA创造了快速时尚、平价时尚的奇迹，将按一年分四季运转的服装产业转变成每周两次，并且标榜平价——从明星到老百姓，不用花大钱都能享受最新的时髦趋势，不少大品牌将其视为眼中钉，可是消费者依旧买单，还对其着迷不已。ZARA“顾客至上”的经营模式，是由传奇创办人阿曼西奥·阿曼西奥·奥特加一手建立，他出身贫困的经历让他立志打造平凡人也能消费的商品，推翻富人才能享有时尚的定律。

1936年，阿曼西奥·奥特加出生于西班牙里昂， 8岁搬到西班牙西北角的拉科鲁尼亚（日后ZARA的发源地），父亲是铁路信号工人，母亲靠帮佣赚外快，一家五口过着清贫的生活。为了贴补家用，14岁的阿曼西奥·奥特加辍学到服装店当学徒，什么事情都做、都学，20岁出头时，因为思维敏捷，头脑灵活，工作又比别人认真，晋升为当地一家服装店店长。年轻的他和当时的好友时常下班后到酒吧里头喝一杯，诉说着创业的梦想，这个梦想终于在1963年成真，阿曼西奥·奥特加开了家 Confecciones Goa 制衣厂，专门生产睡衣和婴幼儿服装，从设计、剪裁、缝纫到洗烫都一手包办。12年后，应制衣厂的需求，他开设了一家零售店，名为ZARA。本来卖睡衣的阿曼西奥·奥特加也在开店后发现，很多女性消费者进入店里，误以为ZARA是贩售女装的服饰店，于是他转而开始试卖女装，开启了成功的第一步。

到今天，ZARA已经成为全球最大的服饰集团，从铁道工人之子到西班牙首富，享有高度成就与巨大财富的阿曼西奥·奥特加，却低调得像个谜，他从不印名片，也从不接受媒体采访，即使ZARA已经仿佛时装界的麦当劳般存在于你我生活周围，网络上也找不到一篇关于阿曼西奥·奥特加的专访。

>图片来源/取自zara官网

这位没有名片的总裁，过去几十年的时间里，在公司没有办公室，他就在设计室、制造部门和仓库之间来回走动，快速解决问题。独特的企业理念，让他把员工当自己的家人，凡事亲力亲为，带领企业率先实行社会责任承诺，并创办西班牙ISEM设计学院，培育人才，对被视为将来接班人选的女儿玛塔·奥特加（Marta Ortega），阿曼西奥·奥特加也坚持把她送到第一线的店面从基层做起。据说，他到七十多岁时还会跟同事提及，在12岁那年妈妈带着他到商店买食物，听到老板不断对妈妈说："女士，我很抱歉，不能再让你赊账了！"出身贫寒的记忆，从未在他脑海抹去，也使他在过去六十几年来，未曾享受长假，只用尽全力地认真工作着，即便现时已退休，这份热情，还持续燃烧着，不时到公司巡察走动。

ZARA的经济奇迹

阿曼西奥·奥特加创造的快速时尚，彻底颠覆百年时尚产业的游戏规则，到2011年上半年为止，ZARA的净利逆势增长14%，每年卖出上亿件衣服到全球78个国家。迄今ZARA已在全球设置约1723个据点，平均不到3天就开1家新店，集团母公司英得斯集团（Inditex Group）市值高达500亿美元，已成为全球市值最高的成衣厂商。而他也曾在2001年集团股票上市时，短短30分钟内，以持有的60%股份，赚得了60亿美元。

时装王国的运作

ZARA的快、狠、准三部曲

{ Rule 1 }

快！最新颖的设计

从设计到成衣，一般服装业是6~9个月，国际品牌可缩短到120天，而ZARA最短可以七天就完成！因为从设计、生产、物流到配送，都由集团一

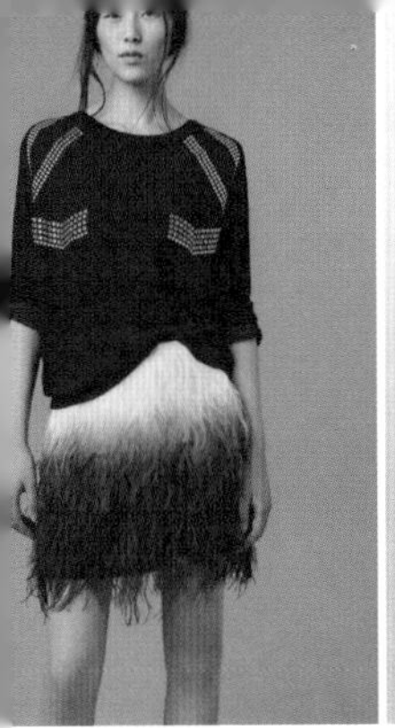

手包办！ZARA没有所谓首席设计师，却拥有超过400位年龄在30岁以下的设计师，每天川流不息地在各大时髦都市寻找灵感，他们在顶尖的时装周和发布会上拍照撷取灵感，也在街头、咖啡馆、艺廊、舞厅等地，搜罗当季最前沿的时髦元素。

通常在时装周后没几天，在ZARA店里就可以买到同款式的服装，一般追求时尚的大众毫无抵抗力。而ZARA虽然每年都因被顶级品牌控告“抄袭”“侵权”等，支付几千万欧元的罚款，但创办人阿曼西奥显然从不畏惧，因为他们从中赚的比罚的更多！

{ Rule 2 }

狠！少量多款 随时断货

每年设计团队提出超过40,000件的作品，从中选出约12,000件上架，而在2010年就推出了18,000多款设计！在ZARA，总是能找到新品，而且限量供应，往往当下看对眼没出手，下次再来就没了，而且也不补货。设计团队会就当季的潮流指标推出新品试水温，再由全球店家回报销售状况，卖得不好就下架，随时都可改款。这种暂时断货，也满足消费者先抢先赢的心理，好像拥有独一无二的新品，而且出门不必怕撞衫。

{ Rule 3 }

准！电脑管理的物流系统

为了快速反映市场需求，ZARA拥有自家工厂，自己设计自己生产，可以直接掌控所有生产过程的细节。出售的产品中，约有50%在西班牙，26%在欧洲其他国家，24%在亚非各国。坚持欧洲制造，也是抓住消费者心理的制胜利器，即使外包到海外，也是以保守的基本款为主，并提供布料，严格做好把关管控。最后，ZARA的电脑全自动管理物流系统，全球生产的服装、饰品，都会先回到各地的物流中心，再统一发送，一天之内可到达欧洲各城市，只要卖到欧洲以外的地方全部坐飞机，空运时间也不超过48小时。

ZARA品牌名称由来

阿曼西奥·奥特加在1975年开了第一家ZARA，最初这家店取名为ZORBA，是阿曼西奥·奥特加最喜欢的演员安东尼·奎恩（Anthony Quinn）在电影《希腊左巴》（ Zorba the Greek）里所演的角色，但是碍于当时无法取得授权，因此索性将字母拆开后排列组合，最后停在“ZARA”这个字上，因为这个字听起来很有女性味道、并带有特殊的异国情调，于是乎他与未婚妻双双投这字一票，就这样他们创造了一个全球最大时装帝国的名字“ZARA”。

注：ZARA 这个字的西班牙发音是“Thara”。

商品特色

在ZARA购物是便宜的，但你绝对不会有买到廉价品的感觉。ZARA严格控管每一件商品的品质，将行销的钱省下来（零行销），转而用来包装整个店铺的橱窗与规划空间陈列设计，营造出高级的平价消费模式，在消费者心目中赢得物超所值的加乘效果。ZARA的商品流行性强，撷取大牌设计的手法很到位，从布料质感、剪裁、细节设计上，都能做到八成以上的水平，也是所有平价品牌当中拷贝大牌影子最专精的领袖，有时某些设计师的主打款在经过ZARA设计团队的修正后，甚至有更胜于正牌的讨喜度、实穿性，所以，也难怪《纽约时报》会说：它是“世上最具破坏性的零售商”，《新闻周刊》也提出“ZARA是时尚产业的终结者”。

欧洲服装界中的平民天王

品牌DNA

血统：瑞典

诞生：1947年

创办人：埃林·佩尔森（Erling Persson）

店铺数：至2014年8月，H&M 分店遍布全球 四十多个国家，
分店数目为 3341 家。

官网：http://www.hm.com/gb/

来自瑞典的H&M（Hennes & Mauritz，简称H&M）可以追溯到1947年，创办人是埃林·佩尔森，在瑞典的V.ster.s市创立，起初店名是“Hennes”，瑞典语“她”的意思，顾名思义，这是家专卖女装的店面。本来是推销员的埃林·佩尔森，有次去美国旅游途中，看到当地售价便宜、薄利多销的服装店，一家比一家生意还好，灵光一闪，将这种销售模式带回瑞典，模仿美国的作法，开了这家小小的Hennes女装店。

时至今日，H&M分店已经开到全球四十多个国家，数量高达3341家，亚洲地区基本都能买得到，售有男女装、童装和化妆品，售价比ZARA更令人流口水，平均低个30%~50%不等。追随流行趋势的设计，却能有相当平民化的价位，据说80%的欧洲人衣柜中，一定会有H&M的衣服，足见它在欧洲服装界中的平民天王地位。

品牌故事 brand story

与大师联名设计限量款，平价进入顶级时尚大门

2011年11月9日，在Versace for H&M的记者会上，56岁的Versace设计总监多娜泰拉·范思哲（Donatella Versace）解释着，为何三年前她曾放言Versace是奢华品牌，绝不会和门不当户不对的H&M合作。而今却食言，也和H&M搞起联姻，她说："我的确是这么说过，但因为那时时机不对，当时我正努力让 Versace在 21世纪的市场站稳脚步。而现在是时候了，正是打开大门，让新时代的年轻人重新了解 Versace 品牌精神的时候了。"在星光熠熠的现场，乌玛·瑟曼、杰西卡·阿尔芭、索菲亚·科波拉等人都来了，这里，仿佛是名人簇拥的顶级时尚派对。这一切的幕后推手，让H&M从国民品牌晋升到与设计师平起平坐的品牌地位，正是第二代接班人史蒂芬·佩尔森（Stefan Persson）。

他的父亲，也就是创办人埃林·佩尔森，在 40年代开设了 Hennes女装店，相较于当时昂贵的百货服饰，平价策略奏效，很快就声名远播，规模不断扩大。保守的埃林·佩尔森创立公司29年后，也就是1976年，才在伦敦开设第一家国外分店，当时29岁的儿子史蒂芬，还拿着一张瑞典国宝 ABBA乐队的唱片，在街道上招揽顾客。1982年史蒂芬·佩尔森接棒之后， H&M开始了大规模的海外开疆辟地，在此之前，H&M的100多家分店，大部分在瑞典，史蒂芬·佩尔森认为，如果只有平价特色，这样做下去门槛很低，无法长久。苦思出路的他，在时尚大帝卡尔·拉格斐身上得到灵感。

时尚界在整个20世纪80年代最被人津津乐道的，便是拉格斐如何挽救了香奈儿这个睡美人品牌的故事。但是，在大刀阔斧为香奈儿重新设计与定位后，香奈儿对多数爱美的女性而言仍是天价，拉格斐心想，何不

>>图片来源 / 取自H&M官网

生产香水、彩妆或配件这些小玩意儿，借此拉近与平民的距离呢？受此启发，史蒂芬决定要让H&M成为多数消费者更接近高端时尚的平民品牌，于是展开了与顶尖设计师合作的计划，而第一位，就是曾经带给他灵感的卡尔·拉格斐。

史蒂芬走对了路，几乎每次与设计师的联名合作，都让粉丝们彻夜大排长龙，只为抢得钟爱设计师们的设计款式，连带增长H&M各地专卖店的气势，每逢新店开业，门口也总是拉成一条人龙。而这也区隔开了H&M和ZARA的路线，跟在H&M后面的是一长串的设计师及品牌名单，卡尔·拉格斐、川久保玲、索尼亚·里基尔（Sonia Rykiel）、周仰杰（Jimmy Choo）、斯特拉·麦卡特尼（Stella McCartney）、麦当娜、维果罗夫（Victor & Rolf）、浪凡（Lanvin）等。

2012年H&M丢给时尚界的震撼弹更激烈了，年初与华裔时尚金童王大仁（Alexander Wang）的联名设计，爆发粉丝抢货囤货风波，新闻不断，紧接着接手的Versace for H&M与Marni for H&M陆续开出红盘后，马上又祭出让时尚迷们眼睛一亮的梦幻组合Maison Martin Margiela for H&M，众多粉丝和时尚圈大腕都明白表示，肯定会去抢这一系列的设计单品！H&M点起的这把精品跨界野火，还将继续在时尚圈中燎原下去。

时装王国的运作

2009年在全球已经有 2000家分店的 H&M，营业额高达一百六十多亿美元，2010年，它终于超越 LV，站上欧洲最有价值品牌第一名。H&M、ZARA和Topshop堪称欧洲平价时尚的三巨头。尤其H&M和ZARA都将未来消费目标指向中国，两者的竞争更加白热化。虽都是平价时尚，各有其制胜法宝。

>图片来源/ 取自H&M官网

不过除了在平价时尚王国争一哥外，H&M的野心绝不仅于此，果然，在利用一连串马不停蹄的联名效益把品牌推上高峰后，盛传多年的时尚八卦终于浮上台面，2012年3月H&M首席执行长卡尔－约翰·佩尔森（Karl-Johan Persson）明确地告诉《WWD》：“我们在明年会发布一个完整的全新系列。”“就像现在成功缔造高营收的H&M高价成衣品牌COS，新的H&M精品系列将会拥有独立店面，商品风格以补足H&M集团缺乏的品项为主。”没错，平价品牌出身的H&M除了继续深耕平价市场，还晋升成为高价精品一族。故事会这样发展并不让人意外，只是让人意想不到的是这一天竟然这么快就来了。

{ Rule 1 }

名人效应带动买气，也擦亮H&M的招牌

不得不说，2004年之前，H&M只是个很有时尚触觉、欧洲人从小穿到大的平民时装品牌，但从2004年之后一系列与设计师、名人合作的平价限量系列，撬开了精品圈高高在上的大门，也重新擦亮H&M这块老字号。

2004年卡尔·拉格斐率先放下身段，创造出 Karl Lagerfeld for H&M限量版服装，两天之内销售一空，直到现在，那件当年售价99美金的限量黑色礼服仍是收藏珍品，也开启了之后H&M和各路人马“停不下”的跨界合作。斯特拉·麦卡特尼说，之所以选择和 H&M 合作，是为了满足喜欢我的服装却买不起的人们。Lanvin的前设计总监阿尔伯·艾尔巴茨则说非常喜欢H&M提出的合作概念：“不是让Lanvin走进大众，而是提高H&M的格调。95%的女性负担不起购买Lanvin，这次合作可以给她们带来时装品位的享受。”

全球各地疯狂抢购潮

2004年11月，H&M与卡尔·拉格斐的合作开始时，当月就创下了营业

>图片来源/取自H&M官网

额飙升24%的纪录。2006年推出荷兰设计师Victor&Rolf的系列，在斯德哥尔摩以及欧洲大城市引起了疯狂抢购热潮。2007年的M by Madonna系列，配合中国香港与上海的新店铺开幕，也引起抢购热潮。2008年与川久保玲的圆点衬衫和不对称剪裁系列，在东京店上市引发混乱抢战，上海店里也在10钟内抢售一空。与Lanvin合作系列也创下香港店和其他欧洲店面第二天即完售的纪录。

H&M花在行销广告的费用从不手软，你可以在各大城市的街道上看到每季各路名人担任其代言人，包含凯特・摩丝、麦当娜、超模吉赛尔・邦辰和刘雯等人。此外，拍摄宣传广告，出版H&M杂志等建立品牌形象的手法，花样百出，不过这一切的费用，却不会转嫁到消费者身上，你还是可以在这里买到便宜又时髦的衣服。

除了由下往上整合企图收买所有阶层消费者的心外，野心勃勃的H&M深谙明星加持的高效应，更于2012年4月推出专为艺人设计的红毯礼服系列“Exclusive Glamour Conscious Collection”，由好莱坞性感女星米歇尔・威廉姆斯（Michelle Williams）率先于2012年 BAFTA英国电影学院奖上秀出一款简洁优雅的礼服，看来H&M的时尚版图轮廓已经非常清晰不过了，这个来自瑞典的平价品牌，用它独到的经营策略，逐步成为时尚标杆。

>图片来源/ / 取自H&M官网

{ Rule 2 }

比快还要更快，每天都有新货上架

H&M对待衣服的态度就像当季水果，有它的“最佳赏味期”。H&M自己也承认，谁能洞悉未来流行的趋势，比别人早一步，就是制胜关键。从侦查流行、制作到出货，H&M比一般品牌足足快了8倍！它旗下有一批超过100人的设计团队，这个团队共同开发出品牌底下的男、女、儿童和青少年服饰。和ZARA一样，打破“季”为单位，H&M平均6周到12周为一循环推出新鲜货色，号称每天都有新货在店内上架，果然让它快速挺进全世界。美国《商业周刊》曾分析，H&M的成功，在于改变了时装零售结构，“要新、要快，更重要的是减少库存”。

零售渠道方面，除了直营的实体店面，在现今一切讲求快速的网络时代，相较于 2010年才开始线上购物机制的 ZARA， H&M早在 1998年就开张网络商店，除男装、女装、童装外，家饰品与化妆品也都能买到，喜欢的话就下单吧。

{ Rule 3 }

成本有效控制

虽然在行销广告方面花费甚巨，但“做个时尚追随者而非创造者”，让H&M省下不少设计成本；并且买最便宜的布料，直接向供应商采购，当中几乎没有中间商；同时，持续而大量的采购，确保获得合理的价格；据说在H&M，每个员工都很有成本管控概念。H&M也不拥有自己的工厂，所有代工加工都外包，并选在最便宜的地区，与超过700家制造商合作（多数在中国、土耳其或孟加拉国），这使得他们的售价能较ZARA低三到五成。

H&M名称由来

1947年创办人埃林·佩尔森开了Hennes之后，迅速火红，1968年一举并购了一家名为Mauritz Widforss的商店，这家商店的主营业务是为顾客提供打猎用品，因此产品中也有一大批男士服装。并购Mauritz Widforss，使Hennes的店名改为Hennes& Mauritz，简称H&M并延用至今，店里的服装也开始增加了男装的系列。

产品特色

身为平价天后ZARA的最大劲敌，H&M平均单价低于ZARA 30%～50%，积极与大牌设计师及名人的联名设计，屡次创造品牌的高知名度与传奇性，所以在平价品牌的战场里，H&M可以说是个足以PK精品效应的平民战士，它的商品本身就是够快、够时髦，品项也够多，加上超强的营销策略（Crossover），你永远都有机会用亲民的价格买到大牌设计师的作品。

热销商品

除了基本款的棉质Tee和Tank Top外，每一款与设计师及名人的联名设计款都造成秒杀热销。

TOPSHOP

新锐设计的摇篮

品牌DNA
血统：英国
诞生：1964年
创办人：菲利普·格林（Philip Green）
客户年龄层：欧洲15~30岁年轻人必扫货的品牌
店铺数：在英国已经有三百多家店，海外则有一百多家分店
官网：www.topshop.com

在英国随处可见的Topshop，创立于1964年，其实它最早还只是在北英格兰一间百货公司的地下室，一年后，Topshop从百货公司退了出来，成为独立零售商，在伦敦市中心Oxford Circus开了另家分店。之后，在十年间，Topshop在热闹的牛津街开设了四层楼、占地90,000平方英尺的旗舰总店，共有近千名员工和200间试衣间。90年代时，Topshop就被视为一个成功的街头流行服饰，但也仅此而已。

直到2002年，英国零售业巨子菲利普·格林，以8.5亿英镑，收购了Topshop所属的Arcadia集团，将这家服装连锁企业打造成英国的廉价时尚天堂，并成为欧洲15~30岁年轻人必扫货的品牌，价位大部分落在45~100美元之间。目前Topshop店面在欧美各大城市都能看到，亚洲则设在日本、曼谷、新加坡、马来西亚、菲律宾、中国香港的连卡佛百货，以及北京798艺术区的“非”精品店，当然你也可以直接到官网线上购物。

>图片来源/ 取自官网 www.topshop.com

品牌故事 brand story

Topshop vs Kate Moss 跨界时尚大门

2002年后，菲利普·格林领军的Arcadia集团，共有七个平价时尚品牌，包含：Topshop、Topman、Evans、Miss Selfridge、Dorothy Perkins、Burton和Wallis，是英国目前最大的服装零售集团。Topshop则是其中最能下蛋的金鸡母，曾创下英国服装销售纪录、半年内销售额超过10亿英镑！但真正让 Topshop进入时尚大门，还是得力于与凯特·摩丝的合作，2006年开始，凯特为 Topshop设计了一系列“Kate Moss for Topshop”，每次都让粉丝彻夜排队造成抢购，造成轰动。这个在如今看来非常成功且正确的决定，曾让老板也是主事者的格林相当左右为难！因为当时的凯特，还未脱离毒品丑闻风波，一时间变成过街老鼠，时尚精品纷纷撤下她的代言身份。

事实上，凯特和格林早已认识，两人还是老乡，但仅是浅浅的点头之交。格林回忆说，2006年一次公开场合的巧遇，凯特向他表明，一直想发展自己的个人系列，格林留下她的办公室电话，心里却认为，这不过是一次不会成真的聊天罢了。

两周之后，凯特真的到他的办公室见了面，认真地会晤一下午；办公室里，一个是身价49亿英镑、名列英国第5名的富豪，一个则是世界级的超模。然而这个决定，让纵横商场的格林犹豫了三个月之久，他说：“凯特很有个人魅力，但关于生意，就比魅力要复杂得多了。我想知道的是，她是否有动力和潜力去创立一个长期的品牌？”他也明确表示对于H&M与不同设计师合作的方式不感兴趣，因为每次让粉丝疯狂抢购一千多件后，就没了。为此，他找来与凯特合作了19年的经纪人确认其决心，经纪人的回复令人放心：“这是凯特一直以来最想做的事情，她只是没找到合适的搭档而已。”

>图片来源/ 取自官网 www.topshop.com

接下来的发展就是大家熟悉的故事，2006年在Topshop发表会上宣布与凯特·摩丝的合作计划，并在2007年5月1日正式开卖，霎时闪光灯四起，时尚圈的焦点都转向这里；隔年正式开卖，更一次比一次轰动热闹。对老板格林而言，凯特·摩丝还帮了一个大忙——帮Topshop攻入美国市场！2007年5月1日，Kate Moss for Topshop正式开卖的城市，有纽约的高级精品百货巴尼斯（Barneys），巴尼斯最能代表纽约人的时尚品位，时髦而不轻佻，且不盲从名牌。虽然彼时的《纽约客》杂志曾批评这系列服装“根本是将凯特·摩丝自己衣柜里的烂货重新拿出来制作”。不过巴尼斯的总监还是对她深具信心，最后事实证明，初来乍到，消费者就热捧，四小时内抢购一空，因为那可不是别人，那是凯特·摩丝！Topshop于2008年底在纽约开设了海外旗舰店。

2010年Topshop宣布将与凯特结束合作，众说纷纭，有人说Topshop是快时尚，对他们而言，凯特的速度显然还是慢了；也有人说，凯特的年纪——年轻人无法对一个有了孩子且对做果酱越来越有兴趣的时尚偶像产生共鸣；Topshop对外说法则是，凯特太忙了，以至于无法履行义务。但能确定的是，老板菲利普·格林已经宣称，将与凯特·摩丝进行其他合作计划。

时装王国的运作

目前Topshop在英国已经有三百多家店，海外则有一百多家分店，分析师指出，Topshop的利润收入比十年前多了十倍！能获得现在的惊人成就，归功于Topshop与众不同的行销、销售策略！

>图片来源/ 取自官网 www.topshop.com

{ Rule 1 }

快之外，还保持原创性

或许你会疑惑，平价而快速的时尚品牌有何原创性可言？这就是Topshop出位之处：除了主打快、狠、准策略，号称一周没到Topshop，就会错过300件的新商品，他们还另外发展了Topshop Unique这个自主设计品牌。

这个成立于2001年的系列，价位比主牌Topshop稍高，但也更大胆而具有设计感，并且保持了设计师的独立性，象征大众品牌也可以步入高档时装系列。2005年，Topshop Unique首度登上伦敦时装周（London fashion week）的舞台，这也是此时装周第一次有街头服装品牌加入！

{ Rule 2 }

挖掘新锐设计师，赞助服装设计奖项

此外，不找大牌搞大场面，而是有计划地与伦敦新锐设计师合作，并推出少量款式，是他们一贯的经营模式。像之前的Christopher Kane，Mark Fast，米兰设计双人组Mayo Loizou 与LeszekChmielewski，2011春夏的David Koma，以及2012春夏系的Mary Katrantzou——这位近来大出风头的鬼才，以其繁花绮丽的印花风格横扫时尚圈，凯拉·奈特莉（Keira knightley）、新一代风格偶像艾里珊·钟（Alexa Chung）以及日本版《Vogue》主编都穿上她的洋装踏上红地毯。

此外，长期赞助英国时尚界的NEWGEN（New Generation）计划，更突出Topshop致力发掘本土新秀的魄力；被NEWGEN征选上的设计师，可

>图片来源/ 取自官网 www.topshop.com

以在伦敦时装周上展现作品，还可以替Topshop设计系列服装在旗舰店里贩售，Alexander McQueen、John Galliano和MatthewWilliamson的服装事业都是从此奖项起步的。

{ Rule 3 }
从容不迫的海外展店模式

和ZARA与H&M迅速在海外开设专卖店的策略不同，Topshop的脚步似乎慢了一点，这也展现品牌不躁进、有把握才出手的个性，事实上他们从来不会冒冒失失地挑战新市场，而是在一个城市选择风格独特的精品店合作，先建立自己的品牌形象，探测市场温度后，再进行展店计划。在纽约，Topshop先在Barneys百货卖自家衣服；在巴黎，则是先在潮人必朝圣的Colette贩卖；在香港，与高档的连卡佛联手合作。

销售纪录

金融风暴期间，Topshop销售数字依然达到每年30亿英镑的惊人成绩。Topshop曾自信宣称，平均每秒钟卖出 8套内衣，每一天卖出 2500件洋装，每周卖出40,000双鞋子。Kate Moss for Topshop系列，曾创下欧美多个城市开卖当天即完售、连模特儿人型台上的衣服都被抢光的纪录，此系列也堪称Topshop最热卖的款式。

>图片来源/ 取自官网 www.asos.com

平价贩售好莱坞名人流行

品牌DNA
血统：英国
诞生：2000年
创办人：尼克·罗伯森（Nick Robertson）
客户年龄层：16~34岁
官网： http://www.asos.com/

ASOS是个很年轻的品牌，是2000年成立的英国服饰购物网站，创办人为尼克·罗伯森。品牌名称ASOS是“As seen on screen”的缩写，成立初期，定位为仿效好莱坞明星最新流行的服饰、配件，并以非常平民的价格销售，轰动整个英国。客户群锁定16到34岁女性，提供超过四万种品牌服饰。2007年后，增加了精品品牌购买页面，引进像Just Cavalli、Raf Simons等高端品牌；现在，你可以在ASOS买到男、女装，童装和生活用品，只要在脸书上搜寻ASOS，就可以直接从上面看到新品、新讯息！

品牌故事 brand story

源自电视效应的网购奇迹

凭借过人的胆识和对快时尚的敏锐度，在2000年网络时机大好的当时，创办人尼克·罗伯森打造了快时尚ASOS的网络购物平台，以创新的网

>图片来源/ 取自官网 www.asos.com

络销售黏住消费者，现在受年轻男女热爱的程度，已经超越了实体龙头大老ZARA、H&M。

事实上，才44岁的尼克·罗伯森的创业过程并不特别艰辛，他的曾祖父是英国有名的服装大亨，哥哥奈吉尔·罗伯森（Nigel Roberson）也是创业富翁，因此哥哥资助了他将近一半的创业基金。但他不特别自满，反而珍惜这样的运气；事实上，尼克·罗伯森18岁就放弃读大学的机会，因此他更想从就业中证明自己。他先在知名广告公司工作，练就一身讨价还价功力，更懂得品牌造势和宣传的技巧。后来在当时很红的美国《六人行》影集中得到灵感。电视台接到四千多通电话询问影集中某盏灯能在哪里买到，他灵机一动："电视上出现的产品可以吸引这么多人想买！"接着网络时代到来，他和友人看准时机，推出网购网站"As Seen on Screen"，以名人效应带动商品销售为重点。不过，如果只是服装购物平台的话，很快会被市场淘汰，尼克·罗伯森灵活的营运、行销策略，才是让ASOS可以深入心、一年赚得比一年多、成为市场上奇迹的关键。

ASOS时装王国的运作

尼克·罗伯森有哪些出奇制胜的点子，让ASOS不只是购物平台而已？

首先，他们主动与时尚博主建立友好关系，互有连结，2006年开始举办自己的服装秀，2007年发行时尚杂志《ASOS》，到现在，这已经是英国仅次于《Glamour》的杂志了！之后，将网站转型成能够为消费者提供时尚资讯的互动平台；更时常与伦敦设计学院的学生推出联名系列，或与知名设计师推出限量款。这一切都让ASOS在女装销售市场这个红海战场上，创造出与众不同的蓝海市场，并且在网络平台上击败ZARA、H&M等指标品牌。

到2011年，ASOS又成为第一个推出脸书店面的欧洲时装零售业者。根据Facebook表示，全球五亿用户中有两亿是通过手机登入Facebook，尼克·罗伯森说他们的消费者时时刻刻都黏在脸书上，并且认为这是网购的

>图片来源/ 取自官网
www.asos.com

下一个转折点，人们不再前往网站，而是一种更加个性化的网购体验。因此，现在消费者已经可以在脸书上购买ASOS旗下15万项的商品。

ASOS得奖纪录

被《InStyle》杂志、《Marie Claire 》评选为最领导时尚潮流和最令人着迷的网店。 2002年“电子商务奖”最佳推荐奖。2004年“AIM奖”。2005年和2006年蝉联《More》杂志“最上瘾网店"。 《Cosmopolitan》杂志“年度零售商”奖。 2008年PPA奖。

ASOS名称由来

2000年刚创立时原名为“As seen on screen”，2003年更名为ASOS。

ASOS网购制胜关键

这是一个快速反映名人穿搭与街头潮流效应的网络商场，除平价、时髦外，质感与剪裁都不差，最重要的是不限金额，不限区域完全免运费，光是免运费就够诱惑了，加上快速折扣的电子商务促销策略，大大提升想要平价购得好货的欲望，“符合预期，贴近消费者的心”，这就是ASOS之所以能在激烈的网购红海中，能创造出一片蓝海的原因所在。

网站/商品特色

自创品牌ASOS款式多，淘汰率高，价格最为优惠，折扣也下得多又快，此外不定期与设计师品牌合作的联名设计款也够新潮，从女装到男装整体品项齐全，水平一致，有网络Select Shop的模式，是时尚潮人们最爱买的潮流网站NO.1。

推荐热门单品

鞋子、眼镜、饰品。

美式休闲风格的蓝色奇迹

品牌DNA
血统：美国
诞生：1969年
创办人：费舍尔夫妻(Donald & Doris Fisher)
店铺数：全球员工超过13万人，共有三千五百多家门市
官网：www.gap.com

2010年打着“Let's Gap together”口号进军大陆的GAP，同年在上海和北京各开了两家店，2011年则在香港开业。“大地色系”“牛仔”“卡其装”和“棉”料的质地，是GAP的关键词。

这个被视为最能体现美国文化的服饰品牌，是费舍尔夫妻(Donald & Doris Fisher)在1969创立的品牌，原本从事房地产的费舍尔先生，因为买牛仔裤找不到合适尺寸，导致他想开间更好的店，41岁时和老婆合开GAP。原本专卖Levi's牛仔裤，1974年起贩卖自有品牌服饰。GAP向来诉求一件质感良好的牛仔裤搭配简单的T-shirt，既有型，又能塑造出清新、气质的形象。

目前旗下还有Banana Republic, Old Navy, Piperlime 和Athleta，全球员工超过13万人，共有三千五百多家门市。在这里你可以找到全家需要的衣服，男装、女装、孕妇装、童装、婴儿装、内衣和家居衣服等。

>图片来源/ 取自官网 www.gap.com

品牌故事 brand story

美国文化象征，GAP的兴衰起落

GAP足以与美国其他指标品牌——可口可乐和迪士尼乐园相提并论，超过九成的美国人衣柜中一定有GAP。GAP简洁轻松的穿着，代表美国人追求的品位；从80年代以来，GAP开始革新简单风格，邀请有影响力的名人穿着和拍摄硬照，这是GAP最出名的“Individuals of Style”个人化风格运动，在此之前，GAP几乎没什么品牌形象可言。

也可说是“ Individuals of Style”拯救了GAP从70年代末期开始下滑的销售数字，并且让其重新被定位成有人文精神、有力量的服装品牌。这个系列找的都是大师级摄影师，最有名是安妮·莱博维茨（Annie Leibovitz），是她帮滚石杂志拍下约翰·列侬全裸抱着小野洋子躺在地上的经典照片。她也是黛米·摩尔当年大腹便便全裸登上时尚杂志的执掌摄影师。此外，还找来各领域名人，穿上GAP简单的衣服，透过大师绝佳的技巧，让日常服饰穿在不同人身上，体现各自的气质与风格。不是名人拯救了GAP，是摄影大师们拯救了它。从此，GAP变成90年代营销教科书的杰出案例。

时间进入21世纪，GAP开始腹背受敌，本土有Abercrombie & Fitch与American Eagle夹击，外来有欧洲大红的平价时尚品牌进攻美国。GAP一度风雨飘摇，2002年一开始便亏损32亿美元，渡过低迷的金融风暴期，2010年GAP相较于其他平价时尚竞争对手，晚了四五年进入中国市场，但不管怎么样，总算有所起色：设计上力求突破，过去几年找了皮埃尔·哈迪（Pierre Hardy）设计鞋子，Stella McCartney设计童装，还有Alexander Wang设计新的卡其系列服装，卖很便宜也叫好。2011年GAP宣布，中国将是之后重点布局市场，预计成为海外第一市场。

>图片来源/取自官网 www.gap.com

GAP时装王国的运作

名人加持、进军中国

名人效应是很多品牌的救命底牌，GAP从上个世纪就不断找来美国本土红星加持，包含麦当娜、莎拉·杰西卡·帕克、蓝尼·克罗维兹和刘玉玲等拍摄肖像照；2009年进驻中国喊出的“Let's Gap together”就再找来Annie Leibovitz拍摄平面广告；2010年她继续为中国市场拍摄了周迅、杜琪峰、蔡依林、Usher和Diplo等明星的风格照，等同下重成本宣告，GAP回来了！

细水长流的联名创作

比过去更重视设计的质感，GAP更找来多位重量级设计师推出联名款，但它异常低调，不像别家总是引发上千人彻夜排队的奇观；为此，中国区总裁说：“我们追求的是细水长流的合作，通常和设计师签约一年，而不只是热闹几天而已。”2007年开始，GAP与美国设计师协会CFDA合作，从中挑选出得奖的新锐设计师，合作限量版服装。与此同时，也宣布大换血待了四年的首席设计师Patrick Robinson与其团队；因认为其设计不受好评，销售也没起色，故集团将寻觅新的接班人。

坚持细节不图快

从设计到上架，GAP需要的时间比其他快时尚品牌要久，需要90天，但他们始终拥有好的面料与做工，这是消费者需要他们的原因。此外，重视细节也是一大特点：因为创办人当年找不到适合尺寸的牛仔裤，GAP在标签上除了有美版的标号，还有A、R、L三个字母，对应着较短、正常、偏长的裤子长度，让身高比例不同的大众可以挑到最适合的裤子；服装则分为娇小和高大两部分，并且在细节部分有适合各身材的不同设计。

>图片来源/ 取自官网 www.gap.com

推荐入门单品

白色棉质T恤、基本款牛仔裤、卡其服饰系列，是GAP最受欢迎、也是推荐的入门款式。

GAP名称由来

房地产商费舍尔与妻子1969年因购买牛仔裤遭遇不便，在旧金山自己开店贩卖牛仔裤与唱片，妻子从当时流行的词汇Generation Gap（代沟，描述“二战”后婴儿潮一代与父母的观念差异）中撷取Gap一字作为店名，既希望吸引年轻顾客，也希望产品能独树一格，填补市场上的空白。

{ **名人加持GAP** }

代言人：麦当娜、渡边谦、刘玉玲、莎拉·杰西卡·帕克、周迅、杜琪峰、蔡依林、Usher和Diplo，John Mayer等。

爱穿名人：莎朗·斯通、米歇尔·奥巴马。

FOREVER 21

永远如21岁少女般

品牌DNA
血统：美国
诞生：1981年
创办人：韩国夫妻张东元&张金淑
店铺数：目前全球店铺已经有470家以上
官网：www.forever21.com

在美国纽约和洛杉矶两地，几乎在街上常会看到有人提着满满的黄色塑胶袋，袋子上印着大大的Forever 21字样，而这牌子也是亚洲区的少女、或过了少女期依旧很萌的老少女们最爱的牌子之一。

1981年，一对移民洛杉矶的韩国少年夫妻，住在满是服装店的商业区，年仅18岁的张东元先生在加油站工作，当时还是穷小子的他发现，开服装店的老板们都开着他这种人买不起的好车；三年后，他和老婆张金淑在离家不远处也开了家服装店，刚开始叫做Fashion 21，贩卖廉价服装（Cheap Chic），后才改名为Forever 21开始发展品牌。

创业第一年的营业额就从35,000美金增长到700,000美金，目前全球店铺已经有470家以上，光整个2010年，就开了100家新店面，遍及欧美、日本、韩国、中国，主打甜美风格，色彩鲜艳，如同品牌名称，永远是21岁般的少女。Forever 21的惊人之处是，服装定价从未超过65元美金，所以消费者到店里几乎是头也不抬地拼命扫货。旗下现有的牌子共有Forever21、Heritage1981、HTG81KIDS、Twelve by Twelve、21Men、Love21、Faith21。

>图片来源/ 取自官网 www.forever21.com

韩裔移民努力实现的美国梦故事

昔日的穷小子张东元，现在身价已达10亿美金，衣锦还乡回到韩国开了两家店。Forever 21现已是家族企业，张东元两个年轻的女儿Linda和Esther都在Forever 21担任公司要职，分别是行销总监和视觉总监。在这将近三十年逐步实现美国梦的奋斗史过程中，虔诚基督徒的夫妻俩，其实碰过不少麻烦。2001年，工人集体罢工要求改善工作环境，这段故事也被拍成获得艾美奖的纪录片《梦醒洛杉矶》（Made in LA）。Forever 21曾被Diane Von Furstenberg、Gwen Stefani和Anna Sui等近四十个品牌告上法院指控抄袭，但都未被指控成功。

年轻姊妹携手打造品牌新形象

现在，才二十多岁的两姐妹加入到团队中，她们带来了新时代的经营观点，更被业界视为秘密武器。原先两姊妹只是寒暑假到店里帮忙，打打工。后来念商学院的Linda毕业后先后在美林证券与知名家具公司工作，有了工作经验，回头看自己的家族事业，发现似乎少了掌控品牌形象的行销部门，因为之前扩张得太快，无暇顾及太多。“消费者对我们的品牌形象很模糊，有必要让大家了解我们是谁。”Linda说。于是，她从网络进行，绕过传统媒体，在Facebook、Twitter和Blog上着手成立品牌主页，更直接地面对消费者，以及和各地的fashion blogger交流，更将现在最流行的街拍照片和video放上网络公开分享。

妹妹Esther念的是时尚行销，之后在时尚杂志与百货公司等从事时尚相关职业，她为Forever 21打造更五彩缤纷的外观，并以陈列和各家分店不同的装潢，区分旗下品牌。有这两位充满活力、观念新颖、热爱时装的生力军加入，Forever 21创造的不老少女姿态，将继续称霸平价时尚王国，就在2012年，她们已把脚步跨到时尚之都的法国巴黎去了！

>图片来源/取自官网 www.forever21.com

Forever 21时装王国的运作，联名设计注入新血

两姐妹的加入，也改变了以前的服装策略，即她们的服装不是自己生产，而是由外部提供；但现在Forever 21正试图通过与设计师合作的方式，正面积极地解决问题，也提高了品牌地位。2010年她们第一次推出设计师联名款，布莱恩·利希滕贝格（Brian Lichtenberg）是她们的第一个合作伙伴，这位是为Lady Gaga设计《Telephone》和《Poker Face》MV中服装与配件的设计师，为Forever 21设计的款很有Lady Gaga的味道，而且很便宜，也成为热销款式。直到今年，Forever 21持续与不同设计师合作，更加深大众对品牌的印象。此外，张东元分析Forever 21成功之道，“快速”是制胜的基础，除了当年看到街坊都卖服装致富，也迅速投入这个行业的经验外，Forever 21在2009年美国经济最低迷、许多品牌纷纷倒闭之时，趁机迅速扫了许多土地和楼盘，隔年开始大力扩张，将把一家服装店变成百货公司的雄心，在2010年纽约时代广场的旗舰店开幕时实现了！这是占地9000多平方米，四层楼，贩卖男女装，童装和美容用品的超级大店。接着，Forever 21在海外的展店计划，也是奠基在“快、狠、准”的原则上。

Forever 21热卖单品

Forever 21开始与设计师们的合作，等于是和过去被控抄袭说再见，重新寻求市场的认同与支持，在2010年有和 Brian Lichtenberg合作的联名款；2011年则有与新锐设计师 Petro Zillia共同发表的服装。同时2011年底更有让全世界萌界少女尖叫的Forever 21 × Hello Kitty限量商品！

Forever 21 名称由来

如同字面意义，创始人张东元夫妇希望贩售的是年轻人喜欢、也能负担得起的商品。原先设定在年轻女装市场，现在则开拓更多元的服装市场，共同点是，都是非常年轻新潮，同时也比较容易退出流行的风格。

URBAN OUTFITTERS INC.

居家文化服饰通路的鼻祖

品牌DNA

血统：美国

诞生：1970年

创办人：理查德•海恩斯（Richard Hayne）和史卡特•布莱尔（Scott Belair）

客户年龄层：18~30岁

店铺数：目前在北美和欧洲有两百多家店

官网：www.urbanoutfitters.com/urban/index.jsp

Urban Outfitters 在美国是十分受欢迎的平价品牌，原因是价钱便宜又时尚，而且他们会与名设计师合作，在这里，也能便宜地捡到高档货。这是两个人类学学生理查德和史卡特1970年创立的，但毕业后史卡特去别处上班了，剩下理查德 · 海恩斯一人顾着一家小店，谁都没料到它会在日后成为北美的领导性品牌之一！

Urban Outfitters定位客户群为18岁至30岁的成年人。产品包括男女时装、鞋袜、配件和家居用品。店面平均有八百多平方米，一般位于都市区、大学社区或购物中心。旗下有Urban Outfitters、Anthropologie、Free People、Terrain和BHLDN。目前在北美和欧洲共有两百多家Urban Outfitters店。

>图片来源/ 取自官网 www.urbanoutfitters.com/urban/index.jsp

品牌故事 brand story

小杂货店变身上市公司

Urban Outfitters在创立初始充满传奇色彩。两个人类学出身的学生理查德和史卡特一天聚在一起喝酒， 酒过三巡， 因为史卡特必须交个作业，两人就决定开一家小店。仅有5000美元的资金，他们决定将小店开在宾州大学旁边，取名叫做“Free People”，11坪的店最开始只是出售一些便宜的二手服装、 印度布料和香熏蜡烛等。

店面虽小，却小巧别致，很快就受到宾州大学生的喜爱。因为这个小店， 史卡特的作业拿了A。接着，史卡特毕业后到华尔街去工作了，留下了理查德一个人经营这家小店。理查德想来想去，后来又在商品中加入杯子 、玻璃器皿等，让来购物的学生在衣服布料堆中能有别的惊喜，体会购物乐趣。策略果然奏效，经过几年的经营，1976年理查德搬进了一家更大的店面，并且改名叫做“Urban Outfitters”。一次“酒话”，造就了一家上市公司的诞生。

Urban Outfitters时装王国的运作

Urban Outfitters被视为美国“居家文化”服饰的鼻祖，以不同于其他上市品牌的非正规经营模式而独树一帜，没有大量批发产品，也没有大量广告，连店面设计也不遵循一般的“标准店面设计”原则。创始人理查德·海恩斯，被誉为全美最有创意的商业领导人，他曾说过“大型是酷的敌人”，这也成为他独特的商业哲学！

第一酷：贩卖创意的欢乐城堡，员工每天都很想上班

理查德·海恩斯认为他们的企业并不只是卖服装，而是卖创意，员工则是他最大的创意发起者，因此，为他们打造一个随时都能有灵感来源的办公室，一直是他的理念。总公司奠基于费城，之后也位于此，特别的

>图片来源/ 取自官网
www.urbanoutfitters.com/urban/index.jsp

是，这儿曾经是美国海军基地，外观看似老军事工厂，经过建筑师改造后，利用原先老建筑的结构，打造出一栋服装的欢乐园地，到处都是充满颜色、图纹的各式织品，又兼顾了工作需要的机能性与实用性，摩登、舒适且非常有品位。

如果说3C工作者最想去上班的地方是苹果或Google，那么服装业员工的首选应该就是Urban Outfitters了！这个新旧融合得非常完美的办公室，也获得2010 AIA的建筑荣誉奖。

第二酷：天天有新货，让顾客每天都有新鲜感

无止尽的创意发挥绝对是Urban Outfitters的品牌核心价值，为了让顾客对他们保持新鲜感与好奇，没有一家店面设计与陈列是同种风格。同时专门的"视觉设计部"让店面每隔两月就重新翻修。此外Urban Outfitters也不像其他连锁服饰，一周进货一次，店里几乎每天都有new arrivals，量不大，但顾客就算天天上门都能看到新东西，回头率就高，也带动人气。根据统计，顾客在Urban Outfitters停留时间是其他同类店铺的两倍多。

第三酷：五大路线明确区隔，不同风格各取所需

Urban Outfitters集团旗下的Urban Outfitters、Anthropologie、Free People、Terrain和BHLDN等，这五个牌子风格、定位都不同而且精准，市场区隔做得很到位，顾客可以依照自己的需求选择要去哪一家店，而且价钱便宜，东西又具有时尚度，一件衣服差不多 200元人民币起，最贵不到2000元人民币，大外套最贵不超过 4000元人民币；且不时与名设计师推出特别商品，顾客也能以合理价位，买到高档的设计师作品。

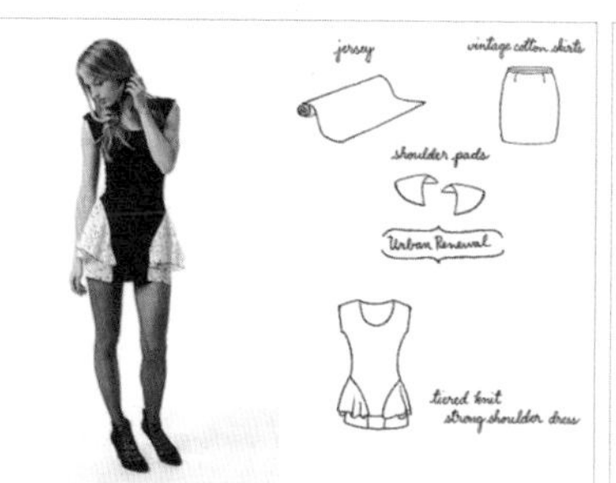

>图片来源/ 取自官网 www.urbanoutfitters.com/urban/index.jsp

Urban Outfitters名称由来

一开始还是家小店的时候，原本叫做Free People，后来创始人理查德·海恩斯找到更大的店面后才改了现在这名字，因为他认为这更容易被人们记住；此外，也符合他一贯“叛逆小子”的形象。不断地在城市间游走，做个快乐又酷的都市人，不要轻易被同化，热爱摇滚与艺术，便是其品牌精神。

名人加持

侯佩岑、萧亚轩、李倩蓉、麦莉·赛勒斯（Miley Cyrus）、阿什丽·提斯代尔（Ashley Tisdale）。

商品特色

这是个贩卖创意的复合式平价店铺，从服装到生活家电一律充满趣味点，活泼有趣正是UO与其他平价品牌的最大差异性，所以它的消费族群会比较偏向25岁左右的“new age”。

推荐热门单品

容易入手的小饰品，以及原汁原味的新锐设计师的服饰是UO的主要热销品。

从一家小西装店变成国民服饰

品牌DNA
血统：日本
诞生：1984年
创办人：柳井正
客户年龄层：30~50岁
店铺数：全球超过950家分店
官网： www.uniqlo.com

号称“日本的国民服饰”的UNIQLO，在日本到底有多普及？去年一个网络调查研究显示，30~50岁的日本受访者中，近九成买过UNIQLO，超过半数的人最常去的平价服饰店就是UNIQLO，由此可见它在日本人心中的地位。

UNIQLO的社长是柳井正，出生于广岛的服装世家，1984年他从父亲那里接手经营专卖男士西装的“小郡商事”，在广岛开了第一家“Unique Clothing Warehouse（独一无二的服装仓库）”，便是后来UNIQLO的前身。既然是国民品牌，就表示一家老小的衣物、用品都可以在这搞定，男装、女装和童装，还有简单舒适的居家用品都能在这找到。现在UNIQLO在全球有超过950家分店。

>图片由UNIQLO提供

品牌故事 brand story

破旧立新，敢于与众不同
社长柳井正一胜九败的成功哲学

已经连续两年蝉联日本首富的UNIQLO社长柳井正，出身于服装世家，从小就敢于表现自己的与众不同；大学毕业后在东京的服装公司短暂工作一段时日，1972年决定搬回老家，继承父亲开的西服店“小郡商事”。他大力改革这桩家族事业，年轻的他破旧立新，不少元老级员工纷纷求去，于是所有责任都得自己扛下。据说柳井正后来回头看这段往事，正是他最忙碌、也是获得最多的时期，奠定了后来成功的基础。

1984年，他开设了第一家UNIQLO，当时叫做“Unique Clothing Warehouse”，他从美国校园得到灵感，只要商品像书店一样齐全，就能采用自助式购物，也可省下店家成本；同时，当时日本服饰价格居高不下，他想经营的是年轻人也买得起的服装。1991年正式将公司名称改名为“株式会社Fast Retailing”，公司发展也如同名称般迅速，他坚信，速度是所有事业的原动力。

真正让UNIQLO在日本爆红是1998年的事，因为当年十月UNIQLO推出刷毛材质的新商品，又轻又暖、颜色齐全又有速干性，还只要1990日元！刷毛外衣到现在还是他们的招牌常销商品。1999年以松任谷由实为代言人，广告没有文字和旁白，却有强烈的视觉印象，创下2600万件的销售纪录，被业界视为旋风般的革命。

柳井正并非一帆风顺，他最被广为流传的成功哲学“一胜九败”说，意谓：“重点在于尝试，错了也没关系，错九次，就有九次经验。经营本身就是错误尝试的累积，失败是家常便饭。”这来自于他刚接下家族事业

的改革，来自于 2000年之前的销售停滞，更来自于他在 2001年之后积极拓展国际市场时惨遭滑铁卢。柳井正不怕失败，再次调整策略，2004年开始，与时尚杂志合作企划，找大咖明星代言，与设计师联名合作等，都让UNIQLO突破重围，再度稳坐日本服饰冠军宝座。柳井正更宣称，2020年的销售目标是，超越其他平价快时尚品牌，成为零售服饰业龙头。

UNIQLO 时装王国的运作

对布料的重视多过于流行

UNIQLO显然不和竞争对手走同条道路，别人正在推陈出新赶上流行最前线，每件衣服力求时髦前卫，UNIQLO则希望他们的衣服可以让消费者穿到不能穿为止。是的，UNIQLO对布料的重视多过于流行，这也是他们胜出之道。事实上，当初在日本走红，就是因为衣服怎么穿都不坏，而且售价相当可亲。直到现在，与他们合作的布料商，对于UNIQLO每年不断提升新材质的生产水准的精神，赞叹不已。

严谨的日本职人精神

UNIQLO旗下有十多位织品师傅，每位都具备 20年以上的经验，精通染色、缝纫与剪裁，同时这些师傅们还负责全球超过70家与UNIQLO合作的工厂，日本人严谨的企业精神在小细节中表露无遗。UNIQLO要求员工必须一分钟内折好6件衬衫，折叠方式还有规则，员工被要求下班后自己练习到达到标准为止；此外，每件衣服的结账流程也必须在60秒内完成；还有，保持微笑，虽然这是服务业的共同准则，但你不得不承认，逛很多成衣店有时被店员的过度热情干扰，有时则是得承受店员不知何故的冷漠态度，UNIQLO要求店员就算要抓狂时都要微笑，并且不过度干预顾客的挑选，只要微笑，并且必要时给予建议。

>图片由UNIQLO提供

强调迅速的决策与展店

90年代，作为少数的第一批日资公司，UNIQLO在中国建立生产基地进而大量生产价廉物美的成衣，这让UNIQLO可以大大降低生产成本，事业也快速拓展。

此外，如同大部分日本企业，UNIQLO强调军事化管理，分店只看最后报表，总公司不过问细节管理，成绩太差就关店。他们曾经一年内开了50家分店，但是同年也关闭了90家，柳井正的经营理念和决策之迅速果断都是其成功心法。

推荐入门单品

1.被日本业界视为Fleece（摇粒绒）炫风革命的Fleece刷毛外衣，是UNIQLO必入手单品，保暖耐穿，有素面、图纹、单双面、长短毛等选择。

2.超轻的羽绒外套，一件才205克，又有多种色系选择，这是UNIQLO当年研发多时的星级产品，抗菌又能伸缩，冬天不用穿得像熊一样还很保暖，女生穿了不会变成欧巴桑，2008年创下热卖2800万件的纪录。

3.UNIQLO标榜着将衣服穿到不能穿，定位成一家老小的基本服饰都可在这里挑完，而且因为材质严选，贴身的内衣、T-Shirt、袜子或内搭款式等，都十分推荐。

4.号称21世纪最高科技布料发明，UNIQLO发热衣（HEATTECH系列）至2011年9月，全球销量已突破1亿件以上。

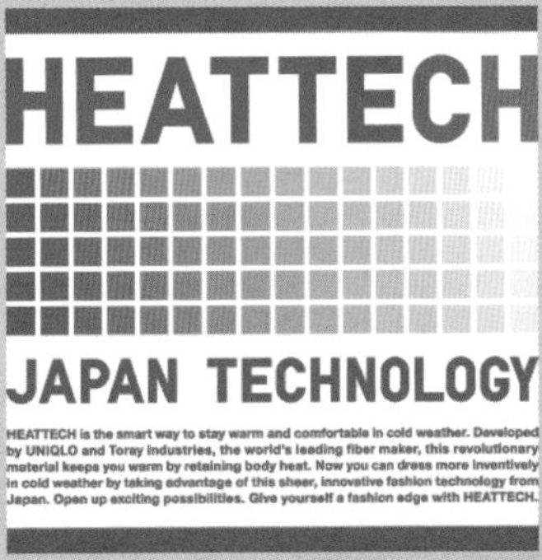

UNIQLO名称由来

1984年，柳井正开设了第一家UNIQLO，当时叫做“ Unique Clothing Warehouse”。但在香港打算以简称“UNICLO”注册商标时，承办人员却写成了“UNIQLO”，柳井正看了没有生气，还觉得“字型很酷”，因此将错就错，将全国商标改成“UNIQLO”。念法则是Unique和Clothing的合体日文外来音。

名人代言UNIQLO

历届具有代表性的代言人：查理兹·塞隆（Charlize Theron）、奥兰多·布鲁姆（Orlando Bloom）、松任谷由实、藤原纪香、山田优、藤原龙也。

时尚圈独领风骚170年

品牌DNA
血统：荷兰
诞生：1841年
创办人：Brenninkmeijer家族的Clemens与August两兄弟
店铺数：20个国家有C&A连锁店
官网：www.c-and-a.com/uk/en/corporate/fashion

C&A公司成立于1841年，创始人是荷兰的Brenninkmeijer家族的Clemens与August两兄弟。170年来，以其适合各种场合、并为一家大小带来领先的时尚潮流而闻名世界。如今的C&A是欧洲最大的纺织品设计和经销商，在欧洲二十个国家有连锁店，并在2007年进驻中国，在北京、上海、无锡、苏州、常熟、郑州、沈阳、成都、宁波、长沙和大连等城市都设立分店，从婴儿、童装到男女装等，在C&A都能找到！来到中国后，C&A深知东西方消费者身材与需求的差异，于是在中国市场上销售的所有服饰虽紧跟国际时尚潮流，但以适合亚洲人的版型作调整，相对于ZARA和H&M等其他平价品牌完全使用与欧洲统一的版型来控制成本，C&A在这部分尤其凸显它在销售策略上的细腻与不凡。

目前C&A旗下有11个副品牌：年轻女孩装Clockhouse、主打牛仔服休闲的Jinglers、职业女性装Yessica、高质感服饰Your 6th sense、职业男性装Angelo Litrico、白领经典绅士服饰Westbury、国民日常服Canda、运动服Rodeo、2~6岁幼儿装Palomino、7~14岁童装Here&There和宝宝装Babyclub。

>图片来源/ 取自官网 www.c-and-a.com/uk/en/corporate/fashion

品牌故事 brand story

绿色全棉时装先驱，六代人传承170年品牌精神

历经了170年的基础深耕，终于在2012年的欧洲富豪榜上名列第三的富豪家族企业，这个来自于荷兰的全球平价品牌始祖，从一开始创立品牌时，便清楚地认准了自己的存在价值：打着“消费得起的服饰”的旗号，并将环保以企业责任自许， C&A也被认为是绿色全棉时装的先锋。这果然让这个家族品牌企业不畏二次世界大战的摧残，也不受金融海啸与经济萧条的吞噬，撑过了将近两个世纪，经过了一段又一段的波折崎岖路（百年时尚革命），终于熬到了平价时尚光辉灿烂的时代。细说这一段平价始祖的故事约莫可以追溯到17世纪，这个位于荷兰北部的Brenninkmeijer家族，最早的生存模式是靠着兜售亚麻布往返于荷兰和德国之间。1841年Brenninkmeijer家族的Clemens和August兄弟俩在小镇斯内克（Sneek）开了一家布料供应商店，兄弟俩齐心经营这家小店，20年后，开始跨入成衣零售市场，并凭着对时尚的敏锐度和商业头脑，专门贩售大众服饰，家族也于荷兰其他城市开设分店。1911年，在德国柏林开了第一家C&A百货商场，从此打入欧洲其他市场。经历了六代人的传承，至今C&A的店铺遍及欧洲、拉丁美洲及亚洲。2011年，为了纪念170岁生日，C&A公司重新设计了标志，蓝色的背景消失了，并推出一个新的休闲品牌“文物牛仔裤1841”。

C&A时装王国的运作
最友善的平价时尚始祖

堪称元老级平价品牌的C&A，老早练就了一身敏锐的时尚嗅觉，当潮流走向Crossover时，这个拥有将近两个世纪历史的资深平价品牌，在跨界联名设计上果然也是不遑多让！细数C&A曾和Stella McCartney推出限量系列，与荷兰当地歌手简・史密斯（Jan Smith）合作自创品牌J-Style。此外，碧昂丝（Beyoncé Giselle Knowles）、瑞奇・马丁（Ricky Martin）、克里斯蒂娜・阿奎莱拉（Christina Aguilera）、巴西超模吉赛尔・邦臣（Gisele Bundchen）和

>图片来源/ 取自官网 www.c-and-a.com/uk/en/corporate/fashion

阿娜·比阿特利兹·巴罗斯（Ana Beatriz Barros）等人，都曾担任C&A形象代言人。就连进驻中国时，也不免俗地找来当红超模杜鹃联名“时尚爱心T-Shirt”，以公益为号召，将全数所得捐给希望工程。2012年携手90年代超模辛迪·克劳馥发表全新系列Cindy Crawford @C&A。

号称“最友善的企业”—— C&A的企业形象一直是业界的标杆，它不像多数产业刻意打着慈善或环保的口号来为品牌与企业主包装形象，C&A以注重社会责任形象而知名，甚至连上游供应商，他们也严格要求！1995年起将“社会责任”标准列为管理项目之一，预防供应商剥削劳工及违反劳工基本权益，细则包含工作环境、员工健康与安全；据说，每年C&A花费至少300万美元来监督这个准则的实行。长久以来C&A致力于有机棉的研究与推广，现在他还要求纺织品皆需符合禁用有害物质的最新标准，该标准禁止及限制纺织品使用有害物质、包含致癌或引发过敏的染料、甲醛、杀虫剂、重金属等。这些严格的商业准则，是C&A时装王国未来发展的最重要基础，也让顾客可以穿得很安心。

C&A名称由来

取自创办人德国籍的两兄弟Clemens和August的名字字首大写，故称C&A。

商品特色

居家日常服饰是C&A的强项，严格讲起来它的商品流行性与潮流感不及ZARA与H&M，但是在价格与服装质感上都算是物超所值。

推荐热门单品

C&A是绿色全棉时装的市场先行者，单单2009年一年就卖掉了约1250万件由有机棉制作的服装。

[Smart Shopping, Smart Fashion………]

除了这9大平价时尚品牌外，随着全球平价时尚力的大势崛起，每个城市也开始陆续诞生了属于自己的平价品牌，在台湾地区有 NET、 Mesge、 lativ等平价新势力，为了弥补多数在台湾仍买不到平价品牌的缺憾，在此推荐其他可以直接在线上购买的热门平价潮牌，带你一窥全球时尚潮人与明星艺人们私下最热衷的快时尚平价网站。

{台湾地区平价品牌}

http://www.mesge.tv/

专售平价流行服饰，质感与设计备受好评，款式样式选择够多，折扣下得也够快，艺人、艺术家跨界合作限定款是一大卖点。

*一次购满NT$1000免运费，还会有满额礼。

*7天鉴赏期，线上或7-11ibon退货便一律免费退货。

http://www.lativ.com.tw/

号称台版UNIQLO，以天然材质、简单与自由搭配、舒适的穿着为概念，T-shirt、 Polo衫等棉质类休闲服装质感都很不错，价钱便宜是上班族的最爱。

*一次购满NT$1000免邮费，未满需付50元物流费。

*7天鉴赏期，退货造成订单纯商品金额购物未达免运费标准，仍将于退货退款时扣除原订单50元物流费。

http://www.pazzo.com.tw/

除了基本款的棉T－shirt，流行款的服饰与配件也很好入手，居家服饰是抢手货。

*贴身衣物与居家服不可退货。

*7天鉴赏期，一笔订单可享一次免费退货。

http://www.saturdayguy.com/

*2011年成立的线上Select shop平台，多以独立设计师的品牌为主，除了Le Specs 、Evil Twin、Robert Geller外，还有英国潮牌KIZ。

*7天鉴赏期。

{其他潮人买型的平价购物天堂}

http://www.fredflare.com/

俏皮女生的秘密基地，常有关键字教你如何买便宜，不定时会有折价券让你物超所宜。

*国际运费US$50，可免运费。

http://www.nastygal.com/

辣妹天堂，喜欢性感前卫80'复古风者请往这走就对了。

*国际运费US$15（2~4周），US$39（4~6日）。

*特价商品与二手商品不可退货。

http://www.pixiemarket.com/

*集合了来自纽约SOHO区的小店设计师作品，独一无二且价格亲民。

*购买US$250可免运费。

http://www.joomilim.com/

*最时髦的个性饰品潮铺，是华裔设计师Joomi Lim与Xavier Ricolfi 夫妇所开设的。

*购买US$200可免运费。

*提供修复服务。

http://www.solestruck.com/

*以“摆脱世界上丑鞋”为标语的这个荷兰线上鞋子专卖店，确实只卖有造型、有够拽的鞋，像是Jeffrey Campbell、ASK、L.A.M.B等，各种超乎你想象的鞋款通通在这儿。

*购买US$150可免运费。

*折扣下得快又低，抢便宜动作要快。

聪明的买家都知道，

在这些网站可以购买到便宜的精品（关键词是SALE）

http://www.shopbop.com/

http://www.myhabit.com

http://www.farfetch.com/

http://modaoperandi.com/

http://www.openingceremony.us/

http://www.reebonz.com/

Chapter 03

全民平价时尚革命运动ING！
大牌设计师、名模、明星、
名媛、女人、男人、小孩、
你、我，都是这场时尚革命的参与者。

这波平价时尚革命，几乎和时尚博主Fashion blogger形成势力、逐渐火红的时间表接近，这意谓着原本高高在上的“时尚”，已经转型成一般人所能消费得起的“时尚”。

>图片来源/ 取自官网 www.zara.com

平民时尚跃升主流

ZARA、H&M等平价时尚品牌并非都在这十年间才诞生，然而火红到全世界却同样都是这十年间的事，除了全球化、网络时代的推波助澜，还与经济衰退、M型社会已然成形的因素有关。这波平价时尚革命，几乎和Fashion Blogger（时尚博主）形成势力、逐渐火红的时间表接近，这意谓着什么？这意谓着原本高高在上的“时尚”，已经转型成一般人所能触及的文化资产，每个人都可以拥有时尚发言权；受到ZARA异常快速的上架速度影响，Gucci的CEO罗伯特·波列特（Robert Polet）甚至要员工向ZARA看齐，因其创造了快速消费节奏：“此后这将出现在所有档次的服装市场中。”这波网络和实体同时发动的平价时尚革命，撼动了还在塔楼中杯觥交错的大人物们，等到他们往外看，才发现时尚帝国早已经改头换面。这其中，有几个关于这场服装革命的关键名词，你一定得知道！

无风不起浪，所有的事都是因为有人起头就会有人追随。平价时尚除了本身具备快速与平价的优势外，更借着跨界合作这个乘法游戏，不仅大大提升了品牌价值，也直接增加了它的实力与影响力，而究竟谁是这场平价时尚革命的驱动者？谁又是让平价时尚革命的生命力一直延续的人？

1. 时尚大帝卡尔·拉格斐：平价时尚革命推手

上个世纪的时尚界，人们最爱讨论的就是卡尔·拉格斐如何将沉睡中的美人Chanel给唤醒，他大胆地赋予Chanel服装全新的设计与定义，让这个经典品牌重获新生。到了这个世纪，拉格斐早就是时尚界的“Big Boss”，他可以不再有傲人的才气，却非常需要敏锐的市场嗅觉，他早料到时尚圈

>图片来源/ 取自官网 www.zara.com

不能再关起门来玩着自以为高尚的游戏，于是，率先于2004年与H&M合作推出Karl Lagerfeld for H&M，造成整个服装界的轰动。最开心的，莫过于平民老百姓了，毕竟，世界上多数的人是不可能花一千美金买件小洋装的，但当时，只要一百美元就可以入手老佛爷的设计！伦敦、纽约、米兰等地的H&M，在开卖的第一周，几乎每天都面对冲进店里的千人疯狂购买人潮。

铁了心就是要搞平价

这个合作在当初也受到激烈人士的批评，有人说他老人家此举，意谓着时尚界高贵与尊荣的堕落，不过拉格斐毫不犹豫地说："如今的时代，轻视大众零售服饰店无疑是非常致命的，廉价并不意味品味低下，或品质低落。"首次合作让H&M当月的销售成绩飙升了24%。往后，Lagerfeld在2010年就不再推出自己的主线品牌，并宣布将目标转向大众化设计。他接连与Hogan、Diesel、Magnum冰淇淋和可口可乐等各种不同类别、却都同样平价的商品跨界合作。2011年8月底，他和梅西百货合作Karl Lagerfeld by Macy's系列服装上架，包含了外套、小洋装、软呢系列到轻便的T－Shirt，共45套限量商品，只在全美梅西百货和网站上贩售，售价只在50~170美元间。

铁了心要搞平价的老佛爷，2011年底宣布与 Net-a-porter网站合作，推出KARL系列平价服装，主打摇滚风格，共有100款服装，售价在95~450美金之间，2012年1月25日在Net-a-porter网站独家贩售的首日再度造成秒杀抢购，2月28日在KarlLagerfeld.com上的销售火爆。

认识Crossover 跨界合作

Crossover“跨界合作”的由来

因为快时尚的活跃，让大家频频听到Crossover这个名词，虽然时尚界使用Crossover这名词大概源自1999年美国运动品牌PUMA力图挽救颓势，而找来德国极简派设计师吉尔·桑达（Jil Sander）合作，让品牌因为创新且时尚而起死回生。自此之后，Crossover似乎变成了品牌救世主，而当中又以2002年Adidas与日本设计师山本耀司合作的Y－3最为成功，堪称完美结合了时尚与运动的精髓，重新创造了一个双赢的异业结合商机。不过严格说来这个异业联盟的商业手法，早在19世纪初，可可·香奈儿的死对头意大利裔法国设计师伊尔莎·斯奇培尔莉 （Elsa Schiaparelli 1890—1973）便首开先例大玩时尚与艺术的跨界合作了，她一方面找来让·谷克多 (Jean Cocteau 1889—1963)为她设计布料与饰品，另一方面与超现实画家达利合作，将达利龙虾电话上的龙虾图案作为温莎公爵礼服上的图腾。时至今日，事实证明Crossover代表的是一连串无限可能的创意字汇延伸，同时也是当前最容易引起发烧话题的热门行销手法。透过这个关键词，21世纪的我们正在进行着一个全面性的时尚革命。

Crossover代表的意义

简而言之，Crossover“跨界合作”代号×也是数学里的“乘法”，意指两者或两者以上不同领域的专业联名合作，可能是艺术×时尚、居家×时尚、3C×时尚、运动×时尚、汽车×时尚、美妆×时尚……没错，在这个全民时尚的年代，最容易创造消费欲望的关键词就是“时尚”两个字，任何产业想重生、想翻身，不二法门，时尚是最快通关法宝，只要先镀上一身时尚的模样，接下来便可大步摇摆走向时尚的康庄大道，所以说拜Crossover的效应，“时尚”成为了一门好生意。

>图片来源/ / 取自H&M官网

2.平价时尚革命先驱：H&M

H&M是平价时尚中，实现“平民百姓也消费得起高级设计”这个梦想最彻底的品牌，并且使其成为实实在在最赚钱的一门生意！在《穿着PRADA的恶魔》中，梅丽尔·斯特里普饰演的时尚杂志总编辑，一语道破时尚行业的循环，每一季的流行色彩、风格会在高级时装秀上发布，接着华服进入品牌店面，平价时装才开始仿效大牌风格，最后则是满花车的过季货色。然而这规则被H&M给打破了，他们直接与精品品牌设计师合作，制造一次又一次的抢购风潮与时尚话题；这种平价品牌直接找上高端设计师的路数，由下而上的颠覆，后来也一再被UNIQLO、GAP等其他平价服饰学走。

与名人合作设计的品牌策略

自2004年与Karl Lagerfeld合作后，H&M2005年与Stella McCarney联手，McCarney说：“之所以选择和 H&M合作，是为了满足喜欢我的服装却买不起的人们。”2006年与荷兰双人组 Victor&Rolf合作，以往比较偏向高级定制服路线的双人组，因为这次的合作让广大的民众认识了他们。接着2007年分别和麦当娜、凯莉·米洛（Kylie Ann Minogue）推出各名为M by Madonna和H&M love Kylie的系列。

2008年与解构大师川久保玲的联名系列，在亚洲造成疯狂，东京旗舰店全球首发时，几分钟内全部销售一空；上海店也是同样状况。2009年与被称为万花筒的马修·威廉姆森（Matthew Williamson）推出春夏系列，在欧美非常受欢迎，不过在亚洲的知名度明显没有川久保玲大。同年，与鞋子大师Jimmy Choo合作设计手袋和鞋子系列，销售成绩也很惊人。到了2010年堪称时尚界的大事，就是H&M携手Lanvin！Lanvin for H&M上市前，《Vogue》日本版主编安娜·戴洛·罗素（Anna Dello Russo）已经写了篇文章大赞该系列；而张曼玉和郑秀文等，也穿上该系列洋装出席公开场合；当最

>图片来源/ / 取自H&M官网

后开卖时间来临，限量版商品也在短时间内抢购一空，更不用提销售前一天，粉丝们早早就前去排队的盛况了！Lanvin设计总舵手阿尔伯·艾尔巴茨对于这次合作曾说："过去我曾表示绝不设计大众系列，然而这次，是让H&M转向奢华，而非Lanvin趋于大众，这才激发出我的兴趣！"不管如何，这都是双赢场面，平价品牌可以创造新闻话题、再破销售纪录，设计师们也可借由平价时装的广泛人气，吸引、培养更多新生代的消费者。

联名的下一步，平价入列精品殿堂

紧接着2012年推出的Alexander Wang for H&M 、Versace for H&M与Marni for H&M系列，这一连串让人怦然心动的大牌风暴后，就在时尚迷们还在猜测下一位联名大师时，H&M不仅没让粉丝们失望，快手祭出的王牌设计师系列 Maison Martin Margiela for H&M，更是让全球时尚迷们兴奋指数爆表。永远都让你充满期待，是H&M最高标杆的行销策略，这一招目前无人所及，稳稳站上时尚顶端的H&M，2013年3月随即由首席执行长Karl－Johan Persson正式对外宣告，2013年H&M将抢攻精品市场推出首个高价系列品牌，消息一出，时尚大佬们也慎重表态，乐见其成，此一举看似理所当然，但对这一场宁静的百年时尚革命而言，却是意义非凡。

打从2004年与时尚大帝拉格斐的Crossover开始，H&M已经不再只是个平价时尚品牌，它代表的是21世纪时尚革命的全新扉页。Fast Fashion无所不能的渗透力与影响力，不仅让我们可以痛快拥抱时尚，并可随心所欲地创造属于自己的Style，因此愈来愈普遍的街拍潮人与时尚博主俨然已成了这个时代拥有最大时尚发言权的人。

主动创造大众的需求

身为平价时尚革命先驱的H&M，对于任何能满足大众需求事物的嗅觉特别敏锐，除了不断推出一连串的设计师联名系列，也与电影《千禧三部曲Ⅰ：龙纹身的女孩》的服装设计师翠西·萨默维尔（Trish Summerville）合作设计一系列女装，极具朋克叛逆元素的皮革外套、长裤、破旧牛仔裤都和电影相同，也成了全球热门商品。

2012年一开春，继“龙纹身的女孩”系列后，紧接着就是足球金童贝克汉姆（David Beckham）的for H&M的内衣系列发售。H&M眼看着日版《Vogue》时尚总监安娜的高曝光度与影响力，马上奉上联名设计的头衔，快速把自己和潮流风向球（话题人物）紧紧扣在一起，这就是H&M 出手快狠准的厉害之处。

随着平价时尚的大量兴起，H&M制造话题（刺激消费）的行销手法愈来愈多，动作也愈来愈快速，除了平价人人买得起，这类有主题性又充满明星潮味的商品在消费者心目中的地位早已胜过遥不可及的精品大牌了。

>图片来源/ 取自官网 www.topshop.com

3．打破了平价与高级服饰之间的森严界线：Topshop

Fashion Show向来专属于高级精品品牌，一般的街头服饰、大众品牌，或许有自己举办的服装秀，不过对时尚界来讲，却“难登大雅之堂”。但Topshop却突破了这条惯例，2005年的伦敦秋冬时装周期间，它首度与高端品牌平起平坐，也在伦敦时装周期间举行一场发布会；这也是平民服装连锁店首次在世界四大时装之都有如此的创举！BBC等英国重要媒体都以斗大标题报道这则新闻。坐在下面观看的名人则有当年美宝莲代言人、超模艾琳·沃森（Erin Wasson），好莱坞女星格温妮斯·帕特洛（Gwyneth Paltrow），滚石乐队主唱米克·贾格尔（Mick Jagger）的女儿伊丽莎白·贾格尔（Elizabeth Jagger）、超模杰西卡·史丹（Jessica Stam）、黛安娜·东朵（Diana Dondoe）和塔莎·泰保丽（Tasha Tilberg）等人，排场一点都不输顶级时尚秀！

Topshop这个走上Runway的系列名为“Unique”，售价比Topshop高出50~200英镑不等，当年凭此跻身第一线品牌之林，与各大设计师精品分庭抗礼，曾让不少时装界保守人士惊讶不已，因为此举无异是打破了平价与高级服饰之间的森严界线；而他们为此早就布局很久，虽然很多人质疑平价服装大量抄袭设计师品牌，但Topshop培养了自己一批优秀的设计师；此外，每年都赞助伦敦时装周的竞赛单元NEWGEN（新生代基金会），赢的人可在时装周上展现作品，鬼才亚历山大·麦昆（Alexander McQueen）、约翰·加利亚诺（John Galliano）和马修·威廉姆森（Matthew Williamson）的服装事业都是从这个奖项起步的。

Topshop当然也搞设计师跨界联名合作，但他们挑选的对象都是英国本土新锐设计师，扶植的意味浓厚；2011年底宣布2012春夏系列将与这两年大出风头的玛丽·卡特兰佐（Mary Katrantzou）联手，消息一出，欧美时尚

>图片来源/ 取自官网 www.gap.com

杂志都以不小的版面大肆报道，因为Katrantzou的繁花设计，曾让凯拉·奈特莉（Keira Knightley）、艾里珊·钟（Alexa Chung）和日本《Vogue》前时尚总监安娜·戴洛·罗素（Anna Dello Russo）都穿上她的服装出席公开场合。

4. 低调的蓝色魅力：GAP

眼看H&M和卡尔·拉格斐、斯特拉·麦卡特尼（Stella McCarney）、麦当娜等名人设计师合作，Topshop请到凯特·摩丝推出Kate Moss for Topshop，GAP终究也出手，找了鞋履大师皮埃尔·哈迪（Pierre Hardy）设计鞋子，斯特拉·麦卡特尼设计童装，还有时尚新锐王大仁（Alexander Wang）设计卡其系列服装；GAP找来的也都是高端品牌中最具权威的设计师，但却没有像H&M那么夸张地造成粉丝彻夜排队，主要还是因为走低调路线，宁愿细水长流，不愿意三天两夜就把限量款服装给抢完。

此外，GAP还曾与巴黎潮人必去膜拜的复合式精品店Colette Crossover，推出限量商品。2010年平价时尚年度盛事除了H&M和浪凡的联名系列让全世界抢翻天之外，同年还有GAP为庆祝登陆欧洲大陆板块宣布与Valentino合作，以一系列GAP的招牌色作为蓝本，创造一个精选系列，而此系列只在意大利、巴黎和伦敦的店面发售。

>图片由UNIQLO提供

ユニクロ UNIQLO

5.国民品牌的时尚魔法术：UNIQLO

日本国民品牌也与许多设计师有过小小的“露水姻缘”，同菲利·林（Phillip Lim）、王大仁（Alexander Wang）和爱丽丝·罗伊（Alice Roi）等设计师的联名合作，都有点短打炒作的意味，然而2009年初，德国的极简女王吉尔·桑达（Jil Sander）和他们的合作就不是这么回事了，这是他们第一次与设计师签订长期的合作协议，品牌则名为“+J”。

众所皆知，吉尔·桑达对于细节的要求与谨慎，也因为理念的关系，她曾二度进出自己已被Prada收购的同名品牌；这两个看似不搭、不太对拍的个体，怎会开始联姻呢？因为日本人对细节也是同等细心，加上吉尔·桑达对于timeless（永恒）的重视，两者找到了彼此的平衡与共通点，此次合作，让吉尔·桑达三十多年累积的经验又有了用武之地，而她在“+J”的设计，无论线条或用料，都比平常的UNIQLO更着重设计感和质感，“升级”了他们一直以来的平价形象。“+J”秉承吉尔·桑达Jil Sander欧式的简约设计和剪裁，没有过多繁琐的修饰，但不失设计感，色调上则以黑和灰为主，充满低调而成熟稳重风格。

“+J”从2009年起用将近三年的时间，将UNIQLO这个国民品牌提升到另一个全然不同的水平；同时也获得素有“服装界奥斯卡奖”称号的英国Insurance设计大奖的殊荣。

不过合久必分、分久必合，到了2011年完成秋冬系列后，双方都发表此系列将是最后一次与大家见面，决定画下完美的句点。不过喜欢UNIQLQ设计师系列的朋友们也没失落太久，紧接着UNIQLO × Undercover（高桥盾）系列在2012年又带动起另一股平价旋风。

UNIQLO全新發表。時尚自由型。FLEECE刷毛外套
NT$1,290
細刷毛系列
Furry FLEECE
NT$1,290

Chapter 04

未来的潮流趋势就是——
我型我塑的个人风格
全球IT Girls引领潮流

香奈儿女士果然一语如谶：“时尚就在街头。”
没错，不仅是平价品牌ZARA、H&M有Fashion Hunter派驻各大城市街头搜集流行现象，现在连High Fashion的精品大牌也不得不向这些潮穿达人It Girl取经。

花边教主真人版
——奥利维亚·巴勒莫 Olivia Palermo

从MTV实景节目《The City》开始，突然在社交与时尚圈蹿红的纽约名媛Olivia Palermo在短短两年内旋即成为纽约的时尚偶像，拥有完美的外型和正统纽约上流社会体系的身家背景。父亲是地产大亨，她先是在巴黎念贵族学校，后来转到鼎鼎大名的The New School，也曾在设计师Diane von Furstenberg旗下工作。不过可别以为千金就得浑身名牌，Olivia最令人津津乐道的就是高价单品混搭平价品牌的超强功力！这可不是说说而已，被媒体称为“千金派掌门人”的她总是以优雅的零失误造型出现，带有女人味的风格非常适合大家作为每日穿搭参考。品位卓越的她，擅长将Vintage混搭平价或精品，穿出一身优雅个性的独门潮味。

深谙混搭精神的她，可以手里挽着要价数十万的柏金包，脚上踏着平价品牌豹纹及踝靴。她也能一身Topshop洋装配上金色的Giambattista Valli高跟鞋和Charlotte Olympia手拿包。即便佩戴的是大型又夸张的首饰，但是在她身上你永远看到的是一种完美和谐的整体潮流感。

> 奥利维亚·巴勒莫以一袭Vintage style的Valentino洋装出席Runway show。

图片 / Valentino提供

前卫独立品位
——科洛·塞维尼 Chloé Sevigny

科洛在18岁搬到布鲁克林时被《Sassy》杂志的时尚编辑发掘成为专属模特儿，《纽约客》杂志当时还写下一篇长达七页的文章，封她为新一代“IT Girl”，他们的眼光果然没错，科洛风靡纽约时尚圈数年不减风头，说她喜欢平价时尚，不如说平价时尚喜欢参考科洛的风格，也就是Vintage混搭前卫时尚品位。

一抹红唇、一袭丝质衬衫扎进高腰裤里头、搭配上黑色短靴或oversize牛仔外套……其摇滚味让人着迷。事实上，她从不在意名牌只留意品位，不仅时常光顾平价商店，更喜欢在古着商店或跳蚤市场里挖宝，这些超便宜的单品再与永不褪流行的经典名牌单品混搭——如香奈儿链带包——创造出独一无二的Style。作为一位时尚潮人又反时尚的 IT Girl，科洛叛逆不拘的无畏风格，被《决战时尚伸展台》的 Tim Gunn称为“冒险类的时尚导师风格”。

她与纽约品牌Opening Ceremony合作，推出一系列Crossover的高价服装，同时也贯彻她一直以来对平价品牌的喜好，与UNIQLO合作T-shirt，为人人都可穿的时尚做了一个美丽的提案。又以Danny Girl的姿态成为Miu Miu2012秋冬广告大片代言人，完美诠释那股英气逼人的美男子率性，确实很有她本人的叛逆潮味。

图片 / Miu Miu提供

> 上图：Chloé代言的Miu Miu广告大片。

> 下图：2012年Miu Miu广告大片。

奢华波西米亚创始者
——奥尔森姐妹 Olsen Twins

时尚圈最知名的奥尔森姐妹花Olsen Twins——玛丽·凯特·奥尔森和阿什莉·奥尔森，从童星出道，现在已经成为了时尚偶像的最佳代言人。她们已将全部重心放在时尚事业上，在以高价品牌The Row和Elizabeth and James席卷好莱坞名人之余，亿万美金身价的两位时尚小富翁也希望带来平价时尚的美好，于是开设网站Stylemint（www.stylemint.com）专做素色上衣，30美元的平易价钱、好质感和简单设计让艾玛·罗伯茨（Emma Roberts）、蕾切尔·比尔森（Rachel Bilson）和詹妮弗·康纳利（Jennifer Connelly）等一票时尚明星成为忠实粉丝。

这对姐妹花平时并没有因此而一身名牌，坦承还是最爱去下东城区找一些古董衣物来穿搭，特别喜欢有风格的设计师品牌。她们也是带起波西米亚风格的始祖、BohoStyle的创始人，披披挂挂、多层次的深浅色系穿搭，加上复古大型首饰，让两位娇小女孩身上更是莫名抢眼。

> 奥尔森姐妹身高不到160cm，却总能穿出名模的姿态。

图/达志影像

随性自然的时髦
——凯特·波茨沃斯 Kate Bosworth

时常被选为最会穿衣名人的凯特·波茨沃斯，打扮从来不过于刻意，而是一派最难达到的轻松自在。她懂得选择适合自己身材的单品，并且将简单的风格以丰富的配件巧思烘托，最常戴的雷朋墨镜就跟她休闲的形象非常合拍，更不用说那双频频出现的棕色短靴了！

这般简单有型的凯特也是平价时尚的粉丝，无论是由奥利维尔·泰斯金斯（Olivier Theyskens）掌舵的平价品牌Theory或是Topshop与H&M，她都非常喜爱，哪怕是穿着仅仅20美元的H&M麂皮小背心或是印花黑色长裙，都会巧妙地搭配上质感极好的包款（小众设计师品牌，不会是Logo包），让整身造型更抢眼，从不需要太多颜色，却永远保持一贯的休闲优雅。

平时不喜欢穿高跟鞋的你不妨可以参考凯特以衬衫、紧身裤、牛津鞋、银质项链和帽子搭配的男孩风格，能把男朋友般的宽松牛仔裤穿得如此时髦有型，也只有她可以做到。喜欢平价时尚的她也跨足设计，与明星造型师雪儿·克劳特（Cher Coulter）合作设计平价珠宝首饰 Jewelmint，每样单品几乎都不超过40美金，有型的设计却不用花很多钱，果然是平价时尚女王的选择。

> 不论是正式或休闲， Kate总能穿出独树一格的气质潮范！

图/CFP供稿

时尚界MVP
——艾里珊·钟 Alexa Chung

一个IT Girl究竟能有多大影响力，挽救一个品牌，影响国际潮流趋势？自有时尚百年来这是头一遭，艾里珊·钟做到了。她不是时装设计师，也不是什么皇宫贵族后裔，她只是一个很会穿衣服的女生。作为目前伦敦最红的IT女孩，也是全球人气最高的时尚潮人，被媒体称为时尚MVP，她凭借new fashion icon的无敌魅力2011年再度获选为英国年度最佳时尚人士 (British Fashion Awards)大奖，也宣告加入美国热门影集《Gossip Girl》最后一季的演出，不过，她最让人津津乐道的时尚大事件，是由她与Mulberry设计的联名款Alexa Bag，让这个英国品牌重返声势；也因为擅长mix & match平价时尚混搭，进而接下J. Crew副牌Madewell的设计，让每个女孩都可以用少少的钱，与她穿得一样有型。

她巧妙融合女孩风和 Dandy中性装束，并且懂得秀出自己纤细的美腿，打造出甜美又个性的英伦魅力。这位邻家女孩平时最爱穿的衣服不是什么大品牌，而是Topshop的紧身裤、American Apparel的素T-Shirt、J.Crew的针织衫或是英国平价品牌All Saints的大衣。艾里珊·钟也自爆早期的她并不注重打扮，她说：“我习惯穿一些垃圾衣，不过主持节目需要做造型，所以就开始采买衣物，我喜欢 Pixie Geldof的穿衣风格，但我不想抄袭任何人，我喜欢自己的风格。”

你绝不会看到她一身名牌或Logo包，但是对于包款和鞋子，艾里珊·钟可不马虎，她会投资在这些单品上面，一双Marni的玛丽珍鞋、一个香奈儿2.55链带包或是Miu Miu的大包。即便是一如日常穿着的简便穿着，艾里珊·钟身上都有一番俏皮女孩儿的独特气质，连老佛爷卡尔·拉格斐也频频赞赏她的个人风格。

图片/Mulberry提供

> 艾里珊·钟与Mulberry联名设计的“Alexa Bag”

图片 / Chanel 提供

> 宽松毛衣搭毛呢短裙是艾里珊·钟的邻家女孩Style。

全球NO.1的IT Girl原来是华裔

1983年出生于英国，父亲是中国人，母亲是英国人，14岁时被星探发掘成为模特儿，现在是英国BBC电视台《Popword》节目主持人，同时身兼模特儿和设计师于一身。

平价时尚教主
——凯特·摩丝 Kate Moss

即便凯特都已经四十岁了，但是至今她的时尚影响力仍是无人能及。首先她是一位备受争议的人，168cm的身高根本沾不上超模的边，加上一张不漂亮的病态脸蛋，谁知道她却是引领潮流，率先将平价时尚带入正统时尚圈的人。凯特·摩丝个人风格强烈，她平日的穿着打扮一直以来是时尚专业人士最为关注的焦点，被专业媒体评为“最会穿衣的女性”，凡是她穿过的衣服款式和品牌，都大红大紫甚至大卖，例如凯特在英国Glastonbury音乐季上穿过的Hunter雨靴，旋即成为全球最热卖的单品。

> > Hunter 雨靴约RMB990~1200元
图片 / Hunter提供

从艺人到素人，凯特·摩丝的效仿者遍及全球，凯特·摩丝的街拍，更是全球时尚迷们的穿搭指标。她喜欢Vintage和带点Grunge的颓废风格，全黑而有层次的打扮更是其招牌。因为她本身是 Topshop的忠实粉丝，一连三季的Kate Moss for Topshop造成全球热卖，顺势将平价时尚带入另一个高峰，毕竟人人都想成为凯特，便宜的价钱更是造成狂卖的主因。

平价时尚的魅力或许正如凯特所言：“我不追寻潮流，只穿自己喜欢的，而平价时尚给的是更多更广的选择，你可以在这里找到任何想要的东西。”身为平价时尚教主，凯特也会以超高价单品赋予平价新生命，好比她会穿上Topshop的紧身裤搭配Louboutin红底高跟鞋和镶满水钻的Judith

Leiber手拿包，看起来宛如巨星般耀眼，却是借由平价时尚混搭造就的型格。这位纵横时尚圈23年的传奇超模，即便一度因嗑药声势跌落谷底却仍然屹立不败的最大原因，在于她就是凯特，一个难以取代的时代Icon人物。

> Hunter雨靴因凯特一穿成为全球最热卖的单品。

图/CFP供稿

英国新一代的时尚偶像——平民王妃
凯特·米德尔顿 Kate Middleton

2011年新出炉的剑桥公爵夫人凯特·米德尔顿。这位平民王妃连续2年登上流行语排行榜冠军宝座（全球语言观察机构GLM），并荣获美国时尚杂志《Vanity Fair》2012年“全球最佳着装”首奖，连续三年荣登榜首，可见Kate's style的魅力无人能及。

这位急速蹿红的王室甜姐儿，近期也成为另一个让记者疲于奔命跟拍的凯特小姐，她的美貌与气质都足以媲美已故的黛安娜王妃，难得的是贵为王妃的凯特和时下一般年轻英国女生一样，信手拈来就是ZARA、Topshop这些平价时尚潮牌的混搭。新婚的第一天，她就穿上了ZARA 蓝色洋装，售价89.9美金（约RMB560元），足蹬平价鞋品牌LK Bennett高跟鞋，售价115美金（约RMB720元）。

这双鞋并非新鞋，凯特之前参加婚礼预演时就穿过。拥有这股尊贵的气势却是一身平易近人的平价品牌，即使朋克教母Vivienne Westwood与双人组设计师Victor&Rolf都批评凯特不够时尚，却仍不敌民意浪潮，凯特的平价时尚品位不但一再受到国际媒体的肯定，更成为英国新一代的时尚偶像，只要她加持过的商品，隔日肯定被一扫而空。据说英国有个统计数据显示，为了让自己“看起来像凯特”，平均每位女性一年要花250英镑。如果你想一探这位皇室IT Girl的穿衣哲学，不妨买本《Kate Style Princess》，让时尚专家告诉你怎么穿最“凯特”！

> 总是一身平易近人的穿搭风格，让凯特王妃的人气居高不降。

图/达志影像

随性时尚的当代嬉皮
——西耶娜·米勒 Sienna Miller

拥有精致五官、标准美人坯儿的西耶娜·米勒（Sienna Miller），天生贵气却没照着美人的剧本走，反而一派叛逆不拘的时尚浪人样。

来自艺术世家的西耶娜·米勒从小就被波西米亚氛围给熏陶，形成了往后被称为“Boho Chic”的穿衣风格，有点花儿时代的嬉皮风格，不羁中带着率性和甜美，时尚对西耶娜而言不过就是一种生活乐趣。“我从不沉迷于IT Bag或是IT Shoes，我更喜欢在廉价市场里挖宝，或是去二手商品找一些奇怪的衣服，然后将它们跟昂贵的单品混搭，这样才能够创造出更多造型。”

她更是H&M与设计师系列、Topshop，甚至英国最大购物网站ASOS的爱好者，她与妹妹合作的时尚品牌Twenty 8 Twelve也是朝着平价时尚的方向经营，她喜爱从平价品牌中找出与自己风格最 match的单品，这是为何西耶娜能够成为时尚偶像的主因。她招牌的Boho Chic也影响时尚圈甚大，让一般女孩也能了解混搭的无穷魅力。

> 总是不按常理出牌，穿出自我风格的西耶娜·米勒。

图/CFP供稿

巴黎最时髦的女人
——伊娜·德拉弗拉桑热Inès de la Fressange

Lagerfeld曾说：“你无法比伊娜·德拉弗拉桑热更时尚。”这位伊娜不仅是时尚大帝Lagerfeld的缪斯女神，法国政府更是以她为原型打造了自由女神像。身为法国第一超模的伊娜更打败同为名模出身的总统夫人Carla Bruni，当选为“巴黎最时髦的女人”。

果然，由她自序出版的《巴黎女人的时尚秘密》已经是当红的全球畅销书。究竟巴黎最时髦的女人都爱买些什么？原来这一身高贵迷人的法式优雅气质行头其实很平价！伊娜本身就是个平价时尚实践者，形成她简约优雅风尚的绝不会是昂贵的精品大牌。她最喜欢在H&M的男装部门购物，到大卖场Monoprix买针织衫，也会去Vanessa Bruno逛街。对伊娜而言，GAP的牛仔裤和Hermès的凯莉包非常合拍。如果没有钱买大名牌，那么她会去假日的二手市集找一只细节优雅的古董包，不过她也会花大钱去买一双永不褪流行的Roger Vivier，伊娜·德拉弗拉桑热说：“我相信一双好的鞋可以带你去好的地方。”这位时尚缪斯以自己纵横时尚圈数十年的经验出书，来告诉你如何不用花大钱穿得优雅，这一切就是来自善用平价时尚的穿搭魅力！

> 即使是精品大牌Chanel，伊娜仍可以穿出一身自己的时髦味。

图片 / Chanel提供

含着时尚金汤匙出生的女孩却独爱平价品牌——露·杜瓦隆 Lou Doillon

身为Hermès柏金包命名者Jane Birkin的女儿，露·杜瓦隆仿佛就是含着时尚金汤匙出生的女孩，时尚血统纯正，加上演员与模特儿的优越背景，露有股巴黎女孩独有的优雅气质，还混合一点70年代的波西米亚风格和摇滚酷劲，俏皮又性感，简约中带有巧思。独到的穿搭品位，让她不仅成为时尚媒体的注目焦点，也成为Vanessa Bruno、H&M与Lee Cooper各大品牌的缪斯女神。

青出于蓝胜于蓝的露，对于平价混搭时尚非常在行。她会穿上法国潮流品牌Zadig & Voltaire的平价短靴、Club Monaco的西装外套、Tommy Hilfiger的针织衫，配上她在二手商店找到的宽檐大帽，不需要任何高价单品，仅是她那与生俱来的自信风采就足以惊艳全场。如果想和她一样穿出巴黎时髦，那么你可得认真埋首于平价品牌中，别让名牌的迷思阻碍了你的时尚打扮！

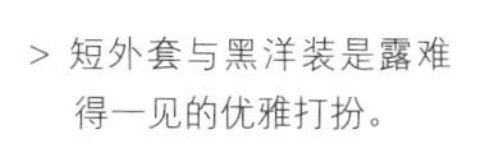

> 短外套与黑洋装是露难得一见的优雅打扮。

图/达志影像

> 左：埃琳娜·佩米诺娃；中：米洛斯拉瓦· 杜玛 ；右：维卡·G

> 优丽亚娜·瑟吉安科

图/达志影像

俄罗斯时尚四剑客——埃琳娜·佩米诺娃 Elena Perminova、优丽亚娜·瑟吉安科 Ulyana Sergeenko、维卡·G Vika Gazinskaya、米洛斯拉瓦·杜玛 Miroslava Duma

搜寻街拍人物志，不容忽视这股来自俄罗斯的潮流，号称“时尚四剑客”的IT Girl 四人组：浪漫前卫的埃琳娜·佩米诺娃、永远一身头巾配长洋装的优丽亚娜·瑟吉安科、解构主义的新锐设计师维卡·G以及擅于营造甜美与性格冲突感的米洛斯拉瓦·杜玛，这四位姐妹淘，个个都是时尚领域的佼佼者，当中除了维卡是设计师外，本身是时尚摄影师的丝巾名媛优丽亚娜也发表了她的高级定制服，而埃琳娜本身就是个名模。至于小个儿杜玛，来自俄罗斯富裕家庭的她， 26岁已婚，丈夫是俄罗斯地位显赫的头号人物，此外她也是现任时尚杂志《Harper's Bazaar》俄罗斯版时装编辑。频繁在欧美街拍博客中曝光的杜玛，以高智慧的穿搭技巧，总是轻松地驾驭着各式摩登潮流风格，其吸睛的魅力绝不逊于180cm的超模，而四人当中最娇小的她，却也是当前人气最足的IT Girl。

这四位天之骄女，运用各自的专业将彼此连结在一起，“设计师+名模＋摄影师＋时尚编辑”，一气呵成地将俄罗斯贫瘠的时尚印象大大颠覆了，下次再看到这四位IT Girl，请睁大双眼，她们可不是你想象中徒有其表的美人，号称“时尚四剑客”的这四美，快速擦亮个人招牌的功力绝对值得喝彩。

图片 / Bvlgari提供

> 孙芸芸时尚名媛的形象是众人推崇的潮流人物之一。

从头到脚都是焦点的时尚名媛
——孙芸芸 Yun Yun Sun

她不是明星，也不是一天到晚跑通告、上节目的女艺人，“孙芸芸”这个名字很有意思，她是台湾地区素人明星的典范，她是台湾地区女明星们的假想敌。以强烈个人穿衣风格而成为时尚指标的她，几乎上遍台湾地区所有中文版杂志封面，且曾在一年内连续三次登上《Beauty大美人》杂志封面人物，是台湾地区上班族女性最想模仿女性的前三名。

她的蹿起，除了显赫的家世背景外，最大的基础是民意，所谓的民意意指来自时尚媒体和市井小民的高度拥戴。时尚是她的魅力，美貌是她的优势，家庭、事业一把罩更是天下男人的心头好，内外形象兼优的超标条件，创造出来的商业价值绝对不亚于大牌艺人，除了代言广告一支一支地放送，由她与姐妹淘们主导的“BEBE POSHE奢华宝贝”精品彩妆系列，以及极具个人风格的Star by Yun饰品设计，俨然都成了名媛贵妇们之间的发烧话题。一身都是精彩的她，几乎融合了女人爱美的一切，从日常平价混搭精品穿着的衣饰，到脸上电力十足的假睫毛，甚至她精致完美的五官，这位明星辣妈从头到脚都是焦点，“孙芸芸”这三个字，俨然已成了潮流关键词！

由这位 IT Girl所创造出来的经济效益绝对是可观的，如果你对“孙芸芸”这三个字还不是很熟悉，对不起，那代表你可能真的很不时尚喔。

台湾时尚明星No.1——侯佩岑 Patty Hou

说起IT Bag这个词，关键词就是侯佩岑，就在台湾地区还是一片时尚荒漠、无人识得名牌包这档事的那年头，因为侯佩岑手上的那只Balenciag机车包，一夜之间大街小巷无人不识机车包，这个创造名牌包旋风的IT Girl，自此成为台湾地区女生追随的潮流对象，也是时尚媒体们高度推崇的时尚明星。

把潮流资讯当成生活养分的佩岑，拥有过人的时尚敏锐度以及非常精准的流行眼光，加上她出色亮眼的外形，以及时时与国际同步的潮流魅力，不管是私下穿搭或荧光幕前，她总是有办法hold住众人的眼球。不过，和全球IT Girl一样，佩岑私下的造型比荧光幕前更耐人寻味，练就了一身好品位的佩岑，日常穿搭既是潮又是鲜，时尚圈的人把她奉为“台湾的 Carrie Bradshaw”（《欲望城市》女主角名字） 绝不是偶然，佩岑的影响力是由全民买单的，流行跟着她走就对了！

因为她而带动的名人示范效应是有目共睹的，明星加持成为精品活动的最大卖点，迄今，这位IT Girl依然是精品界的No.1时尚明星。深谙流行时尚的她对于趋势的洞悉绝对不亚于一般线上记者，也因为投注的时间与经验值够多，本身已经练就了一身平价时尚混搭精品的功力。除了名牌包与鞋，网购经验十足的她喜欢在ASOS、ZARA、Net-a-Poter等网站上购物，甚至在网络上购得她那件备受好评的Vintage婚纱！对她而言，个人风格的重点在于品位而非品牌，这也是这位IT Girl充满魅力的最大原因。

图片 / 陈璧君提供

> 具有清新甜美时尚魅力的Patty是时尚媒体与女性同胞公认的潮流偶像。

东方葛丽丝·凯莉
——李冰冰 Bing Bing Li

图片 / Gucci 提供

中国有两位冰冰姐，名号都是响当当，相较于范冰冰的前卫摩登，李冰冰反而一显优雅内敛，从金马奖、奥斯卡到戛纳红毯，李冰冰不张扬不喧嚣，姿态从容，是红毯最受瞩目的新星之一。“我真的认为能力有限，努力无限;你真想去做，就努力去做。”相较于中国大多数一线明星，李冰冰的经历或许不具传奇性，但十年稳扎稳打地一步一脚印，始终还是让自己成为了发光体。

继奥斯卡红毯被style.com列为Top10，李冰冰更被Gucci相中，成为该品牌首位华人代言人，当时的设计总监弗里达·贾娜妮（Frida Giannini）更是耗时一个半月亲自为她制作戛纳影展的红毯战服，这种高规格的对待，除了她的高人气外，最关键的还是这位东北大妞身上清新脱俗的IT Girl质感。

对于自我风格，李冰冰坦率地说：“每个人都有自己的感觉，我不需要很怪的，我需要大方得体。”没错，从荧光幕前到私下穿着，李冰冰利落有型、又不失女人味的穿搭也是一众女孩们追随的指标。这位被誉为东方葛丽丝·凯莉的实力派美女，随着她的影响力，也将引发中国另一股现代混搭古典的风尚潮流。

图片 / Gucci 提供

图片 / Louis Vuitton提供

复古男孩
——刘雯 Wen Liu

挤进Model.com前十，并且被《Vogue》选为2011年度超模，这名来自湖南的高挑女孩，早已成为伸展台的明星，刘雯可说是现在最红的东方模特儿，在时尚圈耳濡目染之下，她私底下穿搭的品位更是非常有型，无疑是街拍摄影师的最爱。带点中性又Grunge的时髦感，确实很有自己独特的风情。皮外套、皮裤、衬衫、长背心、贴腿裤、毛线衫和短靴等基本单品都是她的最爱。

刘雯不赶流行、不追风潮，反倒以Dandy装扮风靡全场，以黑、白、灰等中性色系为主调。她更是平价时尚的爱好者，除了那些厂商赠予的漂亮包款，仔细看她身上穿的：Topshop男友款宽松毛衣配上 Balenciaga皮衣，或将 ZARA的图案上衣和Urban Outfitters的靴子搭出人人都可穿的Look。将平价单品成功与新锐设计师品牌混搭，如Dries Van Noten、Alexander Wang，和她最爱的Rag & Bone，这就是刘雯的时尚秘器。

> 超模刘雯是各大时尚周精品品牌的热门名单。

图片 / Jean Paul Gaultier提供

全亚洲最潮的女明星
——徐濠萦 Hilary Tsui

被大设计师卡尔·拉格斐夸赞“你真的好时髦”的徐濠萦，已经成为全亚洲最潮的女明星，在香港时尚领域已经到了教母等级，凡是她穿过的单品保证卖到缺货。她在微博上传了一张以短袜搭配瑞士运动品牌MBT弧底鞋的照片，瞬间掀起了潮人们人人一双的风潮！而她自己投资的潮店Liger也是经营得有声有色。这位潮妈自我风格非常强烈（即便被指责败家，仍无法制止她对潮流的狂爱），加上满满的自信，任何混搭对她来讲几乎完全没难度，确实愈是复杂的搭法愈是充满濠姐Style。同时她更是平价与高价品牌mix & match的个中好手，将Izzue的白上衣搭配一件要价数十万台币的 Balmain皮衣，异常有型好看。

她也不断发掘小众设计师，勇于以衣着支持那些具有设计艺术感的新锐品牌。香港品牌Izzue看见徐濠萦的时尚魅力，力邀她当客座设计师，因受Rick Owens和Gareth Pugh影响甚深，她的设计也是极端歌特式夸张，她与平价品牌Bossini的合作也是大获成功。在她的穿衣哲学里没有什么是不可能的，大胆又前卫才能穿出独特风格。喜欢濠姐 Style的可关注她的博客。

> 濠姐的穿搭术前卫有型。

图片 / Chanel提供

甜美与摇滚混搭的潮流教主
——杨颖 Angelababy

备受整形争议的Angelababy，姑且不论她是不是人工美女，精致完美的脸庞与玲珑有致的身材，不仅是女孩们追求完美的指标，更是宅男们心目中的女神。模特儿出身的Angelababy，天生就是个衣架子，除了高街精品外，私下穿着也很有个人风格，有着自成一派的甜美与摇滚混搭，浑身散发着青春洋溢的性感气息。

从香港的大街小巷一直到海峡两岸，Angelababy足以是个美的惊叹号，这位新一代潮流教主俨然已成为了新一代女神。有着大好未来的她，挟着几近满分的外貌，以及零失误的潮流穿搭，在日前全球聚睛的华人市场，深谙潮流的她，势必会有更让人惊艳的表现。

> 让少男少女疯狂的Angelababy永远都是一身潮型。

图/YES娱乐提供

潮流发电机
——郑秀妍 Jessica Jung

与 Emma Watson同时入围 TC Candler 2011“世界百大最美脸蛋”、并获得NO.45高名次的韩国艺人Jessica，随着“少女时代”天团发光发热后，有“Ice Princess”冰山美人之称的她，近两年更是备受时尚媒体青睐，硬是从9位美少女当中脱颖而出。

少女时代这9人组合起来是个一致的团队，拆开后又各自身怀绝技，每个人的特质鲜明。Jessica并列其中未必是最美的一位，但却是人气最火的闪亮之星，因为当过小留学生，平时的穿着除了散发着浓浓的韩味，同时有股强烈的好莱坞明星味。身为少数能撑得起高街精品的美少女，精品看上的不只是她的高人气，更难得的是这位冰山美人高贵气质的渲染力。

除了拥有一群死忠的宅男粉丝，许多女孩更是将她奉为引领潮流的IT Girl，有此一说，任何商品凡是放上Jessica的照片，就是潮流保证，由此可见，这位冰山美人的魅力之大。

> Jessica的韩式平价混搭风格，很有好莱坞明星的架式。

图/达志影像

引领时尚潮流的Jun Style
——长谷川润 Jun Hasegawa

“天生丽质难自弃”这句话用在长谷川润身上一点也不为过。拥有爱尔兰、法国和日本等血统的美丽混血儿，天生完美（完全不需要医美），出道短短三年时间，几乎荣登了各个时尚杂志封面，并长年担任日本知名杂志《ViVi》御用名模，2010年9月后，更跃升为日本《GLAMOROUS》杂志专职封面人物，能让一本杂志认定为全年的封面人物，由此可见长谷川润的影响力之大。身为日本模特界Top 1的人气模特儿，长谷川润之所以受封为潮流女王，最大的关键在于她不走一贯的日系梦幻甜美风，反而偏向真实轻松的美式潮流Style。这位IT Girl还有个特点是她能化平凡为流行，任何日常简单的单品放在她身上，都能mix出让人眼前一亮的时髦感。据说只要她穿过的衣服或代言的商品，一旦登上媒体，都会成为畅销品，很多美少女也是抱着杂志，死忠地跟随着“Jun Style”。这位来自东洋的混血美女，穿搭随性自在，完完全全就是当今国际潮界最火的平价时尚混搭先驱，而所谓的Jun Style，在日本同时也意味着In Style。

> 总是能化平凡为流行的长谷川润，在日本有相当程度的潮流影响力。

图/YES娱乐提供

Chapter 05

平价时尚先修班——
6 Ways 提升你的时尚竞争力

你得先提升自己的潮流敏锐度，才能找出适合自己的风格与流行趋势，为自己制造许多人际机会，所以别再说拥有潮流敏锐度是一件事不关己的事了！以下是时尚人专用的6 ways，是提升时尚敏锐度最有效的秘诀。

图片提供/Lanvin

way01

Fashion Show——从秀场吸取潮流精华

对于时尚人来说，每季看完四大城市（纽约、巴黎、伦敦、米兰）服装周的演出，并做好笔记和分类，这就是练好时尚基础的热身操。

每季展出的时装发表会，不仅仅是让你看到下一季的服装而已，从音乐、场地设计到化妆、发型与服装的整体搭配，甚至是出场顺序的每个环节都大有学问，所有细节都是无数创意的累积，身在时尚初段班的你更是需要好好观察学习。

或许你在心里的台词是：“我又不是时尚圈人哪来机会受邀进场看秀？”

没错，在以前，直击秀场绝对是极少数人的特权，永远只有名人、贵妇、时尚媒体人士以及买家才能成为座上嘉宾，现在则是“网络之前，人人平等”，Burberry、Gucci、Chanel等各大精品品牌都在官网上现场直播巴黎或米兰服装秀，现在只要打开电脑，任何人都可以在云端同步欣赏大牌服装秀。至于其他所有品牌完整的秀场照片，有心的你只要隔天移动指尖滑动鼠标前往 www.style.com便可清楚阅读每一场秀的潮流趋势。

无论是你特别喜欢的品牌，或是你从没听过的设计新秀，准备好探险的心情，跟着他们在每季的设计中探索，你的时尚品位将会潜进你的日常生活中，发酵成无限的创意。

Fashion Show的由来

沃斯（Charles Frederick Worth）不仅是法国高级时装创始人，他同时还是位行销天才。一开始只是个销售员的沃斯，便知道找他的同事（妻子）在店里充当模特儿，并另辟展示间，接受顾客定制。

1858年，Worth & Bobergh公司成立，作品大获欧仁妮皇后的赏识，沃斯通过关系将上流社会名媛请到店里，再由年轻的女孩们穿上他所设计的服装来做推销，开启了当今“时装模特儿”与“伸展台表演”的概念端倪。

1914年，芝加哥服装业制造协会主办了连续9场表演，由一百多名模特儿，轮番展示了250套衣服，观众达五千多人。现在大家熟知的T型台便是从这次表演中诞生。

至于引领潮流的巴黎高级成衣秀（Ready to Wear Collection）大约起源于1940年，由高级成衣设计师协会负责策划，以承接世界博览会的商业模式，提供全球媒体与买家最专业的第一手时装资讯，并将巴黎时装产业推广于世人。

图片提供/Miumiu

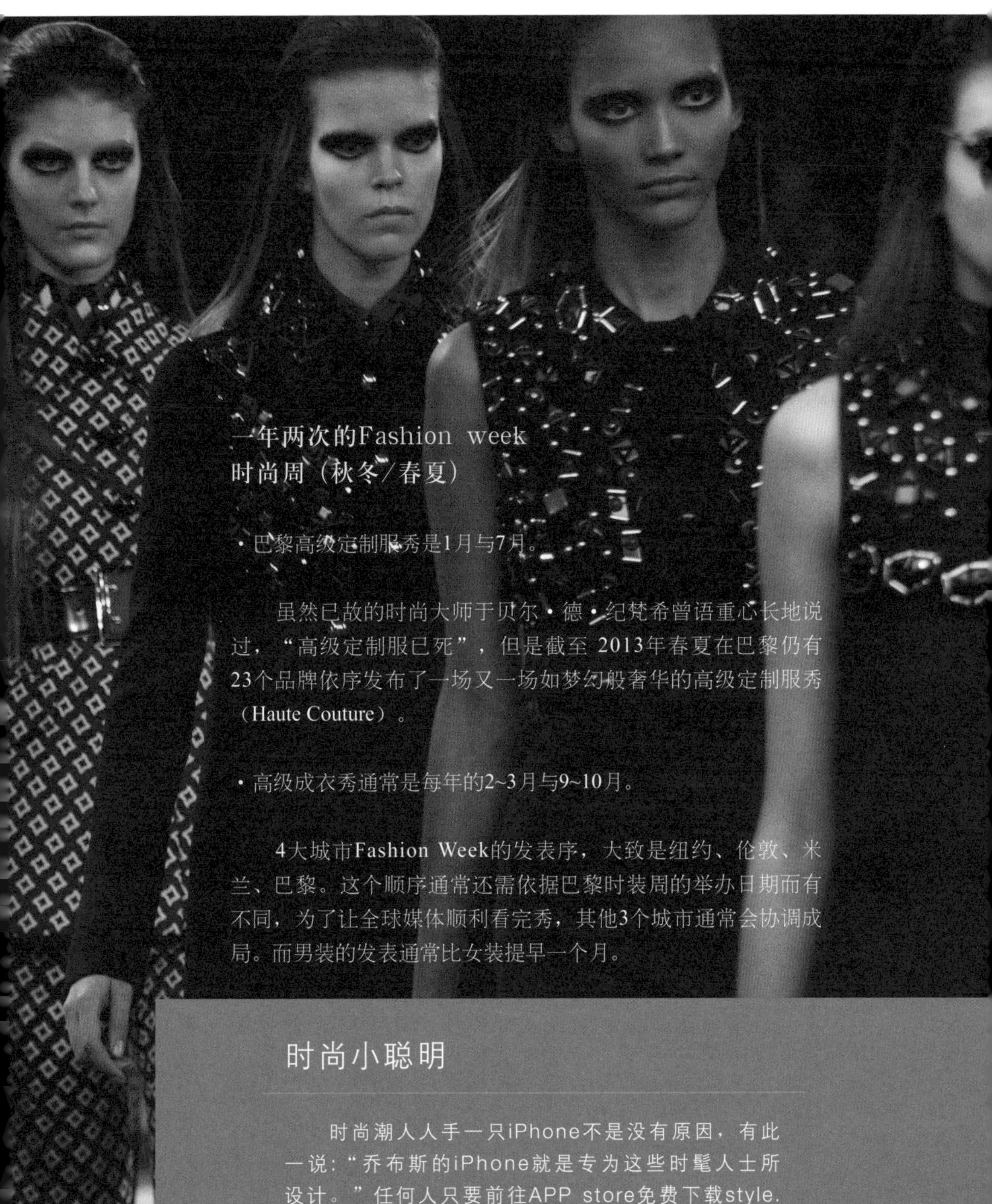

一年两次的Fashion week 时尚周（秋冬/春夏）

· 巴黎高级定制服秀是1月与7月。

虽然已故的时尚大师于贝尔·德·纪梵希曾语重心长地说过，“高级定制服已死”，但是截至2013年春夏在巴黎仍有23个品牌依序发布了一场又一场如梦幻般奢华的高级定制服秀（Haute Couture）。

· 高级成衣秀通常是每年的2~3月与9~10月。

4大城市Fashion Week的发表序，大致是纽约、伦敦、米兰、巴黎。这个顺序通常还需依据巴黎时装周的举办日期而有不同，为了让全球媒体顺利看完秀，其他3个城市通常会协调成局。而男装的发表通常比女装提早一个月。

时尚小聪明

时尚潮人人手一只iPhone不是没有原因，有此一说：“乔布斯的iPhone就是专为这些时髦人士所设计。”任何人只要前往APP store免费下载style.com，你就可以马上成为时尚一族，并且只要同步按住上下电源键，便可以快拍下你在手机上浏览的任何一张图片！

way 02

时尚人生不能没有网络

“Stay foolish，stay hungry”，求知若渴，乔布斯这么提醒大家，要做个真正的时尚人，当然也要终身学习，而最简单快速的方式就是上网。别以为只有时尚编辑会告诉你趋势在哪里，当今网络无国界，趋势无所不在。网络上无时无刻都会有时尚圈最新的消息，不仅让你hold住新闻新鲜度、新潮话题不落人后，而且能累积你感受潮流变化的敏锐度，从众多资讯中归纳出趋势变化，并从别人的创意中找到丰富自己的时尚元素。

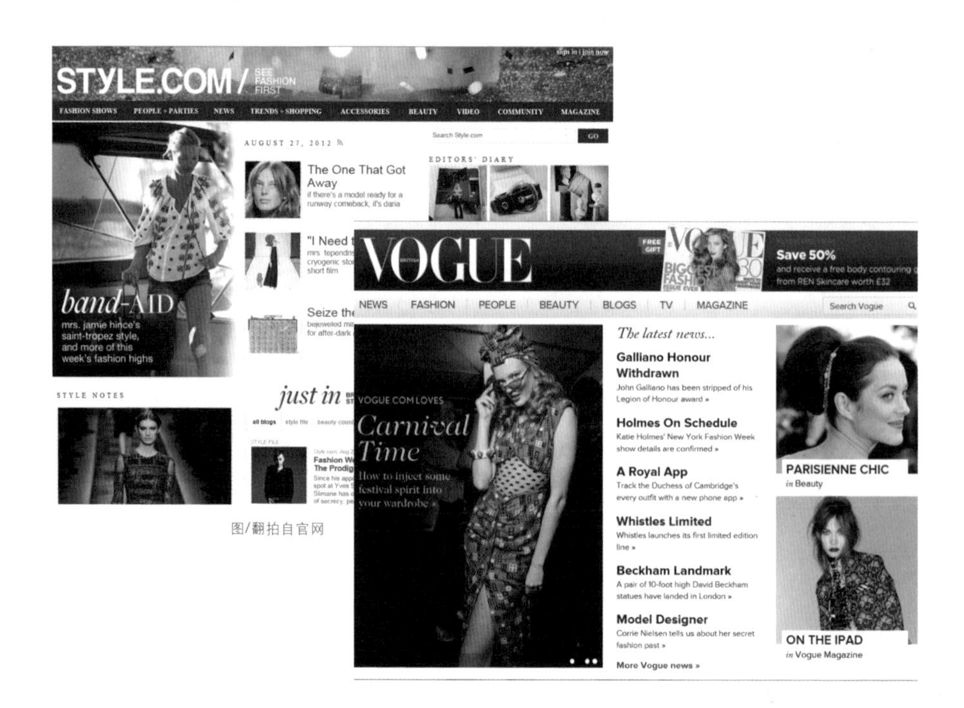

图/翻拍自官网

时尚必修

Tips~推荐你每日必读的时尚网站

www.style.com

如果你无法确定真正的当季趋势，style.com从配件到整体造型通通即时帮你归类，当你还想不到明天的派对要穿什么，这里也有完整的名人红毯与派对造型档案。除此之外，还有名人和品牌最新动态，以及街拍始祖Tommy Ton的专栏，带你见识世界各地真正High Fashion时髦一族最热门的新玩意。

www.vogue.co.uk

这是我认为美国出版巨擘康泰纳仕旗下、所有时尚网站中讯息最快速而多元的网站，并介绍许多英国当地的年轻时尚工作者，比其他主流时尚媒体的报道角度更广，值得每日收看。

另外，对于担心这些High Fashion资讯网站看不懂的人，其实也可以直接前往一些知名博主的网站去逛一逛，或者是直击当前最热门的街拍网站吸取精华，透过这些犀利潮人的注解与穿搭示范，不仅可以一探当季趋势重点，还可毫不费力地获知哪个设计师最火，哪些颜色是未来的潮流色，哪些单品是下一季的采购目标。以下便为大家介绍几位高人气的时尚博主与足以撼动国际潮流的指标性时尚评论家，以及全球最IN的街拍资讯，好让大家可以一步到位地贴近时尚。

Street Fashion Blogs 不可不看的热门街拍时尚网站

1. The Sartorialist （http://www.thesartorialist.com/ ）

The Sartorialist是一个为了女儿而退居时尚界幕后的纽约客Scott Schuman的街拍作品，如今已被时代杂志喻为是“时尚界最有影响力的博主之一”。

2.Lookbook （http://lookbook.nu/）

英国超人气街拍网站，这是一个非常专业的时尚潮流网站，每天都会有最新的街头流行资讯分享，只要持续追踪，想立即感受英伦最潮的前线流行并非难事！

3.Street Peeper （http://streetpeeper.com/）

打开Street Peeper这个网站保证你会大吃一惊！原来真正最前线的专业街拍全部集中在这！说穿了，这正是街拍摄影师的大本营。你只要敲敲鼠标，摄影镜头便会带你快速流览一遍，从纽约、东京、巴黎、米兰，到首尔，完全满足你热爱街潮的欲望。

更多世界各地的街拍博主

Style Arena jp (东京街头) www.style-arena.jp/en/
www.Fashionsnap.com
Your Boyhood (首尔街头) www.yourboyhood.com/
Garance Dore (巴黎街头) www.garancedore.fr/en/
http://easyfashion.blogspot.tw/
http://www.styleandthecity.com/
street-style-paris-fashion-week/
Still in Berlin (柏林街头) stillinberlin.blogspot.com/
Stylites in Beijing (北京街头) www.stylites.net/
Savvy London (伦敦街头) savvylondon.blogspot.com/

时尚人要知道

坐在秀场第一排的时尚博主

Chanel女士曾说：“时尚就在街头。”

果然，今天秀场前排坐的不再只是明星或时尚媒体大人物，21世纪的时尚博主对时尚界的影响，已能与这些大牌时尚人物平起平坐了。

·最年轻的时尚评论家：泰薇·盖文森（Tavi Gevinson）

http://www.thestylerookie.com/

说你不认识Tavi Gevinson那就是out！自称是“整天穿着别扭外套、戴着美丽帽子坐在屋里的十三岁小呆瓜”的Tavi Gevinson实在太特别了，她的时尚基因启动得特别早，十来岁的当口，大家都还在烦恼青春痘的时候，她已经是位顶尖的时尚博主，喜欢DIY的她，一身的造型永远都是独一无二，大无畏的青春少女，创意与勇气兼具，在她身上你会发现时装不仅无性别之分，更无年龄差异！

图片提供/Valentino

· 瑞典时尚教母：伊琳·可灵（Elin Kling）
http://stylebykling.tv4.se/

伊琳·可灵，在遥远的瑞典从网络博客火速蹿红的她，现在火红的程度已经足以媲美凯特·摩丝，平价时尚混搭功力一把罩的她，是许多瑞典偶像明星的造型师，同时也是瑞典版时尚杂志《Glamour》的专栏作家。当红不让的她更是与H&M合作设计服装，并创办了个人杂志《STYLEBY》。

· 最会穿女装的美少男：布莱恩（Bryan Boy）
http://www.bryanboy.com/

一个跟时尚不太密切的城市——菲律宾，竟然有这么一号出色人物Bryan Boy，才二十出头的布莱恩，是一个勇于做自己的前卫时尚人士。不仅每天有数十万粉丝追随他，连时尚金童Marc Jacobs也大声嚷嚷："I Love you，Bryan Boy！"因为连他自己也无法完全做自己（穿女装）呀！确实，时尚界哪个人可以让Marc Jacobs疯狂为你设计一个个人专属包（BB Bag），有谁可以让日本版《Vogue》的主编安娜·戴洛·罗素把你当作好友，有谁可以和美国版《Vogue》主编的安娜·温图尔同坐在时尚秀的第一排。凭借着做自己的勇气，布莱恩不仅让这些时尚大腕甘拜下风，更是各大时尚品牌的贵客名单，大伙们绞尽脑汁祭上最新的单品，就盼布莱恩以他独到的见解与品味穿出个人风格。

时尚界最具影响力的评论家

除了安娜·温图尔（Anna Wintour）（美国版《Vouge》杂志总编辑）外，时尚圈子里真正让设计师与媒体们敬畏的其实是少数几位权威级的资深评论家，他们一句话可能会让你上天堂，也可能直达地狱之门。

· 时装界的毒舌派女王：苏西·门克斯（Suzy Menkes）
  http://topics.nytimes.com/top/reference/timestopics/people/m/suzy_menkes/index.html

这位看起来像大婶，永远顶着一颗蛋头造型的老太太，来头不小，她可是《国际先驱论坛报》及《纽约时报》相当资深的时尚专栏作家，同时也是获法国荣誉军团勋章及英国官佐勋章的女爵，由于她敢怒敢言且用字犀利，被视为时装界的毒舌派！

她曾公开批评马克·雅可布（Marc Jacobs）的秀过分延迟，真想亲手杀了马克·雅可布，结果马克·雅可布还亲自送上印有“Suzy Menkes Kills Marc Jacobs”的Tee向她慎重道歉。这位连好友卡尔·拉格斐都不放过的欧巴桑影响力真不小，时尚界与全球时装零售、批发从业人员将她的报道奉为必读圣典，所以即便是时尚金童小马哥也不敢得罪她啊。

· 花帽女魔头：安娜 · 皮亚姬（Anna Piaggi）

能拿到热门品牌Fashion Show的入场券表示你在时尚圈混得还不错，能坐在秀场上第一排（Front Row）那肯定是大有来头，能坐在第一排且备受闪光灯聚焦，而且一连三十几年皆是如此，那真的不得了了，能有这等能耐的绝非是那一班好莱坞艺人！唯有少数屹立时尚圈的高手如安娜 · 皮亚姬这样的（怪）红人才能hold住！

有些人到时装周是要看秀，我到每一场秀最期待看到的就是这位八十几岁的奶奶！从年轻到现在，五十多年坚持自我风格，安娜 · 皮亚姬曾说过："女人就要有自己的想法，而我的力量就是坚持。"招牌look——夸张帽饰＋一搓蓝色卷发＋彩色拐杖，永不重复的五彩绚丽夸张造型，绝对不亚于Lady Gaga的奇装异服。身为意大利版《Vogue》"Double Page"专栏作家的她，犀利精辟的观点就像她耀眼的造型一样，老佛爷卡尔 · 拉格斐与朋克教母维维安 · 韦斯特伍德每个月杂志一到手，一定先翻到这两页拜读她的评论与观点，而其他精品大牌、设计师及时尚媒体无不把她的评论当成最高指标。

这位用时尚精彩一生的女魔头，于2012年8月告别了她的时尚人生，虽然如此，已在时尚留名的她，仍是值得时尚迷们一再品味的。

要流行产业待得够久、已经练就一身时尚高感度的Anna Piaggi，不仅担任Toshop的设计师，也曾受老佛爷拉格斐的邀约为Chanel统筹过一季的服装系列，也自创品牌设计珠宝饰品，若想进一步洞悉这位时尚高人，建议不妨买本《Anna Piaggi's Fashion Algebra》来瞧瞧。

图片来源/Haute Couture Show 2012-3

way 03

你所阅读的刊物代表了你的品位

虽然好莱坞女星谁跟谁交往、买了多少个名牌包这些讯息是时尚须知，不过，你希望你与别人的交谈话题永远围绕在这些八卦上吗？男人会对你倒胃口，可能你的姐妹淘也会受不了你。好好读本书的时间可能会让你无法及时跟上娱记的速度，却能缓缓提升你的品位。花一个下午时间来个时尚阅读，是从偷拍失恋明星失态照片里找不到的感动呀!

美学和品位是全面而有深度的，平日广泛阅读书籍和只看八卦杂志或周刊所呈现的气质与打扮，是很容易被区分的。所以，挑本你喜欢的书，开始好好阅读。

7本你要阅读的时尚书：

❶VOGUE ITALIA

虽然美国版《Vogue》总编辑安娜·温图尔（Anna Wintour）的名气最响亮，但是就时尚媒体人而言，每个月最期待拜读的却是意大利版《Vogue》，从影像大片到文章报道，在总舵手弗兰卡·索萨妮（Franca Sozzani）的主导下，结合艺术与人文，百无禁忌的前卫风格，完全跳脱时尚传媒的禁锢，总是让人有惊喜的破格表现，是目前少数能突破时尚的指标性杂志。

❷VOGUE JAPAN

我喜欢日本人处理潮流资讯的智慧，严谨的内文架构，搭配轻松愉悦的插画与美术设计，打开这本杂志，你很容易进入潮流的波浪里，这或许跟她的前创意总监安娜·戴洛·罗素其前卫摩登的自我风格有点不搭，但严格讲起来，安娜的幽默加上编辑们拘谨的专业度，成就了一本好读的时尚杂志。

❸Numero

这是一本有态度的杂志，从封面就可以嗅得出它的酷品位，超强的美术设计加上一绝的艺术格调，传达的是一种有氛围的时尚美学与生活态度，不管是法国版或其他境外版本皆属TOP Magazine的Style，也永远都是书海中最吸睛的时尚圣经。

❹Snap Style Book

光看这书名就让人兴奋不已了，以往只是在夹缝中求生存的固定单元（名人时尚或街拍），随着IT Girl潮穿私服兴起，街拍（ SNAP）反而成了一门新兴产业，这本杂志不仅集结了全球潮穿名人，且以专业的编辑手法一一破解这些 IT Girl的时装密码，对于穿搭造型有兴趣或有障碍的人，赶紧入手吧。

❺Parisian Chic

如果你真想要更贴近时尚，且由这位法国人公认最会穿衣服的时尚缪斯伊娜·德拉弗拉桑热来解救你吧!一针见血地点出YES &NO，浅显易读，实用性超强，如果你有去巴黎血拼的计划，千万别忘了带着它按图索骥啊。

❻The One Hundred

尼娜·加西亚（Nina Garcia）的每一本时尚书都值得你阅读，以她担任时尚杂志总监多年的专业经验，精辟地解读每一件Must Have 时髦单品的存在价值，让你了解时尚与血拼绝对是一门品位学问。

❼Fashion and Fashion Designers

既然知道时尚不是一天造成的，除了阅读这本Z Fashion外，你还需要一本教科书级的时尚历史书来辅佐，推荐这本由A~Z排序的专业书，你可以把它当成时尚辞典，随着英文字母编排顺序进入时尚小学堂。

时尚小常识

第一本时尚杂志的诞生

1867年第一本女性时尚杂志《Harper's Bazaar》诞生于美国，随后1921年，巴黎才出现第一本女性时尚杂志《L'officiel》。

而它们一开始主要都是以报道时装为主，后续才逐渐发展成今日大家熟悉的时装、美容、休闲等多元化的生活时尚杂志。随着时尚工业的不断蓬勃发展，时尚杂志俨然已经成为了这个产业不可分割的一部分。欧美时尚杂志更是不断将触角延伸到世界各地，好比法国《Elle》杂志在全球各地便多达四十多个版本。

way04

艺术启蒙个人品位

圣罗兰说："时尚不是艺术，却需要有艺术家的能力与特质，才能完成。"这样的想法让他和安迪·沃霍尔等当代艺术家结为好友，也将许多艺术作品用在服装设计上。

就连时尚大师们都要从艺术中撷取灵感，我们怎么又能忽视艺术的力量呢？

从街头涂鸦到博物馆里的油画、雕塑，牯岭街小剧场的实验剧到云门舞团现代舞新作，以及设计大师们自己的服装回顾或装置艺术展——艺术的范围实在很广，你应该先放下成见、多方尝试，然后再找出你喜爱的艺术形式。

或许讲到这儿，你还是要问，提升潮流敏锐度和艺术到底有什么关系呢？美学是相通的，而艺术则是所有美学形式中最没有界线也是最迷人的一块，所以想要有好的时尚品位，当然要从艺术中找源头；而更直接的影响是，当你的朋友说到这一季卡尔·拉格斐又拿什么画作当设计主轴时，你一脸疑惑地拿出手机查询，而不能优雅地与他对谈，这就太不时尚了！

时尚人要知道

9位影响时尚的艺术家

1.穆夏（Alphonse Mucha 1860—1939）

穆夏是个典型的波西米亚流浪艺术家，被喻为20世纪初新艺术（Art Nouveau1890~1905）风格大师的他，细腻笔触下的美女海报，不仅华丽优雅美若天仙，当中每一套华服与繁复的装饰都让人不禁赞叹其对时尚美感的脱俗品位。

2.萨尔瓦多·达利 （Salvador Dali 1904—1989）

在还没有3D的那些年代，达利超现实的画风就像是不存在的梦境，很容易让人陷入一种虚与实的幻觉意象。才华过人的他，除了绘画也曾参与服装（Coco Chanel的对手Elsa Schiaparelli曾找达利合作设计女装）、珠宝、电影与剧场的设计。

3.弗里达·卡罗 （Frida Kahlo 1907—1954）

强烈的爱与疯狂的人生，一如她风格鲜明而浓烈的画作，只要直视她的画，你就很难转移目光，这就是典型艺术家性格的卡罗从她作品中所散发出来的无敌魔力。

4.莫奈 （Claude Monet 1840—1926）

印象派大师莫奈无人不知，无人不晓，百年来他的画作依旧是多数艺术创作者与时装设计的灵感来源，对他的画你永远都会有不同的惊喜与见解，这也是艺术不朽的传奇之一。

5.毕加索（Pablo Picasso 1881—1973）

轰轰烈烈的爱情史，纠结复杂的感情关系，成就了毕加索每一阶段的傲世作品。写实的题材在立体、扭曲的画风中穿梭铺陈成立，说他是20世纪最有影响力的艺术家一点也不为过。生前作品超过两万多件，作品包含油画、素描、雕塑、拼贴、陶瓷等，作品遍及世界各地的美术馆，是少数在生前便名利双收的艺术家。

6. 梵高（Vincent van Gogh 1853—1890）

谜样的人生就像一幅幅抽象的画，梵高的笔触十分激情也充满活力，在我们看来虽然是一幅似是而非的画，却明显地可以感受到他用生命作画的奔放心情。

7. 安迪·沃霍尔（Andy Warhol 1928—1987）

有人说他市侩狡猾，而沃霍尔本人也大方表态，艺术本来就是一种商业行为，确实，时至今日谁能否认？名字总是与好莱坞名人连在一起的他，以独树一帜的波普风格，可以算是现代艺术的第一把交椅。

8. 村上隆（Takashi Murakami 1962~至今）

艺术家跨界与精品合作并不足以为奇，当马克·雅可布遇上了村上隆，整个时尚产业像是地虎翻身一样，完完全全地给震醒了，原来艺术可以这么平易近人、这么轻易地达到商业效益，果然艺术与时尚精品平价化后确实可以掳获更多消费者的心，激发他们对新奇的欲望(时尚就是要不断地创新)，这种Crossover的手法到现在依然屡见不鲜且十分热门。

9.朱莉·弗尔霍文(Julie Verhoeven1969~至今)

多才多艺的朱莉被誉为近十年来最出色的多媒体艺术家，插画、服装设计、唱片设计、MV拍摄等样样精通，作品带点童话梦幻以及超现实风格的朱莉曾经跟随过约翰·加利亚诺（John Galliano）、马丁·斯特本（Martine Sitbon）、姬龙雪（Guy Laroche）等大师。美学天分了得的她，2002年有Marc Jacobs找她创作LV童话包，2003年她让老牌GIBO起死回生，2007年为Mulberry设计包款，2009年有Versace × JulieVerhoeven，2010年有H&M × Julie Verhoeven家饰系列以及Marellax × JulieVerhoeven的艺术服装设计。

Shashi

时尚人必看的美术馆

巴黎东京宫（Palais de Tokyo）

http://www.palaisdetokyo.com/

伦敦白教堂艺廊（Whitechapel Gallery）

http://www.whitechapelgallery.org

上海沪申画廊（Shanghai Gallery of Art）

http://www.threeonthebund.com/

伦敦安莉·茱达美术馆（Annely Juda Fine Art）

http://www.annelyjudafineart.co.uk

伦敦泰特现代美术馆（Tate Modern）

http://www.tate.org.uk/modern/default.htm

巴黎国立网球场现代美术馆（Jeu de Paume）

http://jeudepaume.nfrance.com/~k1050/?flash=ok

北京时态空间 798 Space/ 798

http://www.798space.com/

东京21-21Design Sight美术馆

http://www.2121designsight.jp/

香港艺术中心（Hong Kong Arts Centre）

Hong Kong Arts Centre(官方facebook)
https://www.facebook.com/HongKongArtsCentre

纽约现代艺术博物馆（MOMA）

MoMA The Museum of Modern Art(官方facebook)
https://www.facebook.com/MuseumofModernArt

森美术馆（Mori Art Museum）

http://www.mori.art.museum/jp/index.html

安迪・沃霍尔美术馆

The Andy Warhol Museum(官方facebook)
https://www.facebook.com/thewarholmuseum

way 05

时尚纪录片让你成为真正的“时尚人”

我必须承认，一听到“纪录片”的时候，我满脑子只充满了睡意，直到看完圣罗兰先生的纪录片《疯狂的爱》，天呀，纪录片的简单真实，比电影的大手笔铺陈来得更动人!

于是再拿出手边的时尚纪录片DVD，看见那些和我们一样、对时尚充满热情和感动的人们，努力用生命写着故事。不仅有温暖的情感，时尚纪录片里还藏着许多大师、名人们的小故事，以及“如何成为真正时尚人”的秘诀，例如他们的平日生活和设计坚持。

所以呢，时尚纪录片保证感动人心，还能提升你的时尚竞争力。

推荐你必看且保证好看的纪录片：

1.《时尚恶魔的圣经（September Issue）》

史上最厚的一期Vogue杂志，里面有安娜·温图尔和设计师们的真实互动，以及时尚指标杂志专业而严谨的作业过程，那跟电影《穿着Prada的恶魔》的戏剧性表演完全不同，借此你会了解安娜当恶魔的真实原因。

2.《时尚大帝（Lagerfeld Confidential）》

片中不仅记录卡尔的平日生活和工作过程，还让他谈了儿时生活，并且有香奈儿俱乐部超级VIP们的专访。

3.《马克·雅可布和路易威登（Marc Jacobs & Louis Vuitton）》

马克的成名不是从他进入Louis Vuitton才开始，但是他为自己和百年老牌开创了全新的视野，这部纪录片贴身记录了他来往于巴黎、纽约之间，随时得转换头脑处理自有品牌和LV的大小问题；透过他的创作过程，以及与友人的对话，可以更深入了解这位天才设计师。

4.《华伦天奴：时尚天王（Valentino：The Last Emperor）》

风格浪漫华丽的设计大师华伦天奴，他的成功背后同样有一双厚实的双手支持，片中记录了他的爱情、事业与梦想，有握在手心里的真实，也有岁月带来的忧伤。

5.《麦当娜：真实与大胆（Truth or Dare）》

跟以上的时尚大师比起来，麦当娜在时尚圈也占有绝对的影响力，这部记录她在1990年巡回演唱会后台所发生的事件以及生活琐事的影片，让我们回忆起还没为人母前的麦当娜。（而这部片名也成为了麦当娜全新品牌的名字“Truth or Dare by Madonna”。）

6.《疯狂的爱（L'amour Fou）》

一开场就令人感伤，那是圣罗兰先生宣布退休的记者会以及他的葬礼。片中以他的爱人Pierre Bergé的角度讲述他的一生，可以窥见圣罗兰先生的设计生涯、私人生活，他长年深受忧郁症之苦，Pierre始终对他深情不弃。这不只记录了圣罗兰在时尚圈的辉煌历史，还是一个动人的爱情故事，义无反顾的五十年，是绝对疯狂的爱啊!

7.《盛装打扮（Les Falbalas de Jean－Paul Gaultier）》

内容完整记录了高缇耶的工作室实况，有过去的影片以及他身边重要人士的访谈，让我们能真正贴身了解这位老顽童的创作理念；2011年，高缇耶离开了担任七年创意总监的Hermès，而另一部关于他的纪录片《Ou Les Codes Bouleversès》则完整记录了他三十年的时尚生涯，并谈到自己对时尚圈的些许失望。或许他的时代也要结束了，但是他的影响永远不会消失，你更不能错过这部关于他的纪录片。

時尚人要知道

◎圣罗兰（Yves Saint Laurent，YSL）

20世纪最伟大的设计师之一，2008年6月1日逝世，在他的丧礼上，法国政府为他的棺木盖上国旗。因为他对法国文化的贡献，几乎超过国家文化部该做的事情了。

◎华伦天奴（Valentino）

2007年引退的时尚天王，以独创的V领设计和奢华雍容的Simple Red大红礼服，叱咤时装界近半个世纪，包括肯尼迪夫人、黛安娜王妃等众多大牌艺人都十分推崇他的设计。

◎卡尔·拉格斐（Karl Lagerfeld）

号称老佛爷，足见他在时尚界的辈分之高，本身才华洋溢，除了担任Chanel 、Fendi、Karl的设计总监，同时也是时尚摄影师，年过八十却仍是一条时尚活龙。

◎马克·雅可布（Marc Jacobs）

堪称当今最有身价的时尚金童，同时主理Louis Vuitton、Marc Jacobs、Marc by Marc Jacobs等一线精品。

◎高缇耶（Jean－Paul Gaultier）

人称“街头顽童”，算是首开先例把街头潮穿方式融入一线精品的天才设计师，主理个人品牌Jean Paul Gaultier。

◎安娜·温图尔（Anna Wintour）

美国《Vogue》杂志总编辑，也就是电影《穿着Prada的恶魔》里所意指的那位恶魔。据说只要被她看中的设计师个个都能出头，当年马克·雅可布就是经由安娜推荐给LVMH集团的伯纳德·阿诺特（Bernard Arnault），而成为了今天叱咤风云的时尚一哥。同样的，近期当红的华裔设计师吴季刚（Jason Wu），当初也因她的青睐进而受到美国第一夫人米歇尔的大力加持，至今鸿运不让。

way 06

经典电影=时尚圣经

我们有多少的时尚知识是从电影而来的？讲到50年代的衣着风格，你肯定不假思索地说《蒂凡尼的早餐》里的奥黛丽·赫本；真正原创的Burberry风衣，就一定要像《北非谍影》里英格丽·褒曼穿的那件；还有当你准备前往神秘的中东旅行，就一定得再看一次电影版《欲望都市 2》。电影场景和人物穿着是描写时空背景的最好方式，所以挑部用心于美术设计的好电影，不仅能满足你的视觉享受，让你沉浸在剧中的时空与角色中，说不定还能为你带来穿衣搭配的好点子。

推荐你必看的时尚电影：

· 《后窗》(Rear Window 1954)

你一定不能错过的希区柯克经典电影。优雅美丽的葛丽丝·凯莉（Grace Kelly）在这部经典希区柯克电影中的6套美丽华服，均出自当时好莱坞最顶尖的服装设计师伊迪丝·赫德（Edith Head）。其中以第一套黑色前后大V领紧身上衣、白色蓬蓬纱裙最为抢眼。伊迪丝·赫德以当时兴起的Dior New Look为灵感来源，塑造了一位美丽、时尚的当代纽约白领女性。

· 《蒂凡尼的早餐》（Breakfast at Tiffany's 1961）

一部电影创造了一个经典时尚符号 —— the little black dress。赫本与纪梵希的完美结合，不仅让赫本优美的巨星形象深植人心，剧中每一套服装多年来历久弥新，已经成为所有女性的时尚范本。时隔半个世纪，当娇小的 娜塔莉·波曼穿上这件小黑裙登上《Vogue》封面时，她还紧张地说：“我很小心翼翼，生怕弄坏了这件衣服，因为它真的很瘦。”

· 《安妮·霍尔》（Annie Hall 1977）

看过《安妮·霍尔》这部电影后，你会发现原来电影也可以这么时尚，拉尔夫·劳伦以他擅长的纽约客Style（街头雅痞）造就了伍迪·艾伦和黛安·基顿剧中鲜明的个人风格，于此这股轻松随性的中性穿着变成了风靡全球的经典造型。

· 《第五元素》（The Fifth Element 1997）

街头顽童高缇耶继麦当娜演唱会上的锥形胸罩设计后，甚少涉足娱乐圈，终于，多年后在吕克·贝松的《第五元素》这部电影里，再度将当时还是新人的女主角米拉·乔沃维奇塑造成一位荧幕性感偶像——以白色主打，凸显橘色。这种强烈的造型理念，颠覆了我们对外星人的既定印象，至今再看她仍是前卫。

· 《芝加哥》（Chicago 2002）

这部超强阵容参与拍摄的歌舞片，讲的是爵士崛起、黑道横行的1920年代，女明星们从化妆、发型到衣着设计，全都是华丽的复古情怀，搭配上轻快活泼的歌舞，以及蕾妮和凯瑟琳的姣好身材，超级性感迷人。

· 《绝代艳后》（Marie Antoinette 2006）

由才女索菲亚·科波拉执导，电影讲的是带起法国时尚工业的断头皇后玛丽·安托瓦内特，因为她是时尚偶像，场景自然是极为考究而华丽，连桌上的小糕点都是请巴黎百年甜点店Ladurée设计制作。虽然故事情节安排没有特别惊喜，但光是繁复奢华的服装和场景就值得一看再看。

· 《穿着Prada的恶魔》（The Devil Wears Prada 2006）

好吧，时尚就是由一层一层名牌所堆砌出来的浮华世界，从基层菜鸟安妮到总编辑梅姨，身上所穿的、言行举止所散发的全是时尚，本片重金礼聘好莱坞最当红造型师派翠西亚（Patricia Field）（《欲望都市》造型师）为这部电影打造剧中灵魂人物的时髦扮相。随着剧情转折Anne一套套精品服装轮番上身，摩登迷人的变装秀叫人看得实在过瘾。当中Anne的裤装混搭与复古的大衣造型，可说是完全体现了纽约上东区潮女们的时尚风范。

· 《欲望都市》（Sex and the City 2008）

"所谓人要衣装，没有丑女人只有懒女人"，不信的请务必要把《欲望都市》电视剧与电影通通看一遍！以往好莱坞的女艺人卖的就是年轻与美貌，这部电视剧和电影里四位女主角谈不上美也不年轻，多年来却让全球的时尚迷们津津乐道，剧中四位熟女的穿着更是潮流时尚的指标象征，这一切要归功于造型师Patricia Field精湛深厚的功力，爱美、热衷时尚的你怎能错过呢？

· 《暮光之城4：破晓（上）》
（The Twilight Saga：Breaking Dawn Part1 2011）

当初会看这部电影完全是因为它太红了！特别是里面的女主角贝拉（克里斯汀・斯图尔特饰）与男主角爱德华（罗伯特・帕丁森饰）每每跃上时尚版面，让我这不爱爱情科幻片的人也不得不一探究竟。特别的是在《暮光之城4：破晓（上）》中，女主角贝拉所穿的婚纱由纽约设计师卡罗琳娜・埃莱拉（Carolina Herrera）操刀，还有设计师马诺洛（Manolo Blahnik）为她量身打造新娘高跟鞋，电影中贝拉的婚戒、水晶梳子发饰、项链等配件也一律由Infinite珠宝设计师斯蒂芬妮・梅尔（Stephanie Meyer）所设计。

Carolina Herrera为贝拉所设计的婚纱在纽约、洛杉矶、佛罗里达、达拉斯旗舰店皆买得到。

同场加映

· 《绯闻女孩》（Gossip Girl 2007~2012）

这出戏根本就是《飞跃比佛利（Beverly Hills 90210）》与《欲望都市（Sex and the City）》的综合版，改编自美国作家塞西莉·冯·齐格萨所写的系列小说。故事描述美国纽约上东城贵族学校男女学生之间的爱恨情仇及在生活中的种种八卦。这出戏拜造型师艾瑞克·戴门（Eric Daman）所赐，剧中每一位主角的穿着都几乎风靡了全球青少年，也捧红了女主角布莱克·莱弗利（Blake Lively），她成为了老佛爷钦点的IT Girl，艾瑞克和她师傅（《欲望都市》造型师派翠西亚）最大的差异是，使用大量的平价时尚混搭，体现了现实生活中的各种穿搭可能性！这也是这些IT Girl之所以被大众赏识认同的最大原因。

艾瑞克·戴门与她的前老板派翠西亚（《欲望都市》造型师）一起获得艾美奖最佳电视服装设计奖。

Chapter 06

15 Must Have
不退流行的百搭单品
Smart Shopping→Smart Fashion

时尚人的衣柜里应该有两种服装，一种是不退流行的基本款，另一种就是随着季节与潮流趋势有所变化的流行款，对于经费有限的朋友而言，建议不妨先从基本款下手，任何人只要准备好以下这15项基本单品，不管潮流如何异动，都能够穿搭出不退潮的个人风格！

BASIC ITEMS

不退流行的必备单品

01 骑士风皮衣（男/女）Leather biker jacket

为什么第一件单品是骑士风皮衣？理由很简单，依我在时尚圈打滚多年的经验，显然每一位时尚编辑或造型师最爱现的行头一定是这么一件低调时髦又不失年轻气息的帅气皮衣！所以说，相信我，如果你想让自己晋升时尚一族，快速通关的单品就是这一件！

时尚DNA

皮衣最早是从飞行制服（1920年）转变成机车骑士的服装，50年代因为电影《The Wild One》（《飞车党》）中马龙·白兰度（Marlon Brando）一穿而成了经典，年轻男士们争相模仿。后来到70~80年代兴起的摇滚与朋克风，更多人理所当然地把机车骑士皮夹克穿搭在身上。到了90年代中性极简风盛行，从秀场超模到欧美年轻女艺人无人不爱。时至今日，皮夹克俨然已成为男女通吃的时髦单品No.1。

IN STYLE

时尚配对

· 牛仔裤 Jeans

骑士皮衣与牛仔裤都是很中性的单品，不管男或女都可以任意穿条牛仔裤，然后便可随性套上一件骑士风皮夹克，好莱坞巨星汤姆·克鲁斯（Tom Cruise）就是最佳示范。喔！可别以为男人婆才会这么穿，我最欣赏的资深IT Girl凯特·摩丝总是一件深U背心内搭黑Bra，下半身一件Skinny牛仔裤再套上骑士皮衣，时髦性感又有型，别再说你不会穿搭，赶快把这一套复制起来吧。

· 洋装 Dress

当你觉得老是穿件洋装太女性化或很没个人特色时，建议最简单的破解方法就是来件帅气的皮夹克，特别是季节交替的时令、忽冷忽热之际，雪纺洋装最Match的搭档就是皮夹克，这两件单品其实可以一年四季挂在衣柜里，春秋可以学IT Girl 奥利维亚·巴勒莫（Oliver Palermo）穿上雪纺长裙再套件黑色Biker jacket，夏天就单穿洋装搭条丝巾吧！冬天怕冷先穿件发热衣与厚袜打底，洋装外可罩件轻薄的开士米羊毛衫，再搭上皮夹克与皮靴，再冷就再披件大衣与围巾即可，这种洋葱式的穿法非常经济又实惠，现在你知道一年四季可以怎么精打细算了吧。

> 卡洛淋·德·麦格雷（Caroline de Maigret）

推荐品牌 *Shopping guide*

真假皮革真的差很大，建议最好不要贪便宜买合成皮，否则不仅质感不优不耐穿，而且很可能一段时间后（特别是湿气重的地方），就变成一件掉漆斑驳的塑胶衣。

1.LEWIS LEATHERS殿堂级的皮衣

Biker的龙头品牌，百年英国老牌（前身为设立于1897年的著名绅士洋品名店 D.LEWIS＆SON），也可以说是Biker的创始者，在1977年推出的 392 STAR LIGHTNING （闪电巨星）这一款，风靡了英国，摇滚明星成为该款皮衣的超级粉丝，如Sex Pistols、The Clash，而这款皮衣的样式至今仍是皮衣中的热卖款，也是我觉得最值得推荐的款式。

官网：www.lewisleathers.com

香港IT官网有售：https://www.ithk.com/index.html

2.Schott：马龙·白兰度与詹姆斯·迪恩（James Dean）的最爱

和 Lewis Leathers一样拥有百年历史，Schott创业于1913年，是美国非常知名的皮衣制造商，是第一件使用拉链的皮衣，因为更早期的老皮衣是用扣子的，而其 Motorcycle Jacket 118与one start是最经典最热门的款式，Schott属于平价品牌，建议买不起LEWIS者不妨可以试试Schott！

官网：http://www.schottnyc.com

3.Vanson：最时尚的骑士风

这是一个70年代创立于美国的经典老牌，虽然没有上百年的历史经验，但它时髦先进的设计与行销手法让皮衣与时尚更为靠近，Vanson不仅是好莱坞电影明星的最爱，它的联名设计如Vanson × Victim、Vanson × Junya Watanabe、Vanson × Comme des Garcon、Vanson × Johnson Motors等，皆造成时尚界的热门话题。

官网：http://www.vansonleathers.com/

4.Muubaa：好莱坞艺人最爱潮牌

这个来自英国的年轻品牌，是近年来媒体曝光率最高的明星潮牌，新颖的设计，别致的细节，加上轻薄的皮革与手工揉洗过的Vintage感，堪称是皮衣界的IT Jacket，不过价钱只有Burberry Prorsum的1/10，也就是说只要人民币2000元左右便可以拥有。这个打着平价时尚的优质潮牌，迷人的style早就掳获了好莱坞艺人查理兹·塞隆(Charlize Theron)、德鲁·巴里摩尔(Drew Barrymore)与名模米兰达·可儿(Miranda Kerr)，以及一竿子时尚人士的喜好，对于潮人（识货者）来说Muubaa leather相当于是个好品位的标签。

http://www.asos.com/

http://www.revolveclothing.com/Homepage.jsp

5.Karl：平价奢华抢手货

自从时尚大帝卡尔·拉格斐决心更进一步拥抱平价时尚，而毅然结束自创的同名品牌Karl Lagerfeld，转而开发平价奢华品牌Karl by Karl Lagerfeld，这对时尚人士来讲还真的是一大福音（弥补当年没抢到Karl for H&M的遗憾）。果然2012年1月他在英国高级时装网站Net-A-Poter

推出第一系列后马上被秒杀，这个Karl collection有着媲美高级时装的剪裁与设计，价格却来得亲民许多，只需要54英镑(约人民币500元)就可购得一件 Karl 老佛爷所设计的T-shirt，想来件Biker Jacket也只要196英镑（约人民币1800元）。

http://www.net-a-porter.com/product/189947

6.TOUGH Jeansmith——平价经典入门

“想年轻就去 TOUGH！”这是真心话，十几年前台湾地区还没有太多潮牌进驻时，这个来自香港的品牌可是年轻时髦客的心头好，尤其是它的Biker Jacket系列，款式多，样式也花哨，时尚圈的朋友们几乎人手一件！不到万把块（新台币）便能拥有一件梦幻逸品，我的第一件TOUGH Biker Jacket到现在仍完好如初！

Bauhaus@ATT4FUN

http://www.bauhaus.com.hk/

02 黑色洋装
Little Black Dress (LBD)

不管你衣橱里有多少衣服，永远都会感觉少一件，能够解除这个魔咒的应该只有黑色洋装这个单品，怎么说呢？因为它是可以从上班延续到下班约会，适合婚丧喜庆，求职应征，周末姐妹淘们的下午茶，甚至是单身女孩们的相亲面对面。

想找到心目中的黑色小洋装其实不难，几乎每个品牌都会有一件黑色洋装等着你去发掘，你大可在平价品牌ZARA、MANGO、H&M，或精品Outlets里以超实惠的价格买到最速配黑色洋装。

时尚DNA

打从20世纪20年代香奈儿女士创造它后，百年来，这个“贫乏美学”的品位征服了全世界的女性，奥黛丽·赫本、葛丽丝·凯莉等众人皆是黑色小洋装的最佳代言人。此后，黑色小洋装便和优雅画上等号，也成了历代时尚杂志最爱推崇的不败单品，所以说，不管就时尚角度还是实穿方面来说，这件黑洋装绝对是最值得投资的必备单品。

IN STYLE
时尚配对

图片来源 / Chanel

图片来源 / Dior

· 珍珠项链 Pearl necklace

黑色小洋装的关键词是什么？没错！就是电影《蒂凡尼的早餐》。这种由纪梵希先生（Givenchy）与奥黛丽·赫本（Audrey Hepburn）联手打造出来的优雅品位早已深植人心。所以，简单的黑色洋装唯一需要的就是珍珠项链的搭衬，这个穿法非常适合去派对或婚礼。

· 针织衫 Cardigans

优雅的另一面就是细致。当你穿上黑色洋装站在镜子前，正愁着过于单薄时，不妨找件及腰的针织外套披上，或许也可以扣上第一颗扣子，让自己拥有一种高雅柔美的女性姿态，这绝对是提升气质的不二法门。你可以这么穿搭去约会。

· 西装外套 Suits&Blazer

当初香奈儿女士发明它（LBD）就是希望职场上的女性朋友，可以不用为了应付不同场合而一天换好几套服装，最好是可以从白天上班、下午开会到晚上约会都是同一套，这是时装走向实穿的大改变。所以，上班族们，你可以依据当天的行程，挑件黑色小洋装，白天搭配西装外套是个专业职场女性，晚上脱掉外套是正妹，这是快速变装的聪明法则。这个穿法，上班、求职甚至丧礼皆适宜。

时髦推荐 Shopping guide

这是一个专属于女性的优势单品，不过适合每个人的黑色洋装可能都不一样（不是人人都是奥黛丽·赫本），一定要找出2~3件适合自己的款式，才能真正提升自己的优势。其实想找到自己的黑洋装是有方法的，重点在于领口设计与裙身样式。

· 一字领铅笔裙 Straight-neckline pencil dress

适合瓜子脸尖下巴的女性，如果下半身不胖可以选择铅笔裙款，若下半身较大，建议选择A-line圆裙。晋升为时装设计师的维多利亚·贝克汉姆（Victoria Beckham）便是这款style的最佳示范。

· 单肩合身膝上裙 One shoulder dress

露出一边肩膀的设计，可以障眼法来转移脸过短或太长的缺点，这也是比较时髦的款式，建议走在流行尖端的女性可以尝试。好吧，莎拉·杰西卡·帕克就很适合这一类的LBD。

· V领中高腰大A裙 V-neckline A-line dress

如果你是属于身材与脸形都是比较圆润型的人，衣柜里的基本款就是它了！来个深V中高腰大A裙的设计，绝对可以让你散发出奥黛丽·赫本的优雅与梦露的性感。

· 圆领 H-line V-neckline A-line dress

这种比较简洁利落的款式，非常适合鹅蛋脸或倒三角脸型者，尤其是偏好气质路线的美女们。从20世纪30年代起，这种解放身材的H-line设计便是显现女性端庄高雅风采的新摩登潮流，电影《The Artist》（《艺术家》）女主角贝热尼丝·贝乔（Bérénice Bejo）就是最佳示范。

03 围巾/披肩 Scarf/Shawl

别以为只有妈妈才需要丝巾或围巾，有此一说：“围巾是女人用来掩饰年龄与脖纹的最佳帮手。”不过这年头想走在流行线上，丝巾、围巾绝对少不了，一向引领潮流的好莱坞艺人私下穿着写照，脖子上挂的可不是什么金银珠宝，八九不离十就是一条长围巾，特别是春夏之际，简单的素Tee或Tank Top，随意披挂一款围巾就是潮味（也很可能有巨星味儿喔）。

时尚DNA

这个源自于古希腊与古罗马时期的配件，在1790年—1820年间风光一时后便销声匿迹。直到1937年Hermès第一条方巾的出现，爱美的女士们开始将它视为时髦配件（30年代相当时兴配件的整体装扮 ）。历代名人如贾桂琳将它绑在头上做造型、奥黛丽·赫本在电影《蒂凡尼的早餐》里将它系在帽子上、麦当娜更是直接将它围裹在身上。时至今日，丝巾的使用更为广泛，也成为每一季精品大牌入门款的发烧商品。

时尚小常识

Hermès丝巾原是用于制造骑士外套的丝绸，于1937年由前任主席兼行政总裁杜迈的父亲罗伯特·杜迈（Robert Dumas）所发明，时值Hermès成立100周年。“女王与马车”丝巾为爱马仕于1937年所推出的第一款丝巾，此设计生动地描绘出当时依然盛行的交通工具及优雅女士们的社交聚会。

IN STYLE

时尚配对

什么样的配件最不挑人？没错，答案就是围巾与丝巾，这类单品不仅实用，而且用法多变，应该可以荣获最富创意配件的冠军宝座。

· 头饰 Head style

早在20世纪初期，设计师保罗·皮埃尔，便擅长以丝巾当头巾来营造整体时装的异国风情，直到30年代短发流行，加上东方风盛行，丝巾被广泛用来当作帽饰设计，好搭配出华丽摩登的整体 style。 60年代嬉皮风盛行，男女头上来一条围巾可加强披披挂挂的浪人风潮。一直到今天，充满异国图腾的丝巾依然是设计师诠释波希米亚风的最佳配角。

· 脖饰 Neck style

围巾最理所当然的用法就是放在脖子上，当你一身素雅（单调）的时候，不妨就由围巾来说话吧！素面的黑能表达你的低调与知性，华丽的图腾足以展现你的气势与品位，淡定的粉色系可以增加你的优雅与亲和力，bling bling的亮片与珠饰毫无疑问可让你化身Party Queen，所以说，一款合宜的围巾不仅能瞬间提升你的品位，任何时候它都会是你最时髦的简配。

· 腰饰 Blet style

除了脖子，我最喜欢把围巾当腰带用，特别是牛仔裤的搭配，这是一种自由解放的穿搭法，好比短版打个蝴蝶结可以很俏丽，长版侧绑让围巾自然垂下，营造不拘的嬉皮味儿，当然你也可以把它系在洋装前/后打个蝴蝶结，或对折成三角巾系在泳装腰际。围巾是个有灵魂的活配件，善加运用你会是个成功的衣架子。

· 其他装饰

两条丝巾（90cm × 90cm）连结在一起，用一件背心或衬衫打底，它会是一件很出色的洋装（上衣），此时只要踩双高跟鞋就可以去跑“趴”了。抑或是系在包包上，让包包也可以任意变身，或者你要拿它来当灯饰或壁画也行。围巾与丝巾的百变可以随着你的需求而更富创意，这也是其他单品无法超越的优势。

时髦推荐 *Shopping guide*

围巾的size攸关它的实用性，我个人比较推荐的size是以下三种：

· 90×90cm正方巾

对折后你可以当头巾，或放在胸前当领巾、围巾，男士们可把它衬在西装领口间，营造层次感，我觉得最棒的玩法就是把两条同size的方巾一角打结，绕过脖子垂放，后腰打结后，再运用一条细腰带便可形成一件丝巾上衣了。

· 110×200cm的长围巾

一年四季，包包里都可以备着一条长围巾，除了可以用来搭配造型外，进出冷气房或日夜温差大时都可以派上用场。建议春夏选择丝质成分的围巾；秋冬则以Cashmere及Pashmina成分的为优选。

· 160×200cm的长方巾

秋冬之际这种大方巾最能应付突来的寒流，最好选择Cashmere或Pashmina成分高的材质，一来轻薄保暖，二来也较不会起毛球，甚至还可以当成斗篷使用，所以多花点钱买件质感优的大方巾，算上你的使用次数，绝对是物超所值。

哪里买?!

http://www.jcrew.com/

http://www.puretepashmina.com/

学学文创：http://www.xuexue.tw/

04 绅士帽Fedora

好吧，我必须承认绅士帽真的很做作，但也就是因为它够风骚才能衬出型，艺人素颜外出可以戴个墨镜来遮丑，懒得整理头发的时候头上戴个棒球帽Out！绅士帽才In！而且男女适用，赶快找1~2款适合自己头型与脸型的帽款，戴上它，你会发现原来你的个人风格就差这么一块时尚拼图！

时尚DNA

它原来是男人专属的配件，却得名于19世纪法国剧作家维克托里恩·萨都（Victorien Sardou）一部话剧中的女主角——费朵拉（Fedora），至此它便与女性时装有了紧密的关联，尤其是在不分性别的“80风尚”中。对于时尚充满冒险与无穷欲望的女士们，除了借用男士服装来搞独立与提升（Power Suit），更希望一举提升女性特有的帅气与潇洒性格，因此对于这么有型的配件又怎能抗拒？于是乎这种中间呈纵向凹陷、帽檐两侧上卷的软呢帽（绅士帽）便成了没有性别之分的抢手货。

IN STYLE 时尚配对

就让最会穿衣服的凯特·摩丝来为你示范绅士帽的潮范吧！这位90年代末蹿红的超模，其实也算是绅士帽的最佳代言人。切记！凡是她身上穿搭的都是时尚人士眼中的最佳造型，而那老是在她头上出现的绅士帽又怎能不红呢？至于男士们的IT Man建议不妨参考老帅哥强尼·戴普豪迈不拘的Style。

· 裤装 Pants look

不管是正式的套装或是休闲式的裤装，佩戴一顶绅士帽加上一头蓬松的大波浪长发，这种少数女性才有的自信风采绝对让你成为目光焦点。而男士们则更容易随心所欲表现都会雅痞的时尚魅力了，特别是一身简单的牛仔裤与合身T-shirt及西装外套，轻轻地往头顶扣上一款绅士帽，那股神秘又帅气的酷味很难不让人多瞧你一眼。

· 裙装 Ladies' look

在夏天里，一身浪漫悠闲的棉衫或雪纺洋装，再搭配一款藤编绅士帽，你想都没想到的迷人风采可能就是对男人的致命吸引力。

· 度假装 Vacation look

如果平时你不太习惯（害羞）搭配绅士帽，不妨借着假期，尤其是海滩度假时，索性将它拿出来戴在头上亮亮相，同时也考验一下自己的时尚勇气与搭配功力，或许就在偶然间，你会发现整体造型上多一款绅士帽是一件理所当然的事啊。

时髦推荐 Shopping guide

绅士帽除了季节之分，在选择上大致只要符合自己头型与脸型即可，记得，一定要试戴，尽量不要网购。

· 毛呢 Trilby hat

冬天的材质以毛呢料为主，黑色是基本色，帽檐织带可以挑个人喜好的颜色，当然你也可以自己去材料行购买不同颜色的织带回来做替换，帽子的搭配会变得更灵活。

· 巴拿马帽Panama hat

夏天讲求清凉与透气，材质多数都以藤编为主，织带的变化可以丰富帽子的表情，夏天的织带可以来些大胆的亮色系或印花图腾，为你的整体造型加分，也能提升朝气与活力。

http://www.jcrew.com/
http://www.asos.com/

05 帆布鞋 Converse shoes

想要表现青春的方法有很多种——你可以花大钱冒险去打肉毒、玻尿酸或积极瘦身让自己紧紧抓住青春的尾巴，但都比不上这一双帆布鞋，你可以打从学生时期一直穿到天荒地老。任何打扮，一双Converse肯定让你年轻十岁，而且这是一种发自内在的青春洋溢，绝对胜过那僵硬不实的“脸”。坦白说，就我熟识的时尚圈人士们，不管几岁，鞋柜里一定少不了它，因为穿上它不止意味着时尚，更贴切的说法是一种象征永远年轻的时髦姿态。

时尚DNA

1917年，战后民生萧条，鞋工厂因为成本提高且消费低迷而陆续倒闭，此时Converse公司却以最低成本制造了这双我们熟知的All Star百年经典帆布鞋。原来只是双平凡的运动鞋，却在1923年受到当时美国NBA巨星Chuck Taylor的爱戴，于是一路从美国球坛红到全球，1948年更被列为奥运指定鞋。这双代表美国流行文化的All star，随着50年代电影明星詹姆斯·迪恩与猫王等大牌艺人加持，成为了风靡全球的流行鞋王，随着60年代、70年代青少年次文化的潮流崛起，All star的时尚影响力愈来愈大。虽然90年代曾沉寂了一段时间（2000年宣告破产），但是在2003年并购于Nike公司后，搭乘着时尚运动风与复古风，这双有星星logo的帆布鞋再度成为时尚宠儿，不管是今天、明天、未来的百年，它仍是足以与 Christian Louboutin、 Manolo Blahnik等高价鞋平起平坐的IT Choices。

IN STYLE
时尚配对

· 牛仔裤 Casual style

因为是来自运动场且具有青少年的基因，最速配的对象首推牛仔裤。相较于某些鞋款会受限于裤管的宽窄（喇叭、直管、skinny等）而无法搭配，唯有Converse不设限，任何版型、任何款型的Jeans皆能衬托出轻松自在的Casual style。

· 裙装 Back to school

这双帆布鞋不仅男女老少通吃，而且它的Range还真的无限大，任何人穿上它都会有复古的学生味，爱美的女生穿上裙装后想要来点轻便的感觉，套上它就对了，特别是飘逸的雪纺裙装需要来点个性平衡时，裙装搭配帆布鞋，永远都可以让你有意想不到的惊喜。

· 西装 Gentleman chic

以前男士穿西装搭球鞋肯定被唾弃，不过风水轮流转，现在你一身合身剪裁利落有型的西装就是要配双帆布鞋才是王道，这年头你将西装、领带、皮鞋成套穿搭肯定就是Out。而西装裤若带点Casual质感，可以试着把裤管细折两卷成八九分，再搭配一双帆布鞋，你将被时尚行家们赞不绝口。

时髦推荐 *Shopping guide*

· 基本款 Classic item

虽然现在Converse的鞋款设计愈来愈时髦，但是对我而言，它就是那股复古味强过人，这也是它之所以屹立流行舞台百年不败的原因，所以我的推荐还是基本款，黑白经典款一定要有，另外可以再来双亮色系好迎接春夏缤纷瑰丽的流行色彩。

http://www.converse.com.hk/

http://www.asos.com/

· 时髦款 Chic item

铆钉设计与涂鸦是这几季特色，像是以Converse为范本走出自我风格的ASH，每一季的设计都是潮流刊物与都会潮女们的心头好，不过价格不菲，如果你是以帆布鞋Converse的定位来看它，肯定下不了手，建议多花点时间，坊间许多精品小店或设计师的店或许可以找到物美价廉的时髦款。

http://www.asos.com/

http://www.solestruck.com/

06 坦克背心 Tank Top

接触过好几位艺人，聊到血拼经验时，败得最凶的竟然就是这么一件平凡到不行的坦克背心，最重要的原因并不是它价位低好入手，而是因为百搭实穿，行内人都知道夏天它可以单穿做主角，冬天它也可以当配角穿搭在长衫里面打底或营造层次感，所以说，长长短短、罗纹、素面、窄肩带、宽肩带、各种颜色，有太多选择了，因为它们的搭配功能皆不同，所以当你成为一个坦克背心控时无需意外。

时尚DNA

所谓的坦克背心其实意指的就是无袖上衣，美国称它为Tank Top，英国称为Vest，起源于70年代。最早是在炎热的夏日，男士们将它穿搭在衬衫里面当内衣（吸汗防透明），后来成为运动场上田径选手们的运动服。这件坦克背心从羞于见人的内衣一路翻身成为设计师Runway上的性感秘器，同时也是潮女型男们乐于展现身材的不败单品。

IN STYLE

时尚配对

坦克背心的搭法

· 单穿 One style

当你感觉自己身材线条好的时候，不用客气，就单穿它吧！尤其是在炎热的夏天，除了比基尼外，坦克背心绝对是最惹火的贴身单品，瞧瞧好莱坞男艺人布拉德·皮特（Brad Pitt）、足球金童贝克汉姆（David Beckham），女艺人安吉丽娜·朱莉（Angelina Jolie）、杰西卡·阿尔芭（Jessica Alba），光是一件紧身低胸坦克背心就不知抹杀了多少底片，这是一个没有性别之分的万能单品，只要巧妙运用配件，上班（搭围巾）、逛街（多层次项链）、沙滩（度假风饰品）都没问题，更棒的是女孩们只要穿件净白的坦克背心，再恣意地搭配珠宝或bling bling大饰品便可以成为Party中最时髦的万人迷，好比HBO电视剧《欲望都市》女主角。莎拉·杰西卡·帕克那套躺在公车看板上的坦克背心搭纱裙实在棒透了！

· 多层次穿搭 Layer style

炎炎夏日当然是“清凉有劲”最速配，不过碍于曲线不够苗条者，单穿实在太害羞，建议可以用多层穿法来修饰身材，好比内紧外松的两件式背心，或者仿照舞者穿法，外罩一件宽版一字领T－shirt，营造肩部多层次穿搭感，也可以外搭牛仔背心或有设计感的开扣背心，虽说是层次穿搭，但建议以两件式的穿搭为佳，太多件的堆叠不仅没有美感，而且还可能弄巧成拙，让曲线大扣分。

· 内搭衣 Backing shirt

当你买来一件外套或是细肩带洋装，正愁于搭配时，最简洁的方法就是找件坦克背心当内搭，剩下的只需要挑个饰品来衬托即可，简单素雅永远不会出差错，而且也是表现自我个性最明智的选择。

时髦推荐 *Shopping guide*

乍看坦克背心好像很普通，应该差异性不大，殊不知原来大有学问：质感好，有修身效果的坦克背心可以让你品位备感上流，质感不佳松垮的背心，还真的只能当居家服（见不得人），这类单品的辨识度不高，可能从UNIQLO到Gucci都可以穿出一样的效果，所以请别花大钱当冤大头，其实平价品牌ZARA与 H&M这类基本款每季都有，或是你也可以花差不多的价钱，在美式平价品牌 GAP，Abercrombie& Fitch或American apparel里找上层质感（美国棉）且不易变形的坦克背心。

http://www.abercrombie.com/
http://www.americanapparel.net/
ZARA、NET等品牌的专卖店及网店

07 腰带 Belt

每次精品Family sale最让我感兴趣的单品就是腰带（这时候绝对物超所值），逛街扫货最容易入手的也是腰带，一条质感好、有设计感的腰带不仅耐用，而且一出手就是细节品位的胜负关键，可见腰带所代表的不单只是你腰线的位置，它背负的可是个时尚大任务。不过腰带是个容易被忽略的配件，但是就我的造型工作而言，腰带根本就是个必备的秘密武器，当你想从太太变成小姐，只需要一条腰带，当你想从休闲变正式，也只需要一条腰带，话说白了，其实身材好不好有时候也只差那么一条腰带罢了。

时尚DNA

早在远古时代，人类还没有衣服穿时便以腰带来携带物品，随着服饰的发展，腰带成了男男女女的基本配备，除了系绑服装外，多半是带有功能性（携带工具或塑身）。时至今日，虽然腰带沦为配角，但是往往在紧要关头，它很可能就是抢救品位的一环。

IN STYLE

时尚配对

· 洋装 Ladies' look

任何基本款的洋装都可以运用腰带来快速变装，变装的Style则取决于腰带的位置与腰带的型，多准备几款腰带，你会发现原来一衣多穿、一物多用的实用法则也可以这么多彩多姿。

· 衬衫、牛仔裤 Smart style

不管男女，一身干净利落的衬衫与牛仔裤装扮，都会让人有种如沐春风的清新好感，这时候若佩戴一款有质感的腰带，毫无疑问加分的部分就是你的气质与气势。同时建议平时穿搭较为低调、不敢穿着太过时髦的你，可以借由特殊设计感的腰带来吸睛。

· 外套 Power suits

熟女们若想表现Women Power的利落感，不见得要穿上套装，你可以试试腰带魔法术，稍微有点挺度的外套系上腰带后，身体的线条会顺着服装的纹理一体成形，这会让你看起来不仅气势十足，甚至还会有股难以言喻的感性魅力。而男士们也可以在长版外套（风衣）外加条腰带，表现出威风凛凛的Man Power。

时髦推荐 *Shopping guide*

腰带当然不能只有一条，宽、中、细各有它的用处，不过我的经验是，对女性而言细版（0.5英寸）的最受用。

接下来分享腰带的购买重点——

· 宽幅Width

腰带的宽窄一般从0.5英寸～2.5英寸之间，超过2.5英寸的通常已经是腰封的规格，一般女生最受用的size应该是0.5英寸～1英寸之间的腰带，上半身较丰满者建议选择1英寸～2.5英寸的size较能凸显腰围，男生则以1.5英寸～2英寸的最实用。

· 材质Material

皮革是首选，而且天然最好，100%纯皮革的样式，除了在质感与触感上有一定的水准，而且即便使用久了，仍会保有一种皮革味。好的腰带不需要太多，但一定要有加分效果才有存在的价值。

· 颜色 Color

黑色、咖啡色是基本款，其他如银色、白色与红色也是很百搭的颜色，想要造型异中求变可以偶尔变换腰带色彩，有时一身黑来条红色腰带，全身的亮点就可以凸显出来了。

http://www.jcrew.com/

http://store.americanapparel.net/

08 条纹衫 Striped shirt

我真的很爱条纹Tee，无性别、无季节之分，无论是搭配裙装或裤装，不管是黑白还是彩色，条纹Tee都可以让你简单有型。可别小看这条纹 Tee的魅力，从20年代的香奈儿，60年代圣罗兰、迪奥到80年代的高堤耶都是它的拥护者，因为它代表的就是无性别之分的“中性风格”。即便到了今天，条纹Tee不仅是精品品牌的入门款，更是平价品牌的万年青，衣柜里摆着一两件，绝对可以让你受用无穷。

时尚DNA

你可以说它是水手服或船员服，也可以论定它就是牢狱里的犯人制服，而它也是时尚教母香奈儿女士的最爱之一。这个象征海军风的条纹衫从1820年法国布列塔尼地区的水手制服，到1858年被制定为法国海军制服，经典的图腾，历经了百年的时尚洗礼，不仅褪去了刻板的阶层象征，甚至还翻身成为了时尚宠儿。除了法国绅士淑女把它当成法式品位的象征外，连艺术家毕加索的传世照都将它视为潮流的经典图腾。

IN STYLE

时尚配对

·牛仔裤 Urban chic

一样是来自劳工阶层的单品，配在一起会不会很廉价？当然不会。条纹衫不仅是法式优雅的象征，也是纽约上城女子的都会休闲便装，这个简洁醒目的条纹图腾，搭配美式休闲的牛仔裤，不管任何时代都有一群死忠拥护者。

·卡布里七分裤 Hepburn's style

什么才是优雅的魅力，除了Lanvin的洋装，Dior、YSL的礼服，一件船型领的条纹T，搭配一款合身七分的卡布里裤，再踩上一双平底鞋，这一身50年代摩托车女孩的造型，经典的奥黛丽·赫本风格，绝对可以让你优雅的气质自然流露。

·风衣外套 French style

另一个简单的乘法搭配，就是条纹与风衣的结合，两个不败款放在一起，也是历久弥新的风格，耐看且百分百时尚。

·素色 Layered look

更年轻的街头穿搭方式是——你可以来个长袖条纹T，外搭短袖素面T，这个穿法男女皆宜，下半身随你喜好，都能予人轻松活泼的时髦魅力。

时髦推荐 Shopping guide

说真的，我不会花大钱为了一个logo而去奢侈品店内买件条纹Tee。这类单品与坦克背心很类似，它们的做工都不难。除非我想拥有一件Paul Smith特定款的设计，或者是Vivienne Westwood不对衬剪裁的设计，否则真心的建议，一般正常版的T-shirt，平价品牌里多的是。这是我们都穿得起的时尚，有时候平价品牌里也会有大牌的设计款，抑或是跨界合作的单品，这些都非常物超所值，除了黑白、蓝白，墨绿与黑也是相当耐看的线条组合，建议也可以尝试彩色的条纹设计，这种衣服穿旧了还会有股艺术家的味道，你的衣柜里怎能没有它呢？

· 基本款 Crew NeckTee

男女皆适合的水手领基本款Tee，单穿时记得把两边袖子稍稍往上卷，这种不经意的小细节，可以让条纹Tee有更Perfect fit的时尚感。

· 一字领条纹Straight-line neck Tee

最能展现法式风情的款式非它莫属，你可以搭配七分裤或复古大圆裙，各自展现不同的优雅姿态。

http://www.asos.com/

http://www.singer22.com/

ZARA、MUJI、NET等品牌的专卖店及网店

09 牛仔裤 Jeans

“Jeans always Jeans”，你有几条牛仔裤？每次遇有艺人专访，我最感兴趣的题目之一就是谁是Jeans控？当然还有一个重点就是，这问题不管是多大牌、多惜话如金的艺人，甚至是身边的陌生人，绝对会有回应。谁没有牛仔裤？平均每个美国人有8~9条牛仔裤，而我遇过的人包含我自己岂止是8~9条，同时拥有10条以上是家常便饭，你老妈可能看不懂为何一个人要有那么多条牛仔裤，答案只有一个，下一条永远会更好，所以相较于名牌包，牛仔裤不只是想拥有的欲望，而是一种近乎完美极致的自我要求。

时尚DNA

一个来自德国的犹太裔帆布商人，偶然地创造了一个服装史上永垂不朽的经典——Jeans。1853年落脚于美国旧金山的李维·斯特劳斯（Levi Strauss），应当时淘金工人需求而以帆布制作了耐磨的工作裤，殊不知他在1873年试图将金属铆钉缝在工作裤上后，全世界第一条牛仔裤就此诞生了。随着30年代好莱坞明星的荧幕示范，40年代“二战”期间美国士兵在欧洲掀起的牛仔风潮，50年代“电影情人”詹姆斯·迪恩的偶像效应，牛仔代表叛逆的形象在嬉皮、摇滚当道的60年代、70年代成为了年轻人最爱，80年代后牛仔变成火红的时尚语言，直到今日，丹宁已经是每一季时尚舞台上不可缺席的要角，也是你我日常生活中最经常、最容易驾驭的服饰。

IN STYLE

时尚配对

有什么单品是不能配牛仔裤的吗？没有。有什么人是不能穿牛仔裤吗？不拘。唯一需要注意的是某些米其林高级餐厅是禁止穿牛仔裤的。

好吧！意思就是说穿上牛仔裤，你爱怎么搭都行。不过请慎选适合自己的牛仔裤。

时髦推荐 *Shopping guide*

牛仔裤的选择实在太多了，除了三大龙头品牌Levi' s、Lee、Wrangler外，另有 7 for all mankind（好莱坞艺人最爱）、Diesel、J-Brand（Anna Wintour的爱牌）、Dsquared2、D&G等时尚潮牌，各大品牌除了在臀部上的那两个口袋争风吃醋外（以便品牌辨识），历经了百年的淬炼，丹宁的精致度与细节已足以构成一门专科了，除了季节差异（以磅数区分），它几乎可以细分到因人而异、因功能而分，所以，一条适合自己的牛仔裤真的不能靠缘分获得，而是要有方法。

· 腰头－ First lumbar

高腰 High-rise　这两季红翻天的高腰裤，除了可以拉出长腿比例，还可以制造细腰效果，泰勒·摩森（Taylor Momsen）、米莎·巴顿（Mischa Barton）出街的高腰穿搭就是最In的潮穿示范。不过，基本上高腰裤只适合瘦子与名模，如果你是大腹婆或宽臀扁身者请直接删除无须考虑。

中腰 Waist-high　安全牌，男女皆适宜，任何裤管皆成立，也是基本入门款。中高腰如经典中的Levi's 501，老实说比较适合有肚子没有腰的婆婆妈妈与叔叔伯伯。

低腰 Low-slung　低于裤裆10cm的低腰裤肯定是正妹与型男的专利，梅根·福克斯（Megan Fox）在《变形金刚》里，光靠一条低腰紧身牛仔裤便荣登新一代性感女神宝座。D&G与 Dsquared2每季秀上，皆可看到魔鬼身材的名模一身低腰牛仔裤在Runway上强烈放电。如果你的身材匀称，可千万不要错过低腰牛仔裤的魔力加持。

· 裤管－Trouser leg

直管 Straight-cut jeans

喜欢雅痞Style的男士，请选择直管裤并在裤管处反折成七八分，再搭双Loafer休闲鞋（记得，千万别穿袜子！），而女孩们则不妨踩双细跟高跟鞋，便可营造轻松自在的都会摩登感。

紧身裤 Skinny Jeans

如果想来点Rock & roll的酷劲，skinny是合拍款，这款由超模凯特·摩丝穿出商机的牛仔裤，绝对有显瘦的优势，即便不瘦的人，只要把NG（胖）的部位修饰好，露出一双笔直的腿，任何人都会觉得你是利落轻匀的。

楔型裤 Bootcut Jeans

楔型裤除了是嬉皮的基本配备外，上窄下宽设计更是女孩们可以立即变修长的秘密武器，特别是它宽幅的裤管直接把腿长延伸到地板，裤管内藏几公分的鞋没人知道，视觉上就是你的比例更好了。

喇叭裤 Bellbottom Jeans

这款裤型比较挑人穿，重点在于腰与臀的那30公分的线条一定要够合身匀称，才能把喇叭的型塑出来，如果腰部线条不够明显者（有小腹），可以选择A-line盖过腰头的上衣，一来可以遮肉，二来也较能表现轻松的嬉皮风格。

男朋友裤 Boyfriend's Jeans

这条由前阿汤嫂凯蒂·赫尔姆斯（Katie Holmes）穿红的Oversize牛仔裤，也是这几年的热卖款，由于低裆宽松的设计，除了穿起来特别舒服自在外，就像偷穿男友衬衫一样，有那么一点独特的中性性感魅力，加上它的搭配性特强，任何一件棉T或衬衫都能让你简单出型。

超垮裤哈伦裤 Harem jeans

这是很新颖的裤型，来自街头流行，属于嘻哈（Hip－hop）风格的一环。不过也非年轻人专属，我认识的娱乐教母小燕姐就是此款裤型的穿搭好手，很不受拘束的裤裆设计有别于一般合身牛仔裤的紧绷感，不仅可以修饰身材（转移没有翘臀的注意力），而且强调free way的风格也是时下多数年轻男女的最爱。

· 磅数(盎司ounces) 11~14 OZ

牛仔裤的优劣，除了版型与设计外，关键在于丹宁磅数，我个人比较偏好磅数13.5盎司以上、纯棉且没有弹性的牛仔裤，这种很扎实的质感，穿上去你会立即感受到牛仔裤那股粗犷的真实感。低弹性磅数高的牛仔裤可以塑型且不容易变形，颜色也会比较有质感，当然大热天里你可以挑选磅数11盎司左右的低弹性款，一样可以穿出牛仔酷味。

· Size要小一个尺寸

合身牛仔裤的购买守则，关键在于扣上的那一刹那。千万别以为“轻轻”扣上那颗铜扣就是你的Size了，既然要修身就要够合身，要合身就要够紧身，加上牛仔裤一旦穿过一次后会自然松个英寸，所以你理想的Size必须是倒吸一口气“奋力”扣上的那一件，因此想找到最完美的那条Dream Jeans一定要亲身试穿，以上条件皆成立了，“小牛”随时可能立大功。

· 如何清洗How to wash

几乎大部分的Jeans都有洗色过，而有时候我们就是为了那个特别的洗色而掏腰包，所以切记要反面清洗，并把纽扣扣上（防止裤型变形）。至于多久清洗一次，完全依个人习惯而定，不过基本上为了维持裤型与洗色，建议穿满1~2周或是久一点再洗。另外，一旦久穿后，牛仔裤过于宽松，建议可以丢进烘干机内烤一下，自然会恢复原来的紧绷感。

哪里买?!

http://www.singer22.com/j-brand.html

http://www.topman.com/

http://www.g-star.com/

http://www.asos.com/

10 马丁大夫靴 Dr. Martens Boots

这双黑色八孔气垫靴，和牛仔裤一样来自劳工阶层（英国邮差与工厂工人的工作鞋），不过在时代巨浪的推动下，反而成为反时尚（anti-fashion）的文化象征，成为代表英伦时尚与摇滚精神的代名词。我最喜欢看女孩一身碎花洋装脚上踩的是一双粗犷的马丁靴，就像电影《一天》（《One Day》）里安妮·海瑟薇（Anne Hathaway）那股离经叛道的学生味，却又是那么有型。而男生也只要来件宽百慕大裤或是卡其短裤，搭配马丁靴就是一个型男Style。马丁靴的单品魅力超强，想要凸显有个性有主张的穿着风格，衷心的建议，来一双马丁靴吧。

时尚DNA

这双靴确实是由一位德国医生克劳斯·马丁（Dr. Klaus Martens）发明的，所以才通称为“马丁大夫”靴。不过它的发扬光大来自于英国的制鞋公司R Griggs &Co，两者在1960年合作创造出第一双“黑色八孔靴”的经典马丁大夫鞋。后因为60年代摇滚天团披头士（The Beatles）、滚石（Rolling Stone），以及70年代的皇后（Queen），80年代后的史密斯（The Smiths）与绿洲（Oasis），加上英国的光头族（Skinheads）、摩斯族（Mods）、朋克（Punk）等当红乐手的加持，这双耐穿粗犷的马丁靴跃上国际摇滚舞台，成为音乐人与年轻族群眼中的名牌靴。声名大噪的马丁靴于是与英伦时尚、朋克、摇滚画上了等号，且历经了半个世纪后，这个重口味的短靴至今仍是年轻时尚的“Must have item”。

IN STYLE

时尚配对

Mix & Match

硬和软是最Match的组合，不过当你穿上Valentino的礼服或 Dunhill的西服时，请千万别自作聪明（以为自己在拍 Fashion Magazine），绝对不会有人看得懂你是用心还是无心。但是当你穿着一件 Ralph Lauren或 Benetton的碎花洋装时，可能最佳拍档就是这么一双马丁靴了。

Free style

混搭的时候最好来一双马丁靴，特别是混得严重时，特需要这双重口味的靴来Balance，好强调自己是有态度的。

Rock'n'roll style

想让自己很英伦、很摇滚时，除了格纹与皮衣，最经典的基配就是这双靴。

时髦推荐 Shopping guide

- 素色基本款，百搭，永不退流行。
- 铆钉设计款，口味更重，穿着搭配要更有style才能衬托那股劲。
- 彩色涂鸦款，其实是很艺术范儿，适合喜欢有冲突感、穿着前卫者，大可以用多种颜色的穿着来凸显鲜明的个人风格。

http://www.drmartens.com/

http://www.singer22.com/

http://www.asos.com/

11 及膝长靴 Leather knee boots

冬天里的一双靴，非它不可。不管你是上班族或时髦的赶潮一族，鞋柜里都应该要有一双及膝黑靴，才能让你在冷冽的寒冬里想来个造型变换时，可以兼顾保暖与时尚。尤其是秋冬的都会时尚之旅，一双约3~5cm的粗跟及膝长靴，绝对可以让你轻松走跳且血拼之际，还能保持着一身美美的时髦水平。

时尚DNA

在服装史上，女性靴子的高度与裙子的长短有着密切关系，随着20世纪女性服装的解放，裙长从露出小腿肚到在膝盖与大腿间徘徊，靴子的长度也一路攀升，直到60年代膝上10cm以上的迷你裙大为流行，为了搭配超短迷你裙的俏丽摩登感，及膝长靴于是顺势诞生了。前几年时尚圈更掀起过膝长靴的热潮，不过若没有一定的身高（165cm以上）与匀称的比例实在很难驾驭，一不小心过膝可能就变成过肥的两坨大腿肉，所以上上策还是建议人人先来一款实穿好搭的及膝长靴。

IN STYLE 时尚配对

· 裙装 Grunge look

长裙短裙皆可，特别是复古的前扣式过膝洋装，隐隐约约的柔美知性，搭配一双及膝长靴，然后再外罩一件针织大外套，自然营造一股不经意的法式浪漫街头风。

· 紧身牛仔裤 Knightly look

为了御寒，冬天里可能一周穿上四天长裤的大有人在，不过老是同一种穿法实在很难表达自己的潮搭实力，建议可以准备几件Skinny Jeans（紧身裤），让服帖的裤管与及膝长靴一体成形，好让你利落的下半身成为冬天里最时髦的倩影。

· 短裤 Boyish look

短裤加厚袜也是许多人在冬天里会尝试的穿搭方式，建议体型稍胖、小腿壮壮的姊妹们可以尝试这类造型，并搭配及膝长靴来修饰腿型，除了可以显瘦变年轻，还能制造视觉上的整体比例感。

时髦推荐 *Shopping guide*

如果经济许可，还是那句话，建议好好挑一双真皮革的及膝靴才是上策，不过也未必要买Hermès或Jimmy Choo这类精品大牌，我非常推荐Steve Madden与Aldo这两个牌子，价位中上，有点小小粗犷的手工感加上时髦的个性设计，你很容易一眼就被它吸引，或者你也可以在Nine West、ZARA、GAP里以更优惠的价格买到皮革相当不错的基本款及膝长靴。至于款式以实穿的为首，记得把可以久站、耐走列为基本条件，此外该注意的就是以下6个重点：

1）低跟Low-heels：3cm~5cm厚跟，较能支撑体重与平衡感。

2）圆头Roundheaded：楦头符合脚型，五根脚趾头可以活动自如，不被挤压才能久穿。

3）拉链式Zipped：侧边拉链式的设计，除了穿脱方便，当你搭配leggings或skinny Jeans时才有空间。

4）简单设计Simple：请秉持着简单的样式，把重点放在皮革质感上，这才是及膝靴的本命。

5）颜色Color：依个人喜好为考量，不过黑色与驼色是永不退流行的百搭色。

6）Size：试穿靴子时一定要记得穿上有点厚度的袜子（或是预留一根手指头的空隙），保留脚背与整双鞋的舒适空间。此外，除了符合以上条件外，记得一定要站起来多走几步，并蹲下来感受一下小腿肚的空间感，确认一切无碍后它才是属于你的IT boots。

http://www.singer22.com/wishlist.html

http://www.asos.com/

12 西装外套 Men's Jacket

不管你是男生还是女生，一件适合自己版型的西装外套是必要的，倒不是要你一副硬邦邦的业务员模样，反而是要穿出轻松时髦的对比。特别是在Party的场合，上一秒你可能还是牛仔裤加T－shirt或衬衫，套上西装外套后，马上就是体面的绅士。女孩们也可以玩变装，白天是细肩带洋装搭配长版西装外套，外头系上腰带，下班后拿掉腰带脱掉外套，你大可约会跑“趴”穿梭自如。

时尚DNA

男士西装起源得特别早，不过也进化得少，从16世纪的量身制作到现在制式化的量产销售，大趋势的变革，最后落在“精简”两个字上。男士的西装外套不能说是一成不变，而是腰身、版型、领型、扣法成就了一套男士西服的千年时装史，近代设计尤其偏向朴实，简单说也就是大众化的流行制服早已不再是上流显贵的权力表彰，不过西装外套一如男人的战服，适时派上用场自然可以胜出。

IN STYLE

时尚配对

最中肯的建议，无论男女，西装外套的最佳拍档就是那条来自劳工阶层的牛仔裤，这就像是富家女与穷小子的爱情故事永远充满着惊奇与冒险，一条褪色且做旧处理（破口）的牛仔裤，任意套上那件让你气势不凡的西装外套，自然散发出来的就是一种拥有强烈反差的自我风格。

时髦推荐 *Shopping guide*

· 合身订制款 Tailored Suits

量身定制的合身版西装外套，基本上它就是男版的黑色小洋装（Little black dress），是男士们衣柜里的战服，任何时候想让自己正式、诚恳一点，西装外套绝对是无往不利。对职场女性而言，从80年代的女权（Women Power）风格迄今，西装外套确实可以让女性更具有气势和说服力，不过除了专业形象的诉求外，基本款西装外套只要不是以套装的模式登场，用点心思做搭配，还是可以穿出个人风格的时髦风格。

· 长版西装外套 Men's blazer

这是这几季的时髦款设计，原来也是取自于Oversize的男版西装外套，特别要营造出女人穿上男人外套的性感模样。随着流行的推波助澜，这款西装外套除了身长有不同的样式外，领子的设计也愈来愈花哨。穿上中高腰牛仔短裤时，我最喜欢套上一件Men's blazer，和一双Oxford（牛津鞋），有点男孩味，中性Style轻松又自在。

13 墨镜 Sunglasses

时尚教皇安娜·温图尔与时尚大帝上卡尔·拉格斐，这两位当前时尚界最有影响力的人，理当可以说是墨镜造型的最佳模范生了。当你顶着一张素颜羞于见人时，最佳的保护罩非它莫属！当你走在路上想表现出神秘的巨星模样，最需要的不是浓妆艳抹，而是一副大墨镜。墨镜的身份很明确，非时髦即摩登，所以无论你是休闲穿着，抑或是盛装打扮，戴上可以凸显脸型衬托发型的墨镜，潮流指数绝对直线狂飙。

时尚DNA

早在1885年便有太阳眼镜了，不过当时纯粹是用来遮阳，一直到1930年随着好莱坞电影风靡全球，墨镜才晋升成为流行产业的一份子，接着在1950年代墨镜更是明星与名人们的基本行头，于是从遮阳到躲避媒体拍照，墨镜成了最抢镜的配件，也因此造就了它今天浓到化不开的明星味。

IN STYLE 时尚配对

有什么是不能配墨镜的？没有吧！随身带着你的墨镜，它会是你的造型小帮手。

时髦推荐 *Shopping guide*

你一定要拥有一副可以让自己看起来很那么像Somebody（时髦名人）的墨镜，偷偷告诉你，所有潮品中最能让你一秒变明星的就是它。这是最值得投资的潮流单品，没有季节性，且兼顾实用（遮阳）与造型，时尚圈很多潮人甚至将墨镜当成自己的Trademark，好比大家熟识的时尚大帝卡尔·拉格斐任何场合一定是墨镜搭配黑白服装的经典造型，瑞典的名人博主伊琳·可灵也是一副Ray Ban搭遍所有服装，所以请慎选一副墨镜来为自己加分吧。

· 雷朋飞行墨镜 Ray Ban retro style

男士们来一副吧。你不一定要像汤姆·克鲁斯在电影《壮志凌云》里一身皮夹克的酷样才能戴上飞行墨镜，轻便的Tee、衬衫或休闲西装皆可成立。这副1936年专为飞行员设计的太阳眼镜，随着电影明星的造型爆红后，七十几年来一直都是时尚人士的首选配件。特别是这两季再度吹起雷朋风（Ray Ban），除了经典款外，各式各色的塑胶框也是女孩们追潮的时髦配备。

哪里买?!

http://www.singer22.com/ray-ban.html

· 贾桂琳大墨镜 Jacqueline style

如果你真不知道该如何挑选一副适合自己的墨镜，建议先从贾桂琳式的塑质大圆框下手，这款墨镜不仅可以大面积地遮住半个脸（防晒兼防娱记），而且样式简单不挑脸，任何造型配上它，自然会有股复古的时髦味。

14 风衣Trench coat

除了可以耍帅的骑士风皮夹克外，你的衣柜里一定要有件风衣外套。这件外套不仅具备超强的搭配性与都会时髦的特质，还有一个更大的绝妙好处：当你冬天腰间与手臂不小心多长了些肉时，套上一款剪裁合身的风衣，让风衣坚挺的料子与既定的线条来掩饰你的缺点。特别是就在你什么衣服都挤不进去的时候，绝对还有一件风衣会挺你到底。这时不妨学学好莱坞巨星，直接把它当洋装来穿，一来身材线条，二来还能隐隐约约散发性感魅力，所以可别小看风衣一副中规中矩的模样，其实大有玄机啊！

时尚DNA

翻开牛津词典，查“风衣”的另一个相关词就是Burberry，没错，这个由创办人Thomas Burberry在1901年以他发明的专利布料Gabardine所设计出来的第一款风衣，因为防风挡雨，耐穿且轻匀，因此在第一次世界大战期间被指定为英国军队的高级军服。同时为了配合军事用途，Thomas便在设计上修改为双排扣、肩盖、背部有保暖的厚片，且于腰际附上D型金属腰带环，以便收放弹药、军刀。而其家户喻晓的经典格纹则是源自风衣内里，从1924年现身后，它优雅内敛的调性一直是权贵与上流人士的最爱。

IN STYLE

时尚配对

· 单穿Dresses：继Burberry的设计总监克里斯托弗·贝利（Christopher Bailey）成功将经典风衣改造后，风衣不再是一成不变的单一面貌，愈来愈多活泼时髦的样式都可以单穿成一件摩登有型的洋装。

· 裤装Unisex look：不论男女，一件针织衫一条Jeans或卡其裤，再穿上一件风衣就是最都会的时髦look了，愈是简约的穿搭愈适合用风衣来衬托出个人的内涵与质感。

· 洋装Mix & match：一件软料柔美的印花洋装外搭一件硬挺利落的风衣，这种浪漫知性的层次穿搭是巴黎女子最美的街头倩影，如果你想让自己多一些熟女人韵味，建议不时来个软硬兼施的风衣穿搭法。

时髦推荐 *Shopping guide*

风衣应该是所有服装当中最具重任的一项单品，除了要具备防风、挡雨的任务外，还要能够有一衣多穿，一衣跨季的多功能条件，所以慎选一件风衣可以让你受用无穷。

· 质料Material：要挺不要紧。风衣要有一点硬度才能撑起身体的线条，在质感上也会比较有胜出的机会。

· 款式Style：基本款与经典卡其色是首选。

哪里买?!

一件好的风衣一定要精挑细选，不过如果预算有限也未必一定要是Burberry或Aquascutum，其实你也可以在Banana Republic、ZARA、Club Monaco里挑到平价又有大牌质感的经典款风衣。

15 饰品 Accessories

必备单品的最后一项是饰品，不是因为它不重要，而是因为它是时尚学问的起承转合。俗语说：“还不会走就别想飞。”没错，等你学会穿衣搭配这套基本功后，再来装饰点缀才能恰到好处。

时尚DNA

20世纪前，所谓的饰品仅限于皇宫贵族（代表身份地位）使用，且其佩戴的都是金银珠宝，直到1930年时装走向平民化、也开始有潮流趋势性时，搭配服装的饰品才开始大量被制造出来。穷则通变，战后物资贫乏，香奈儿女士与当时设计师们开始以半宝石、珍珠等来设计饰品，替代昂贵珠宝的配件需求。渐渐地，饰品的设计也成了服装整体设计的一部分，甚至是自成一格的潮流派。

IN STYLE 时尚配对

饰品的分量可重可轻，关键在对于主题的拿捏，当你想要轻松感性，饰品可能只要点缀即可，不过换作是“华丽的冒险”，这时候饰品就可以来个喧宾夺主的高调姿态。

· 轻松配 Daily look

日常生活上你可以依个人喜好把异材质的饰品混搭在一起，好比金属与钻饰、钻饰与亚克力、珍珠与丝缎布……多一些冲突感的组合较能创造出个人风格与魅力。

· 隆重配 Key items

当你要跑“趴”或出席重要宴会时，饰品的搭配要用点巧思。穿着简单素雅时，如Calvin Klein、Jil Sander、Celine风格，可以选择大而华丽的配件来为整体加分。若服装本身设计已经很花哨，如Moschino、Balmain，建议可以佩戴华丽的小饰品来衬托即可。切记：饰品的用途不在于昂贵，而是适时地凸显你的存在感。

时髦推荐 Shopping guide

饰品的种类很多，在这儿我们主要以耳环、项链、手饰三大类为主，佩戴饰品通常是为了凸显个人的品位与性格，佩戴法则：

· Less is more

耳环、项链、手饰谨守三选二、或二选一的原则，千万不要乖乖地全套上，那是最愚蠢的做法。

· Layered style

最好试着异材质或是不同风格的混搭，较能显现独到的自我品位。

· Special one

挑些设计较为特别的饰品，重点式的点缀，反而会有画龙点睛的绝妙效果。

哪里买?!

依目前最热的饰品品牌，我个人推荐来自纽约的平价奢华品牌Carolee、Swarovski、台湾地区的Select shop：如Rouge、Dazzling，以及英国网站ASOS、Accessorize等，只要你花点时间精挑细选，往往会有物超所值精彩佳作。

Chapter 07

43 × Z People
时尚人的小钱潮穿术

谁的衣柜中没有Z?
这些人不仅会买，且深谙运用平价混搭穿出时尚的大学问。
独家揭露名人们的血拼地图，私下的他们喜欢哪些品牌？
如何精打细算采购平价潮牌，让你快速复制聪明穿搭术。

Z PEOPLE 01

铁打的贵妇

随性穿搭出自己的潮流语言

“The Iron Lady”把铁娘子一名用在平凡如我身上，实在是往自己脸上贴金，不过在这个男女平等的时代，职场上多的是铁打的贵妇（The Iron Lady）。因为爱买而注定走进流行时尚这个产业，多年来身处潮流前线，不仅长了知识与常识，也多了智慧与理性，虽然未能全身而退，但也练就了一套拒绝虚荣的理性购物法则：“时尚是用风格营造出来的高价感！”一直以来我就是个平价时尚混搭客，我喜欢随性穿搭来传达自己的潮流语言。

My Style 个人穿衣风格
透过穿着来解读个人性格

“You are what you wear！”我喜欢通过服装心理学来读一个人的性格。“中性”是我的内在也是我的外表。我是一个执着于清楚表现自己态度的人，不管是裙装还是裤装，始终不变的就是要有那么点洒脱的中性性格才成立。我的人生绝对不能没有Jeans，一年四季如是，牛仔裤在我的衣柜里，除了扮演着百搭的要角，更重要的，它是我维持身材的关键报告，我喜欢以Skinny来搭配长短靴款或高跟鞋，对我而言，只要体态维持得够好，一条合身的Skinny远胜过任何性感尤“物"。除了服装的样式，颜色也是传达个人态度的一大要素，以前我很喜欢一身的黑，总认为黑色代表时尚，但黑色让我给人严重的距离感，现在多数时间我会以暖色调或粉色系来做重点搭配，在不失时尚感的前提下，又能增加知性感与女人味，毋庸置疑，这就是个双赢的穿搭语言。

铁打的贵妇 × 平价时尚
用平价时尚创造出自己的价值

谁的衣柜里面没有Z?没错，打开我的衣柜，从ZARA、H&M、ASOS到UNIQLO，当中还夹杂着从韩货店挖来的宝，高价、平价应有尽有，我的每一天几乎都是从平价时尚混搭开始的，不过为了让自己一身的平价不廉价，我会穿插着在精品“Family sale”抢购来的丝巾、腰带、外套或墨镜，穿搭出很有那么一回事的高级感。这是个理性消费的聪明时尚，现在人人消费得起时尚，但是并不是把潮流衣物放上身就叫时髦，应该多运用配件以及搭配技巧，适时削减服装的辨识度，增加个人特色，让这些平价品牌成为配角而非主角，我认为个人风格更甚于价格。能够将平价穿出高价味，这种风格鲜明的人才是真正的“大内高手”。

Smart Shopping 穿搭建议
停、看、听时尚练习的三部曲

流行不能盲目地追求，适时地停下来思考、仔细地观察、认真地听听别人对你的批评与赞美是练习成为时尚人的基本功，所以除了广泛吸收资讯，更重要的是实际演练，从错误中找到自己。我很欣赏Olivia Palermo、Miranda Kerr、徐濠萦等人的私服穿搭，平时除了固定流览style.com、不同城市的街拍网站及时尚博主的流行讯息外，最爱看日系《Gisele》《Snap style book》等潮流杂志，当你突然卡在某个关卡时，经过阅读确实可以获得解药。

另外，为了让自己万无一失的穿出365天的潮型looks，我的衣柜里一定会有些基本款的安全牌服装，一旦当下没灵感时，就可以派上用场，我觉得每个人应该要多花点时间欣赏自己，培养自信。你愈了解自己，失误率就愈会降低。

About Me

姓名　铁打贵妇 陈璧君
职业　时尚顾问
平价时尚中最爱
ASOS、ZARA、H&M、GAP、Topshop
不退流行的收藏建议
黑色洋装、西装外套、针织衫、牛仔裤
欲望清单
Birkin 35cm包、Boy Chanel包
血拼地图
Maje（新光三越A11馆）
ZARA（101）
I Love Everything
地址：台北市敦化南路一段161巷 15号1楼
Tel：（02）2771-3086
Child Me 1 店
地址：台北市敦化南路一段177巷14号1楼　Tel：(02)8771-9982
高邑（五分埔）Tel:（02）27663935

NT.1,680
（约RMB330）
ZARA
NT.680
（约RMB134）
ASOS
NT.10,000
（约RMB1,966）
Maje
NT.450
（约RMB88）
H&M
NT.150
（约RMB29）
顶好名店
NT.1,800
（约RMB354）
ASOS

Z PEOPLE

02 侯佩岑 艺人

甜心主播变IT Girl

天生美人坯的 Patty，永远甜滋滋的笑容。打从她还是年代主播时，因为同事的关系，老早就见识到这位优质美女的不凡，私下一身时髦贵气的潮流Style，引起媒体高度关注。凡她用过的包包、鞋子都成为发烧话题。浑身时尚基因的Patty，让刁钻的时尚媒体臣服于她过人的品位，因此，一直以来台湾地区时尚媒体与精品界大佬心目中的NO.1 IT Girl，就是这位拥有高学历、高品位、高EQ的完美人妻。

My Style 个人穿衣风格

美丽不打烊的完美佳人

“认识我的姐妹们都知道，任何时刻，即便只是楼下便利店买包口香糖，我也一定是妆发服装全配备，倒不是因为担心娱记拍到邋遢样，纯粹只是个人喜好与习惯。

“我想我是活在50年代的人，喜欢将时间‘投资’在美丽这件事情上，总觉得女生的妆容是一种人际关系上应有的礼貌，也是对自己与他人的尊重。”

荧光幕前Patty 为自己塑造了一个完美佳人的形象，永远走在潮流前线的她，一身的行头都是精彩。

除了服装与鞋、包，Patty有个独到的搭配巧思就是奢华与平价的混搭：“我喜欢自己设计珠宝，将妈妈给的钻石、珠宝，重新打造出摩登的样式，然后恣意佩戴，时尚就应该要融入生活中！”这次入镜的一身潮型便是Patty私下最真实的穿搭精神——用Vintage的珠宝混搭平价潮穿，表现出轻松自在的低调华丽感。

侯佩岑 × 平价时尚
平价买流行

在工作之外我几乎是个宅女，每天宅在电脑前，很认真地投入我的网购企业，老公笑我事业做很大。在美国念书时我就很喜欢购买平价品牌，那时候我很疯Urban Outfitters，学校地下街就有一家，下课后想逛街就直接往这去了，以前我也很爱买J.Crew，不过现在觉得它似乎没那么平价了。现在转而爱在ASOS、Urban Outfitters、blufly.com、farfetch.com这些平价网站上血拼。偶尔也会利用工作空档飞到首尔，直接飞奔至东大门一带，像个老行家（批客）一样采买。

平价时尚对我来说很符合经济效益，又快又潮，完全满足我的流行控。当然我也会购入一些高单价的精品（包、鞋），但是平价品牌的潮流度高，只要不到十分之一的价格便可采买到当季最in的单品，让人真的很难抗拒这种物超所值的魅力。不过，为了避免撞衫还是得花点巧思，下功夫混搭出专属自己风格的造型，才能真正穿出自我的独特性。

Smart Shopping 穿搭建议
“模仿与学习”是塑型的快速键

我喜欢尝试不同的风格，不过在走出家门前我一定会花时间严格审视全身，一有不对劲或哪里不顺眼，一定要马上修正。以前我对自己的穿搭非常没自信，曾经出门在外，发觉自己的装扮招来异样眼光，当下我就会冲回家换衣服。我强烈建议，一定要花时间在镜子前试穿，不断尝试各种搭法，在学习中找到自己的优缺点。

我觉得个人风格可以从模仿学习开始，我从学生时期就喜欢将电视影集中的角色当成穿搭模仿对象，从《六人行》《飞越比弗利》《欲望都市》到《绯闻女孩》我就是一路揣摩，还乐此不疲，现在我还是会在穿衣镜前，贴上自己从杂志上撕下来的照片，好当作造型参考，这方法很管用，有时候不知道要穿什么时，还可以救急喔。

姓名 **侯佩岑**
职业 **艺人**
平价时尚中最爱
ZARA、ASOS、Urban Outfitters
不退流行的收藏建议
黑色洋装、西装外套、白衬衫、牛仔裤、Tank Top。
欲望清单
Vivienne Westwood Gold Label Dress，永远有买不完的List。最近刚到手Hermès Blue Medor Clutch以及Collier de Chien（CDC），很开心。
血拼地图
Urban Outfitters.com、blufly.com、farfetch.com、Net-a-porter、微风百货。

NT.3,100（约RMB609）
Rouge
NT.约7,800
（约RMB1,533）
首尔小店
NT.210,000
（约RMB41,286）
Chanel
NT.10,000
（约RMB1,966）
VCA
NT.50,000
（约RMB9,830）
Hermès
NT.30,000
（约RMB5,898）
Bvlgari
NT.330,000
（约RMB64,878）
Hermès
NT.1,800-2,000
（约RMB350-390）
Topshop
NT.2,000以内
（约RMB390）
东大门

Z PEOPLE

03

艺 人

简单利落 穿出经典女神风范

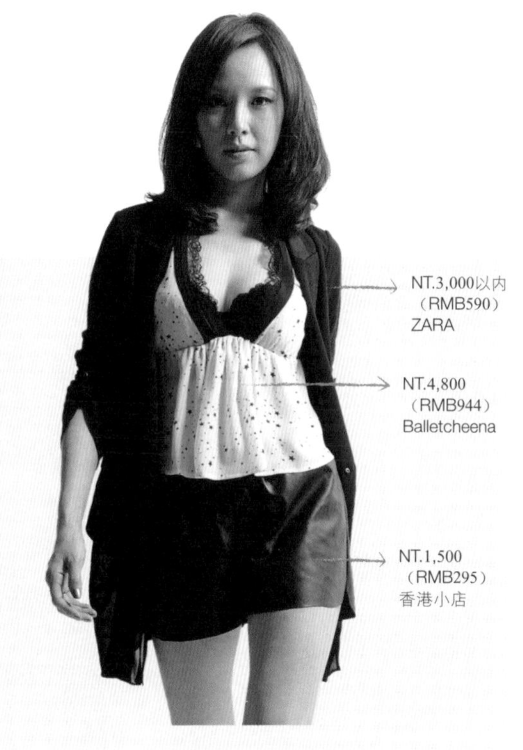

和天心共事就会知道，这位性感女神，私底下是个比男人还Man的大姐大，凡事讲求效率与原则，穿搭上更是一派洒脱，适不适合自己，一秒定案！绝不盲目追潮，衣柜里牛仔裤就是时尚，因为那是最符合自己的本性。她完美的身材比例，只要一条牛仔裤搭配坦克背心，别人穿来休闲松散，她则一身无敌的女人魅力。这也印证了女神天生完美，完全了然自己的优势，所以女神的牛仔裤时尚经，也是时尚人的经典指标。

My Style 个人穿衣风格 牛仔裤聪明穿搭有一套

拍摄当天，金钟影后天心正为稍后要出席的品牌宴会梳妆打理，黑色贴身长礼服，简单利落的线条，完全衬托出她美好的身材。私下，褪去贵气的华服，天心喜欢的依旧是简约自在的打扮，多层次或披披挂挂，从来不在她服装的列表中出现。

身为艺人，时常穿戴贵重服饰，私底下，我最爱的是牛仔裤，连经纪人的婚礼我也是牛仔裤出席，因为活力十足又百搭，怎么搭配都好看。我的衣柜中还有各式各样的坦克背心，每次经纪人都说你已经有几百件背心了，但我还是能买到不同的款式，有细肩带、宽松、纯棉材质、低领、素色及条纹等。单穿或内搭在衬衫、针织衫里，3秒便能出门上街去。我蛮了解自己的身材，线条简单、素色的款式最适合我，颜色太多或剪裁复杂的，在我身上似乎凸显不出特色，所以化繁为简就是我的聪明Style。

天心 × 平价时尚
理性购物 平价精品一样有价值

从很早以前就非常喜欢平价时尚品牌，虽然价格亲民，但好好保养与爱惜，一样很耐穿。我觉得平价品牌的衣服非常适合在日常穿着搭配，建议口袋不深的年轻朋友，可以先从这些平价品牌入门，培养品位，抓住趋势，尝试培养自己的品位并建立自己的风格。

我的购物一向理性，有需要才会下手，除了日常穿搭的平价品牌服饰，我也会往一些中高价位的设计师品牌里去挑选服装来混搭，或针对特定的精品品牌找一些可以穿很久的经典单品，特别是包包与鞋子，对我而言，投资几个质感好的皮件，就长期使用来讲是很值得的。

Smart Shopping 穿搭建议
穿出精神与味道是型的要领

穿衣服要穿出精神跟味道的话，就要自己觉得很舒服自在，如果穿上去连手都不知道往哪摆，就代表不适合。

我觉得比较实在的建议是，如果你不太擅长搭配，或没什么时间的话，颜色和款式尽量越简单越好，掌握好基本款就可以掌握个人的吸睛度。推荐大家一定要准备一件质感好的Blazer（西装外套），各种场合都适合，可正式，可休闲，看你里面怎么配。重要的是，Blazer怎么搭都不失礼，而且还能穿出个人潮范。我有各种颜色与版型的西装外套，其中有腰身、剪裁合身能显出曲线的款式是我衣柜里的常胜军。

About Me

姓名 天心
职业 艺人
平价时尚中最爱
ZARA、H&M、Giordano Ladies
不退流行的收藏建议
西装外套、牛仔裤
配件最爱
越高越好的高跟鞋、金属感或bling bling的饰品
欲望清单
还好，买衣服靠缘分，没有什么非买不可
(是吧！就是一个豪迈的feel来的)
血拼地图
平价时尚品牌

NT.2,600
（RMB511）
Rouge
NT.10,000以内
（RMB1,966）
Jorya
NT.1,800
（RMB354）
Stephane Dou & Changlee Yugin
NT.57,800
（RMB1,363）
Bally
NT.3,500
（RMB688）
香港小店
NT. 45,800
（RMB9,348）
Bally

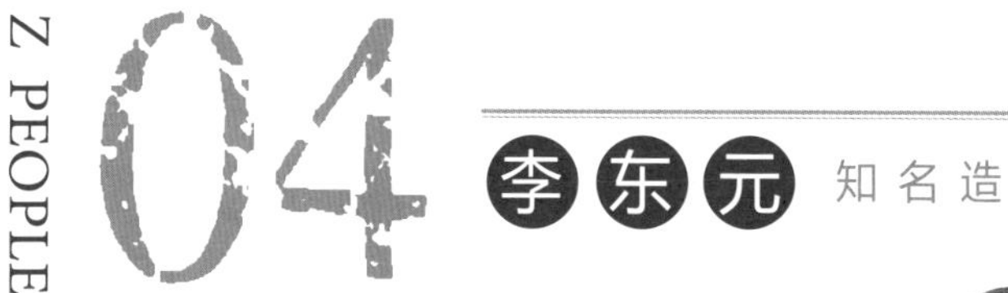

李东元 知名造型师

减法大师穿出特色

不管是“豹小子”抑或是美发达人Tony，任何时候讲求效率与务实的态度永远一致。Tony私下是个力求简单、自然的Smart Casual奉行者，他自创一套搭配理论，首先依据肤色选择服装的颜色搭配，他特别强调穿对颜色即是第一印象的加分，找出适合自己的服装之前，不妨先找出可以让自己出色的颜色，对他而言，颜色是一种减法选择，使自己更清楚掌握每一个场合的服装重点与专业诉求。

My Style 个人穿衣风格

学习简约中看出好质地的穿着

我是个很敢尝试不同风格的人，但亚洲人特有的黄皮肤会有色系的选择问题，所以要特别留意，好比肤色偏黄如果再穿裸色就会像枯木。这几年因为工作的关系去了几趟欧洲，我发现欧洲人的穿衣风格大多偏向简单，但是重视质感与细节，若将每件单品拆开看，其实并不特别，但整套搭起来却很有味道，而且很少看他们穿一整套套装，即便是上班族也是人人有一套自我的存在风格。因为穿着代表每天的心情，所以我也从中学习到他们在穿搭上的逻辑与审美观。

TONY × 平价时尚

平价品牌常有物超所值的惊喜感

我觉得墨镜是个很棒的发明，不仅可以遮黑眼圈，整体的气质也会瞬间改变。我的墨镜也是平价品牌却很有质感；还有我脚上的韩系帆布鞋，有设计师独特的巧思，价格却不到NT.900元（约RMB178元）。我不崇尚精品，但会选择时机购入想要的经典款设计，例如我有件Burberry风衣，就是趁打折时买的，仅花费了NT.15,000元（约RMB2,973元）却是最不退流行的单品，长期算下来，它的价值早已超过了它的价格。我热爱平价品牌，因为常常有物超所值的惊喜感，一些搭配性的基本款，如T－Shirt、长背心、开襟衫和棉质的衣服等，我就会从平价品牌中挑选剪裁、质感还不错的单品。我认为要学会穿搭，基本上累积的单品要够多，不同的材质、剪裁的衣服样式最好都要备齐，配件也不能少，可以帮助整体风格加分。从平价品牌中去寻找适合自己的基本款服装与配件，不仅荷包不会大失血还能创造出自我风格，这对时尚的入门客来说确实是一大福音。

Smart Shopping 穿搭建议

化繁为简 从街拍素人身上取经

“穿着代表个人”会直接反映到我们的服装态度，建议若不知道如何搭配时不妨“一切从简”，不要太多重点在身上，又是豹纹、流苏、拼色集合在一起的话，反而失焦，变成一团乱，表示你这个人凡事没头绪，为人与处世态度可能也相去不远。

此外，我也爱看全球素人街拍，那会成为我工作与生活灵感的来源。从这些素人身上了解穿衣就是个人品位，这对我有很大的影响，以前我就喜欢买，只有感性没有理性，缴了很多学费，终于才慢慢摸索出自己的风格。

姓名 Tony 李东元

职业 知名发型师

平价时尚中最爱

ZARA、H&M

不退流行的收藏建议

墨镜、长版背心与T－Shirt

欲望清单

好看的墨镜、皮质饰品配件

血拼地图

东京的南青山、原宿，台北东区明曜百货周边特色小店

NT.800
（约RMB157）
东区韩货店
NT.450
（约RMB88）
Super
NT.2,000以内
（约RMB393）
Locoste
NT.20,000
（约RMB393）
Adidas限定款
NT.1,000多
（约RMB197）
Barstow
NT.1,000以内
（约RMB197）
东区小店
NT.4,000
（约RMB793）
Hells Bells
NT.4,000以内
（约RMB793）
Prospek

05

王亭又 婚礼顾问

中性派头的时尚惊叹号

从名模转换跑道成婚顾老板的王亭又，在高雅的气质中多了内敛的自信，一直很欣赏亭又的独特魅力，从她身上你不难阅读到像白纸一样的淡然与脱俗。这么一位有灵气又带点中性派头的美女，私下喜欢宽松舒适、不爱卖弄性感，浅浅的马卡龙颜色或强烈对比的黑白色系，都是她衣柜里架构出Casual style与职场女力的基本配备。

My Style 个人穿衣风格
Less is More

喜欢简单中带点个性，所以衣橱里多半是裤子及长裙，尤其是裤子，各种不同大地色调的排序，因为喜欢露脚踝，所以多半款式要能反折，再搭上一双质感好的平底鞋。

她喜欢中间色调，最好是白色加一点点的咖啡、卡其或裸色、一点点的灰或蓝。而大胆如鲜紫色，她也不会放过尝试的机会，还发明了调色盘的穿衣小诀窍。

运用整体色调来降低彩度，如紫色配灰色外套和蓝色裤子，便是利用单品来减少大区块颜色的面积，达到一种视觉上的平衡，反而能创造出超乎想象的好品位。

因为衣服多半是素色，各式围巾就成为重点配件。加上短发造型，耳环更是容易凸显风格的主力配件，此外，鞋子和包包她尤其讲究，经典而耐用的真皮质料是她的最爱，像Tod's的豆豆鞋一穿就八年，非常实穿，包与鞋也是她下最大本钱投资的单品。

王亭又 × 平价时尚
出国必败景点

我的最爱就是ZARA，打开衣柜有九成都是ZARA的衣服。我很喜欢ZARA，每到一个城市一定会到ZARA报到，对我来讲这是一个很重要的“景点”。我不爱逛街，每次去，一定买得很完整，ZARA时尚性够，穿搭性也很强，这季买的上衣可以搭到上季的裤子，重组的元素很高，不会有很明显的过季感，质料也还不错。所以我连小孩衣服也都喜欢从里面挑，养成连我女儿一到ZARA，都会有自己的意见，我觉得透过服装从小就开始培养她对事物独到的品味观察是另外一门不错的投资学。另一个美国平价时尚品牌J.Crew，穿搭出的休闲风格也很适合我，这两个是我必败的贴身品牌。

Smart Shopping 穿搭建议

别让流行与价格左右了你的选择

流行资讯暴涨，很多人因为欠缺“时尚意识”盲目地跟随潮流，像是贝蕾帽和小礼帽，很多人因为潮流就跟着戴，但未必适合自己的脸型。还有过膝靴，娇小女生就要考虑一下，在整体比例上会不完美，赶上流行的同时，也要看适不适合，应该从流行元素中挑出适合自己的，像我很喜欢豹纹流露的狂野感，会用点缀性质的配件，如腰带或围巾，用来凸显自我风格还能兼顾时髦度。不合适自己的尽管便宜也不要随便乱买！之前做秀导的时候，一天到晚逛五分埔，只为了买可以做造型的配件，虽然便宜，但流行性太高，加上劣等质感，不是马上报销，就是过季后就不会再用。以为便宜反而让荷包失血过多，但是精明的投资——如一双价值万元的豆豆鞋可以穿八年之久——投资回报率显然更高。

About Me

姓名 王亭又

职业 Kate's plan婚顾公司执行长

平价时尚中最爱

ZARA

不退流行的收藏建议

质感好的花色围巾

亭又有一条妈妈给她的Burberry围巾，用20年不曾起毛球，现在仍经常用。

欲望清单

一件质感佳、可正式可随性的外套。外套在冬天如同包包，是展现质感很重要的单品。

血拼地图

各国的ZARA

NT.1,000
（约RMB197）
ZARA
NT.1,280
（约RMB252）
ZARA
NT.300以内
（约RMB59）
五分埔
NT.100,000
（约RMB19,660）
Cartier
NT.1,580
（约RMB310）
ZARA
NT.65,000
（约RMB12,799）
Fendi
NT.5,000以内
（约RMB983）
香港连卡佛百货

刘燕燕 品牌服装总监

永远一身有主题

我所认识的燕燕——时装是她的肉体，流行是她的灵魂。这个人根本就是为流行时尚而活。热爱时尚的她任何时候（即便只是下楼倒个垃圾）永远都是一身有主题的个人风格示范。身兼服装设计系老师与品牌服装总监的燕燕，完全是个专业级的混搭高手，平价、精品混搭外加个人设计的单品，看着她穿搭还真像是上了一堂一堂的服装造型课！

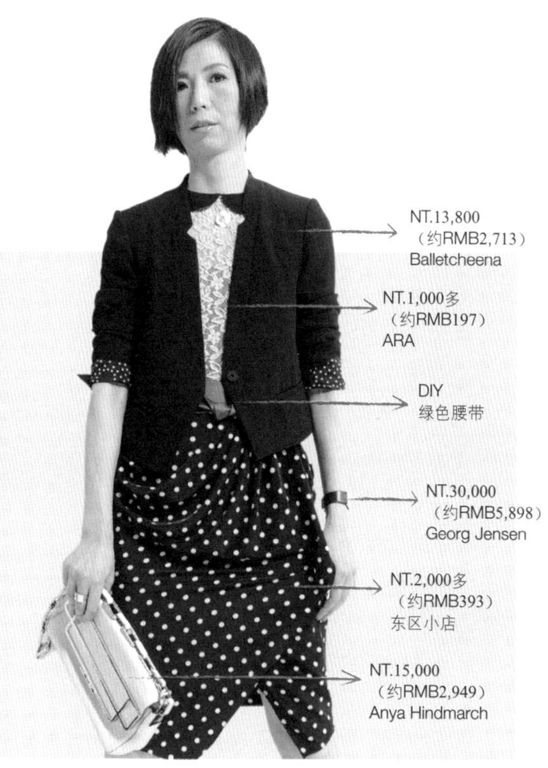

My Style 个人穿衣风格

多重元素搭出自己的格调

我不是属于艳丽型的女生，服装上爱玩对立元素的混搭，像经典搭现代风，整体偏好利落简洁的穿着；喜欢黑、白色系，也会使用亮色系，让视觉显得活泼。我最喜欢的单品是外套，买得最多也是外套，黑色较多，挑这些外套时会特别注重剪裁和肩线。以我的穿着为例，上半身的蕾丝很有女人味，蕾丝是我觉得较为经典的元素之一，但我试着用其他差异性的单品，让蕾丝柔媚的味道少一点，多些个性，我认为蕾丝不一定只能穿得很女性化。圆点也是另一个很经典的元素，绿色腰带是我自己做的，很百搭，能发挥画龙点睛的效果；整体搭配起来比较中性，又具有现代感。

我喜欢每个单品都有各自的一番风采，全部打理在一起又能创造出不同的趣味组合与整体风格，我想这也是我之所以这么热爱时尚的原因。

刘燕燕 ×平价时尚
灵活穿出混搭的个人魅力

我最常逛ZARA，除了购买自己穿搭上的服装外，同时也可以做市场调查，多数会扮演消费者的角色，觉得设计、剪裁、布料做工都还不错的，我就会买。衣柜里的外套、大衣就有5~6件以上是ZARA，特别是在欧洲买到的限定款，不仅赢了里子（便宜）也大有面子。我觉得懂得买也要懂得穿搭，我从不在乎撞衫这件事，我会用混搭的手法，甚至自己加工去改造它，赋予它新的生命，我觉得服装是要靠人去把它穿出价值，不管是平价还是高价都一样，所以穿搭没有其他捷径，就是“灵活”。

Smart Shopping 穿搭建议
以服装突出自我个性

配件类我拥有最多丝巾和围巾，这些都是非常好搭配的单品，只要简单的搭配，不会特别系法的话，只要围着，或打个简单的结，都可以很好看。建议女生的穿着可以注入更多个人想法，建立自己很有辨识度的风格，而不是被品牌或趋势给左右。其实个性会影响挑选的服装，想让人家感受到你是什么个性的人，服装上就尽量表现出来，让个人气质更突出，只要多花点心思，其实衣服搭配，可以很简单又有趣。

About Me

姓名 刘燕燕
职业 实践大学服装专科老师、Balletcheena设计总监
平价时尚中最爱 ZARA、H&M
不退流行的收藏建议
白色衬衫、丝巾、圆点的单品、白色牛津鞋
本季欲望清单
Chanel Vintage、A.F.Vandevorst黑色西装外套。
血拼地图
台北：东区小店、信义商圈；香港：中环IFC；东京：南青山、原宿一带；
首尔：狎欧亭、江南一带；
巴黎：Colette 地址：213 rue Saint-Honoré 75001 Paris
Metro : Tuileries （1号线） 网站： www.colette.fr
L'eclaireur 地址：Place des Victoires, 10 rue Herold, 75001
米兰：10 corso Como
网站：http://www.10corsocomo-theshoponline.com/fiocco.html

NT.10,000
（约RMB1,966）
Chloé
自己缝制领带
NT.3,000
（约RMB590）
Ralph Lauren
NT.14,800
（约RMB2,910）
Balletcheena
自己缝制
绿色腰带
NT.30,000
（约RMB5,898）
Georg Jensen
Balletcheena
NT.900
（约RMB177）
Vivienne Westwood
NT.6,000
（约RMB1,180）
Tsumori Chisato

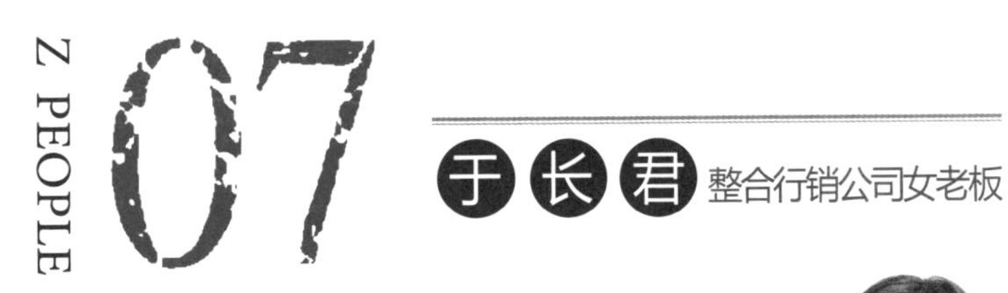

于长君 整合行销公司女老板

真实魅力的自信感

认识长君十几年了，这位看似甜美娇小的女子，身体里可是住了个大巨人，工作能力一把罩外，难得的是不管有多忙碌，这小女子永远都是完美的妆发搭配适宜又都会的时尚造型，如何能这么从容又自信地游走于精品时尚圈？而换上简单T－Shirt和牛仔裤后，发现卸下武装（正式服装）的长君，骨子里的"真"原来才是她最大的魅力与实力！

My Style 个人穿衣风格
创业有成穿回自己的样子

我27岁时创业开公司当老板，当时年纪还小，为了职场上的专业形象，会把自己打扮得高于实际年龄3~5岁，比较成熟。现在已经是轻熟女了，可以穿回真正喜爱的、比较年轻的服装，拥有了工作资历，就算穿回自己的样子，也不会被质疑专业度。其实我私下喜欢T－Shirt和牛仔裤的轻便装，上班会加上西装外套，因为个子娇小，大部分会搭短裤或裙子，以俏皮活力形象为主，洋装最适我了，会让我的身材比例比较好。

有时做活动，在正式的晚宴场合，我会选择高腰长礼服，配上12公分左右的高跟鞋，整体造型就有气势。我的高跟鞋很多，除了中价位的Nine West或ALDO，我的最爱是红底鞋Christian Louboutin，跟看起来又高又细，楦头似乎也比较窄，穿起来却很舒服又耐穿，Jimmy Choo也是我的爱牌之一。

于长君 × 平价时尚
用平价打理日常穿着

平常的Daily Wear很推荐平价时尚品牌，UNIQLO的素面legging，纯棉穿起来舒服，也很好搭配；好看又有质感当然首推ZARA，我老公也会在ZARA买西装，可以搭出Smart Casual的样子；牛仔裤首推GAP，能修饰腿的线条；好玩有趣的设计的话，可参考H&M、Forever21，不仅流行性高，穿一季就可以换。在平价时尚中我可以买到很多不退流行的基本款服饰，搭配出专属于我自己的OL美型穿着。

Smart Shopping 穿搭建议
精打细算 人人可以穿出潮型

若要买较正式的衣服，我会直接往意大利品牌前进，剪裁、版型绝佳，就算买最小号也可以完全不用改。但说起平价与时髦，我公司一些新进员工，都很会穿搭！我买的两千块洋装，他们可以找到几乎一模一样却便宜许多的款式。这些年轻人不仅穿得好看，还有流行的重点和元素，也许全身的花费还不及一件奢华精品，却能拥有等值的时尚感。说穿了，时尚绝不是花多少钱的问题，而是你对流行的观察力与经验值，像我平日就会花钱投资在造型穿搭上，因为我的“时尚语言”往往是我与客户以及工作伙伴之间的沟通桥梁。

About Me

姓名 于长君

职业 Starfish整合行销公司老板

平价时尚中最爱

ZARA、UNIQLO、GAP

不退流行的收藏建议

西装外套、T-Shirt和牛仔裤

衣柜中最多单品

西装外套与洋装

血拼地图

各城市的平价时尚专卖店、意大利精品专卖店

NT.1,000以内
（约RMB197）
DITA
NT.790
（约RMB155）
Forever 21
NT.680
（约RMB134）
DITA
NT.1,280
（约RMB252）
H&M
NT.2,590 （约RMB509）
Stephane Don & Changlee Yugin
NT.6,000以内
（约RMB1,180）
Alexander McQueen

路边摊搭出大牌魅力

“无所谓品牌，衣服是看人穿的！”Amanda就是这句话最好的示范。你能看出贵气的她，身上穿搭的小配件多半都是路边摊寻宝时找到的吗？质感做工均佳的色彩鲜艳项链、耳环，平均单价不超过一千台币，Amanda巧手混搭后看起来就像专柜出来的货色！念服装科系、现在也是时尚产业的高阶主管，这一路上对服装的爱好与学习，让她培养出一套很潇洒的混搭哲学，高贵的衣服可以穿得很随性，路边摊平价小物也可以搭出大牌质感！

My Style 个人穿衣风格

多彩穿出自我

以前就爱玩混搭，连去超市，也会以Jean–Paul Gaultier的蓝白条纹洋装配夹脚拖。在较正式的场合，我穿着黑色晚礼服，搭上一千元（约RMB200元）的金色项链。重要的是如何让路边摊价格的服饰搭配出高价品牌般的效果。从小我就喜欢与众不同，除了工作场合需要的黑色晚礼服，我的衣柜里绝大多数是琳琅满目的颜色，就连羽绒衣都是彩色的，即使厚重感浓厚的秋冬我也很少穿搭黑色。这或许跟我曾在英国求学有关，因为伦敦校园里的年轻人多半大胆混搭，为了吸睛度，什么样形色奇怪的风格都有，也因此在伦敦我习惯穿搭亮色系去学校，也因为每个人都讲究个人风格，所以也就见怪不怪了。

我喜欢用丝巾、围巾搭配，有时会两三条打在一起再围上，能制造层次感，看起来很有型。如果平常穿很简单的话，我会搭配小饰品在身上。因为工作上的我看起来比较严肃，多戴点小配件借以改变气质，看起来更活泼。耳环和戒指也有画龙点睛的效果，简单大方的设计是吸引我的元素，但颜色主张colorful，一般人不会挑选的颜色却都是我所喜欢的。

Amanda × 平价时尚
平价中挑高价感单品

十多年前我就已经去ZARA买衣服了，当时在英、法都很红，觉得那时的设计更漂亮。英国念书时，ZARA、H&M、Topshop这些都一定必去，衣服都才一英镑或两英镑。我觉得衣服对我而言，比较重要的是舒服而不是品牌，像我第一套穿搭里面的白T－shirt，是穿了十多年的GAP，到现在还在穿，平价流行中有很多耐穿的基本款，当中也有些高单价系列的质料很不错，价格容易下手且实穿。

Smart Shopping 穿搭建议
自信就有风格

不用特别遮掩自己的缺点，如果你有胖胖的手臂或小肚子，不用担心露出来，要很有自信。我和家人去欧洲，他们看到为什么欧洲人虽然不瘦，但都穿白色，搭配起来好看极了！一般人却认为胖就该穿黑色遮丑，我始终觉得自信才能解决每个人天生体态的问题，就像欧洲人丰腴却能肆意地穿比基尼泳装。每个人都有自己的优点，要从流行当中找出适合自己的Style，尝试才有无限可能，重点是“不要害怕，要穿出来！”

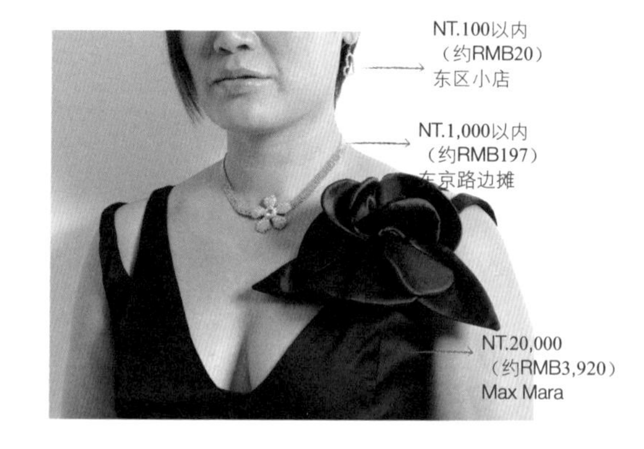

About Me

姓名 Amanda 高芳莉

职业 华敦集团市务传讯经理

平价时尚中最爱

ZARA woman系列

不退流行的收藏建议

一件Max Mara的大衣，设计洗练而经典，穿了20年还是跟新的一样

血拼地图

东区顶好名店或附近路边摊，以前常去批发的五分埔。饰品一次买多点可以跟老板杀价。

NT.300 （约RMB59）
东区小店
NT.800以内
（约RMB157）
GAP
NT.7,000以内
（约RMB1,376）
Sportmax
NT.88,400
（约RMB17,379）
Max Mara
NT.1,000 （约RMB197）
Marc by Marc Jacobs
NT.300
（约RMB59）
东区路边摊
NT.500
（约RMB98）
H&M（蓝戒）
NT.200
（约RMB39）
西班牙小店（红戒）
NT.3,000
（约RMB590）
Swarovski（白戒）
Sportmax
NT.1,590
（约RMB313）
ZARA
NT.1,500
（约RMB306）
LOBITAN

Z PEOPLE 09

徐亦桥 报社时尚线记者

“花”美男的心机穿搭术

爱“花”成痴的小桥，果然不失一位时尚记者的专业水平，他是我见过少数能将印花驾驭得体、不张扬又深具时尚感的狠角色。看似斯文腼腆的他其实是个前卫闷骚的狂热时尚分子，从他总是花不离身、却又很技巧地将整体搭配得那么协调有型，不得不佩服他是花美男路线的个中好手！

My Style 个人穿衣风格
预算多点在喜爱的风格上

喜爱印花是受到妈妈的影响，她是个很开朗的女性，以前就爱穿明亮颜色，所以我比一般男生更容易接受这种风格。通常我会投资比较多预算在精品的衬衫上，好的印花除了印刷跟明亮感比劣质印花好上许多，各种图纹像花朵、几何、动物的元素等，都会让我很开心。所以若说全身要有个重点，那印花衬衫就是我的Key Item。此外，这类单品也是台湾男生比较少买的选择，等到季末打折时再下手，尺寸还很齐。

徐亦桥 × 平价时尚

平价平衡“花”心

特别喜欢70年代男性的着装，喇叭裤加上花衬衫，但我不会将一整套穿在身上，通常买完单价较高的上半身服饰，剩下的预算，去逛平价时尚的黑、白、灰等搭配单品，整体平衡感够且不流于俗气。

背心及印花图纹，是型男必备的秘密武器，因为两者都可以巧妙地遮掩微凸的小肚，整体的搭配在视觉上会给人一种“显瘦感”。

Smart Shopping 穿搭建议

把个性穿进衣服里

大家都说穿衣服要穿出自己的个性，什么叫个性？就是要真的先了解自己，喜欢什么，适合什么。所以在尝试后我才会不自觉地成为印花控，久了就成为自己独特的风格。

另外一个重点是要懂得舍弃不适合自己的衣物，以前我也买过黑色或极简风格的服饰，但慢慢发现，只有印花最适合自己。我现有的衣服大概累积了十年之久，我不太轻易丢衣服，每件都可以好好的保存，因为时装趋势的变化其实很快，这次我带来的DKNY土耳其蓝T－Shirt是十年前买的，当时流行过了但极少人穿，但这两季又流行回来明亮的颜色。一旦累积久了，衣服多了，搭配就有更多排列组合。

姓名 徐亦桥

职业 报社时尚线记者

平价时尚中最爱

ZARA、UNIQLO、H&M

不退流行的收藏建议

西装背心

欲望清单

我习惯在买东西前列清单，过一阵子再检视，再看一次清单是否仍然怦然心动，才会真的下手采购。最近准备要采购的有Hermès的外套及Loewe的皮衣。

血拼地图

因为职业的关系常得到折扣或Family sale的优先讯息，各城市的平价时尚店。

NT.2,000多
（约RMB400）
Cerruti 1881
NT.4,000多
（约RMB800）
Paul&Joe
NT.3,000
（约RMB590）
Topman
NT.4,000多
（约RMB800）
YSL
NT.1,200
（约RMB236）
MUJI
NT.7,000以内
（约RMB1,376）
Repetto

Z PEOPLE 10

吴依霖 发型造型师

气势凌人的美发女王

话说是女王就别装公主，吴依霖是我认识的人当中最有女王架势的气质美人。乍看有距离感的她，股子里是个热情的浪漫女，工作严谨，对于穿着自有一套个人哲理，喜欢与适合当然要分开！除了理性消费工作上所需的造型物品，对于独特、设计感的单品也绝不放过，她会把它当成一种收藏兴趣。当她驾驭着一身平价时尚混搭的整体造型出现时，那股锐不可当的气势还真有种贵气逼人的范儿。

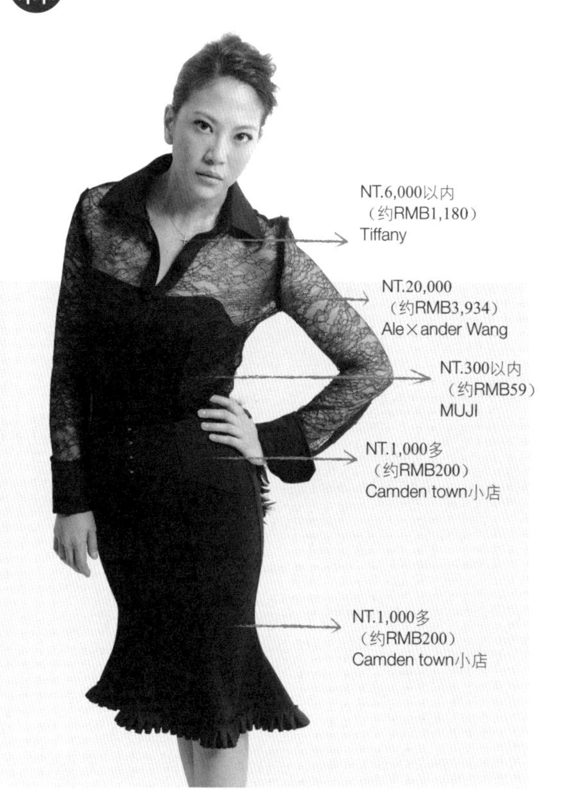

My Style 个人穿衣风格

好品位的饰品营造黑暗中的亮点

大家都知道我很爱穿一身黑，衣柜中也是黑、灰、白居多，偶尔想要有点颜色我会通过配件来补强，好比围巾就常常是我一身的亮点，我有搜集围巾的习惯，夏天我会用翠绿色、粉红、粉橘等颜色的丝巾，冬天换成紫色、黑色、暗红色等。有设计感的饰品也是搭配黑色系服装的秘诀，好比我在巴黎小店买到的羽毛腰饰，可以在腰间做360度的姿态变化，质感好又不贵，二话不说我就买了。我觉得饰品也是表达个人品位相当重要的一环，所以不能马虎。

我最爱拿几万块的单品搭配几百元的服饰，常常大家以为我一身都是昂贵的高价品，其实关键除了物品本身的质感好，我觉得个人所展现的自信也很重要，如果服装与造型占70%，剩下的30%就是你的态度，有时自信足以让你撑起各种服装的气势。

吴依霖 × 平价时尚
就是要混搭才有型

我买ZARA已经十年以上了，最早知道这个品牌是十多年前在法国的旅行中，无意间逛到这家店，当时一件T－Shirt才1欧元，其他时髦单品也很便宜！我最爱日本的ZARA，有很多限定单品only for Japan，其他国家买不到！血拼平价时尚品牌，先以穿得舒服为首要，接着想一下自己是不是真需要，否则一不小心，平价还是会让你大失血。

裙装是我表现女性柔美的一部分，也是软化我过于刚硬、严肃外表的方法，我大概有二十多件ZARA裙，长短皆有，都是不同布料与剪裁。上身我喜欢搭配衬衫，我认为质感很重要，剪裁好又够挺的衬衫可以修饰身材，所以在寻觅多年后，受心湄姐的指点，终于在Dsquared2里找到了心目中的那件完美衬衫。我不喜欢整套名品穿在身上，平价时尚混搭一直是我的穿搭嗜好。

Smart Shopping 穿搭建议

衣服要穿得对 先摸透自己的身体

衣服要能穿得好看，先要了解自己。像我身材属于圆身，我会挑比较硬挺扎实的布料，领子不要太高，低一点可以让自己颈部、下巴和脸型的线条拉出来。因为胸部丰满，我不能穿高腰，高腰腰封也不行，会显得上半身很壮硕，这就是我对穿搭重点的解读，可供有类似身材的朋友作为参考。

以前买衣服是“喜欢就买，不买会后悔”；但往往因为买完不知道怎么搭，很多衣服没穿就送人了。以前一年淘汰一次衣服，每年年末电视台都有义卖会，我最高纪录捐了快500件。以我缴了多年学费的经验，衷心建议一定要拥有材质、剪裁都好的白衬衫，很百搭，各种裤装、裙子都能搭配；还有西装外套，最好要有薄料的，临时需要时，配个白T－Shirt和牛仔裤，搭条围巾，就可以有不同风貌。

姓名 吴依霖（陆小曼老师）
职业 发型造型师
著作《完美发型不求人》
平价时尚中最爱 ZARA、MUJI
不退流行的收藏建议
围巾、10~15cm高跟鞋、西装外套与白衬衫必备
欲望清单
每年生日固定犒赏自己大礼
血拼地图
台北Level 6ix（地址：信义诚品台北市松高路11号1楼　Tel：02-2723-4581）
巴黎、伦敦小店与跳蚤市集Camden town
网站：http://www.camdentown.co.uk/

NT.10,000
（约RMB1,970）
Lavita
NT.800内
（约RMB150）
ZARA
NT.2,000以内
（约RMB393）
ZARA
NT.15,000
（约RMB3,062）
YSL

张景凯 彩妆师

勇敢追梦的彩妆明星

我所认识的小凯是个有天分的大男孩，别人花十年要完成的目标，他只要三年的时间就能达成。外表时髦又摩登的他，坦言追求美与时尚是他的乐趣，对于艺术与创作有一定的坚持。彩妆设计是他表现内在狂野的冒险精神的手段，一身低调华丽的服装，是他想传达的对生活的品位要求。对美的事物持着崇拜的态度，一旦遇上喜欢的设计，绝不手软，一定狠狠地买下去。

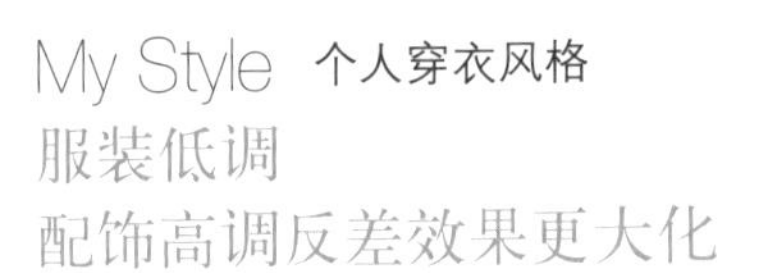

My Style 个人穿衣风格
服装低调 配饰高调反差效果更大化

我的衣服中没有鲜艳色系，一律黑、灰、白，若有色彩的东西也偏灰。我自认并不擅长搭配服装，所以在这方面尽量以简单不出错为首。我非常爱穿白衬衫，衣柜一列尽是大大小小品牌的白衬衫，看在别人眼里五十件像一件，对我而言每一件都有它特别巧思的细节处。相较于花枝招展的绚丽造型，我反而喜欢简洁有质感的低调气势。除了衬衫，T－Shirt是我的另一个安全牌。我认为衣服合身，剪裁好，质感好，简单便能穿出好品位。

其实我在配件类的投资反而比较大，我很爱纯银配饰，我认为饰品是造型的灵魂，有时搭对饰品，整个风格就对了。配件对男生而言，如同女生之于高跟鞋，质感更需要超越服装单品，像手表是天天戴的必需品，投资报酬率高，很值得多花点预算。另外，身高187cm的我，属于高大型的人，所以对于饰品的佩戴我很在意分量感与存在感，一旦配饰太小，会被身材埋没，根本发挥不了作用；所以我偏好大而有重量的饰品，一身简洁搭配对的饰品便能达到画龙点睛的效果。

张景凯 × 平价时尚

平价时尚永保“新鲜度”

我买东西不是看品牌或价钱，是看设计和实用性，逛ZARA时我也会被困住，有些单品他们做得很好，在这些平价时尚中我特别敢买的是消耗品，像内搭T－Shirt，款式和尺寸一旦对味，会“一手一手”地买！我很重视衣服的新鲜度，如此一来可以随时保持库存，衣领松的时候就可以换掉。此外，平价品牌有时会有些比较夸张设计的单品，价位不高，流行感强，过季后淘汰也不会心疼，我就更敢下手了。我也会买他们的衣服做修改，曾经改过ZARA西装后，每个人以为是Dior Homme，但其实我只是花了几百块修改版型合身而已。其实买衣服除了质感重要，也要懂得如何保养，例如我有十几双靴子，每双都很耐穿。就跟肌肤一样，保养与维护很重要，这理论不管是精品或平价品牌都通用，爱惜跟保养，能让服饰的生命延续很久。

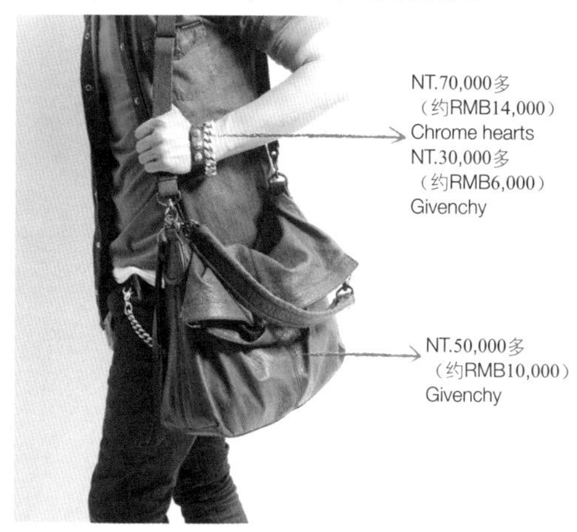

About Me

姓名 张景凯 (小凯老师)

职业 彩妆师

著作 《小凯彩妆百变脸书》《小凯老师明星脸彩妆书》

平价时尚中最爱

UNIQLO、ZARA、H&M

不退流行的收藏建议

皮衣、牛仔裤、腰带、风衣外套

欲望清单

Cartier Ronde Solo大表、黑色法兰绒斗篷

血拼地图

香港连卡佛（香港中环IFC 3F）、各城市ZARA

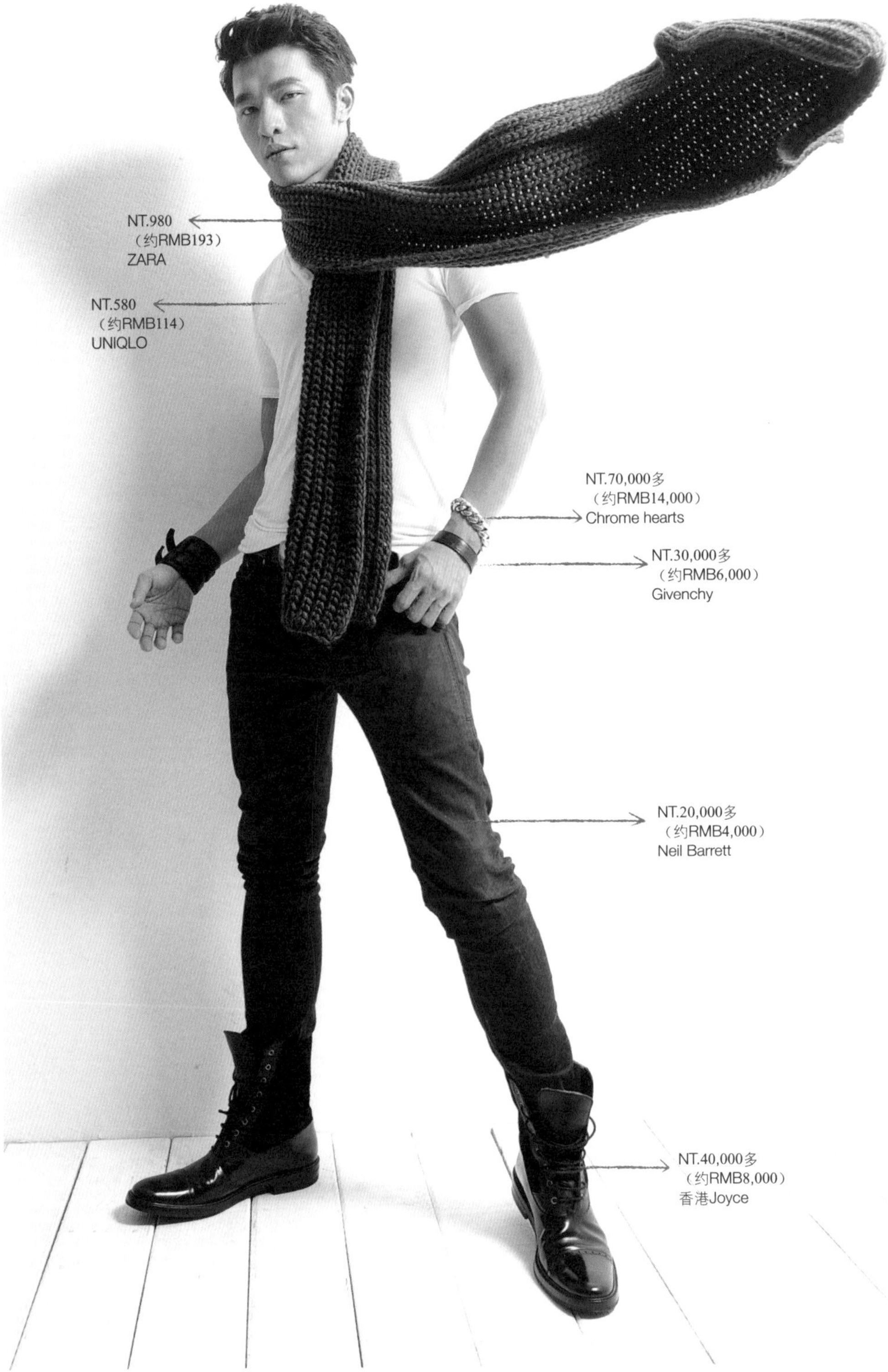

NT.980
（约RMB193）
ZARA

NT.580
（约RMB114）
UNIQLO

NT.70,000多
（约RMB14,000）
Chrome hearts

NT.30,000多
（约RMB6,000）
Givenchy

NT.20,000多
（约RMB4,000）
Neil Barrett

NT.40,000多
（约RMB8,000）
香港Joyce

Z PEOPLE 12

彩妆达人

海峡两岸
最美的化妆师

这个头衔够嚣张吧！这是几年前在丝棋新书发表会上，她本人慎重向我强调的头衔，目前为止仍是实至名归。这小女子真的不容易，不仅贵妇名媛列队争宠，也是各大媒体与品牌争相邀约的对象，出色的外型加上专业的素养是大家心中的彩妆大明星，丝棋对于美的拿捏自然不在话下，“强调美与整体造型是一个人的外在优势”，让出色的外表为自己拿下优先权是必要的。

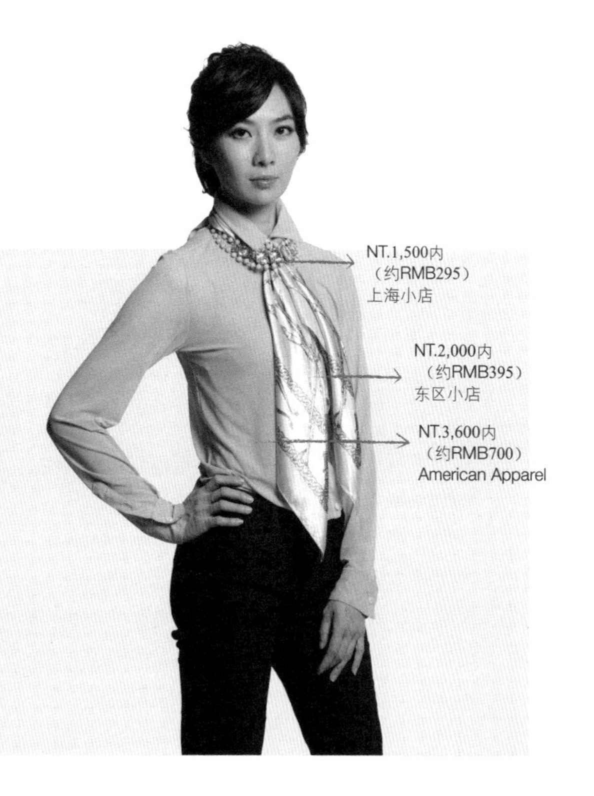

My Style 人穿衣风格
用大饰品来凸显存在感

我很瘦，很单薄，所以不是很好穿衣服，但是我又很爱黑色，所以除了服装会尽量挑些简单设计款外，我会依据整体的感觉来搭配饰品。像我这一身黑色长洋装与皮衣的搭配，在不同层次的黑当中放上一条抢眼的银饰，这样不仅可以增加整体的分量感，同时也能把我想表达的中性风格凸显出来；或者是穿着很休闲的牛仔衬衫时，我只要配戴具备华丽感的饰品，甚至来点多层次混搭，马上就能展现正式且时尚的氛围。所以我真的很喜欢收集大饰品，很多时候为了应付不同的活动与节目，实在没办法准备太多造型服装，这些充满强烈设计感的配件，就成为了我百变造型的秘密武器。

游丝棋 × 平价时尚
理性消费真时尚

我的服装都不会太贵，我喜欢在小店里找惊奇，加上我真的也没太多时间可以逛街买衣服，所以往往都是趁着工作空当，快速血拼，也就是“走到哪买到哪”那一类的人。不同城市的个性小店很容易会有一些设计感独特的饰品或服装，我有很多大饰品都是在小店买的，几乎价钱都不会超过新台币3000元。曾经在巴黎Colette看上一个新锐设计师的饰品，但是价格超出台币两万，实在买不下去，只好放手。衣服也会控制在一定的预算内，当然我会投资一些质感好又不退流行的皮外套、包包和高跟鞋，但是其他搭配性的服装我觉得往平价品牌里挑就够了，我认为用平价来混搭精品是非常理所当然的事，觉得这样才是真正贴近生活的时尚态度。

Smart Shopping 穿搭建议
气势胜过一切

我建议像我一样身材略显单薄的朋友们，其实不用担心自己撑不起服装，我觉得愈是瘦的人愈是要挑选大气一点的服装，而且一定要是合身的尺寸。我知道有些人会故意穿大一码或是有很多荷叶边等设计复杂的服装来虚张声势，其实这样只会让你显得邋遢没精神，要记得“加法”不是一味地堆叠，应该是要把气势做大，所以我的方法是用有设计感的配件来营造“大”的气氛，也就是说身上只要有一个够明显的重点，自然就可以将个性表现出来。

姓名 游丝棋
职业 彩妆达人
著作 《丝棋美学——彩妆维纳斯》《丝棋密码——彩妆新世代》
平价时尚中最爱
H&M、ZARA、American Apparel、Topshop
不退流行的收藏建议
黑色洋装、西装外套、白衬衫、牛仔裤、大饰品
欲望清单
希望可以设计一款个人专属的化妆工具箱
血拼地图
淘宝网、东区小店、微风百货

NT.6,000
（约RMB1,180）
米兰跳蚤市场
NT.13,000
（约RMB2,557）
American Apparel
NT.2,680
（约RMB527）
ZARA
NT.20,000
（约RMB3,972）
米兰小店

Z PEOPLE 13

新锐艺术家

少女情怀的大艺术家

永远是一头过腰长发trademark的商少真，是个艺术气息很重的特别女生，一路从时尚杂志编辑、插画设计、商品设计到新锐艺术家，超过20年的资历背景，艺术与美学已经成为她个人写照的全部，喜欢创作也乐于投入设计的她，对时尚的敏锐度（插画）一直是让人激赏的，此次她所诠释的12位Icon人物插画设计，是此书中最写意的时尚符号。

My Style 个人穿衣风格
热爱蕾丝、印花的中性混搭风

其实我一直觉得自己的穿衣风格是比较酷的感觉，但有朋友说我偏向浪漫风，才有种恍然大悟的感觉。我会尽量让自己整体看起来不要太女性风格，我的洋装数量用手指头都数得出来，最常穿裤装，多数是上衣配上牛仔裤，以及平底鞋；高跟鞋我大概有15~20双，但我很不耐痛，所以鞋柜中还是平底皮鞋居多。我有一双20年前买的Byblos黑白牛皮牛津鞋，到现在还在穿，以前没人买这种boyfriend风格的鞋，上面有雕花花纹，没想到现在很流行。有很多年的时间投资最多钱在饰品上，超爱珠珠、亮片等亮晶晶的物品，一辈子不变；还有古董包、娃娃、蕾丝等的家居和饰品都是我的最爱！有时洗澡时也会戴着很喜欢的戒指、手链和项链，就算睡觉也戴，我24小时都希望身上很多叮叮当当的小玩意！

商少真 × 平价时尚

线上血拼平价时尚 不出门也很潮

我本来就是一个很宅的人，所以只要能不出门最好，近年我开始迷上网购，所以搭配性的单品我常在网络上找！之前为了找一双经典款的玛丽珍鞋，我几乎整晚挂在电脑上，很幸运让我挖到了超便宜的好货。我发现现在的平价时尚真的很棒，不仅实体店铺遍地开花，竞争激烈，网购的品牌更是多到不行，以前我常在淘宝买东西，真的很便宜，但是运费也不少。现在我会尽量去一些不需要运费的购物平台血拼，像英国的ASOS完全不需要运费，单品的选项也够多，还可以在Facebook直接下单，太酷了！平价时尚真的无所不在，而且购物方式也便利。

Smart Shopping 穿搭建议

多种风格混搭 紧紧抓住平衡感

我热爱混搭，不喜欢全身上下同种风格，像是女性元素的洋装搭皮衣、朋克风格的饰品、麂皮流苏的包包，不同风格搭在一起是我的最爱，但每种风格之间要抓住平衡点。我很爱看名人或素人的街拍，大家也可以从街拍网站看他们怎么穿搭。我建议买东西要分配预算的比重，视觉重点的单品可以多花点钱，搭配性的可以买淘汰性较强的商品，也比较便宜。

About Me

姓名 商少真

职业 整体造型师、插画流行工作者、新锐艺术家

平价时尚中最爱

ZARA、H&M、ASOS

不退流行的收藏建议

白衬衫、牛仔裤

本季欲望清单

金色和银色的牛津鞋

血拼地图

东区、淘宝网、ASOS

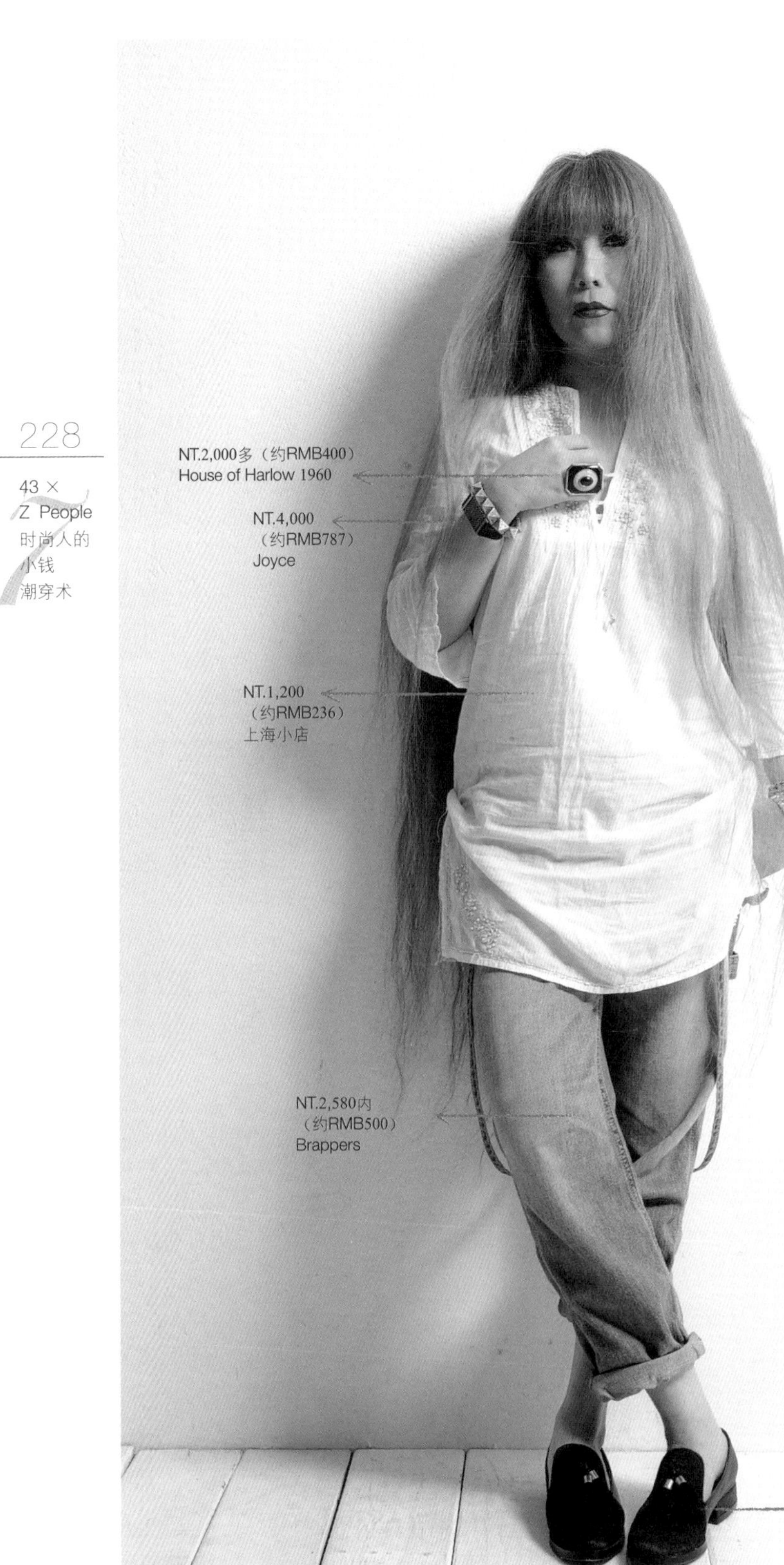
NT.2,000多（约RMB400）
House of Harlow 1960
NT.4,000
（约RMB787）
Joyce
NT.1,200
（约RMB236）
上海小店
NT.2,580内
（约RMB500）
Brappers
NT.3,000以内
（约RMB590）
东区小店

Z PEOPLE 14

黄天仁 摄影师

美女制造机的摄影师

在台湾地区的资深时尚摄影师里，叫得出名字的没几位，其中天仁就属“哥”字辈的大师，虽然贵为大哥却不见他摆架子，永远都是一副“没问题，包在我身上”的轻松模样。号称美女制造机的天仁，一头及肩秀发，搭配黑框眼镜，一派淡定的模样，其实就是个文艺范的雅痞先生。与他一同工作永远都有一种家人般的踏实感，一如他所营造出来的大哥模样。

My Style 个人穿衣风格
把衣服穿出自己的味道

我的造型很特定，我不会随着潮流去改变自己太多，对我而言，男生和女生不一样（总是要求新求变），简单讲男生就是要一个“型”。那个型是自己的特质，不是刻意穿什么昂贵或厉害衣服，所以我对自己的穿着要求就是直觉判断，感觉对了就是自己的氛围。一直以来T－Shirt、西装外套和牛仔裤就是我的型，所以我的衣服向来简单，我觉得简单的衣服搭配性强，自主性也强。哪天要是我心血来潮换个亮色外套，衣柜里原有的旧衣也不会因此搭不起来，所以从来就没有被晾在一旁没穿过的衣服，再贵的皮衣也要时常穿搭才会融入自己的味道，我喜欢每件衣服都有一眼写着我的标签的感觉。

黄天仁 × 平价时尚
忠于自己的个性最重要

我偶尔也会买精品，像身上这双Prada的休闲鞋，真的太好穿了！我常会穿着它旅行或工作，虽然贵一点，但不会华而不实，是很值得投资的精品。除此之外，我认为流行应该量力而为，从前我喜欢买些副牌系列如A/X、DKNY、CK Jeans，有品牌精神又不会太贵，质感各方面也都还不错，不过这几年发现平价品牌里也有很不错的设计。衣柜里除了那些副牌外，好像也愈来愈多平价品牌了，所以每天出门我几乎都是平价时尚混搭，不管穿什么，自己感觉舒服自在最重要！

Smart Shopping 穿搭建议
配件小兵立大功

必推的单品是眼镜，我自己有三副眼镜，都是一时之选，也是除了手表之外我最舍得投资的单品。不同的镜框设计可以转换脸部表情，通常穿着比较正式时我会戴这副黑框，休闲时就会换上较活泼的设计，我的穿着变化不大，但光搭配眼镜做造型，给人的整体感就很不同，这是最简单的变装方式，提供给大家参考。另外我一定要推荐Converse球鞋，这数十年来，我除了工作时爱穿，有时候上节目或出席记者会我也会穿它来搭配服装，这是一双百搭的鞋子，正式、休闲都成立。我的建议，男生除了找到自己适合的服装外，一定要有双Converse，这双鞋绝对可以小兵立大功。

姓名 黄天仁
职业 摄影师（林志玲、孙芸芸、廖晓乔等御用摄影师）
著作 《美女摄影秘笈大公开》
平价时尚中最爱
ZARA、H&M、GAP、UNIQLO
不退流行的收藏建议
黑色西装外套、牛仔裤、Converse
欲望清单
IWC表、手工眼镜、Gucci胶底休闲鞋
血拼地图
101、信义区、微风百货

NT.18,500
（约RMB3,639）
Without&Glare
NT.18,000
（约RMB3,540）
CK Jeans
约NT.780
（约RMB153）
ZARA
NT.15,000
（约RMB2,982）
Prada

Z PEOPLE 15

陈雅红 妆发造型师

有感达人

从事艺人造型工作十余年的雅红，除了化妆与发型设计一把罩，对于服装的品味也很精准。所以我还蛮喜欢和她一起血拼，她金牛座精辟又务实的建议，通常都会让你在感性的冲动中找到理性的平衡点。和多数造型师比起来，雅红属于比较低调朴素却是很有质感的优雅美人，她的外型和她的个性一样，都能让人感到无比的温暖与亲切。

NT.12,000（约RMB2,360）Coach (Family sale)

My Style 个人穿衣风格

低调中的微光

我私下最爱穿黑色，但是碍于梳化造型的工作（黑色会干扰发型设计），工作时我会尽量挑黑色以外的服装来穿搭，好比深蓝色（navy blue）、桃红色或粉彩色，只要搭配白色系都会让我看起来很有精神。其实我在工作时通常不太化妆，所以，为了让气色好看，我会尽量挑选清爽的颜色，我觉得有时穿对颜色可以赢过夸张的造型，所以除了各式各样不同质感的黑色服装外，我会在低调中给自己一个亮点，可能是小有巧思的设计或非常有质感的布料，我喜欢别人身上那种超乎意料外的惊喜，也喜欢身边的人可以从我身上发现这些小小的惊喜。

陈雅红 × 平价时尚
最实际的潮流速配

我是那种很久才会去逛街的人，不过一旦决定去逛街，一定是已经想好了购物清单，然后带着一股强烈的欲望去血拼，所以通常就是直接杀到熟悉的店家，把架上的新品快速浏览一遍，如果是喜欢的很快就可以打包。我习惯在熟悉的韩系小店采买，对方很熟悉我的喜好，会直接把适合我的衣服推荐给我，也会很耐心地建议我一些搭配方式；另一方面，因为是熟客也较能有优惠（实际派的金牛），所以衣服虽然平价，但有比百货公司更贴心的服务。以前常常发现身边造型师朋友的服装很好看，一问之下出乎意料的竟然是平价的ZARA、H&M，所以现在我不仅在韩货小店血拼，还会到ZARA找些不同的时髦款来搭配着穿。流行太快速了，有这些快时尚的平价品牌，我们一般人才可以没负担地享受流行的乐趣。

Smart Shopping 穿搭建议
日常观察吸取流行精华

身边有很多朋友都很会穿搭打扮，我很羡慕他们可以这么前卫地走在街上，这种把造型服当日常衣着的人真的很不容易，我喜欢欣赏他们，从他们的穿搭中去发掘一些NG或OK，就像看流行杂志或做秀一样，很多实验性的效果可以激发我的灵感。所以，对于穿搭其实可以从生活中或工作伙伴中去累积经验值，把适合自己的拿来试试看，通常都还蛮有成效的，现在国际上也很流行街拍，所以我建议大可以像我一样，把观察当成一个吸取流行资讯的方式，久而久之，便可以清楚掌握当下的流行重点了。

姓名 陈雅红

职业 陶晶莹专属化妆师、发型师

平价时尚中最爱

ZARA、ASOS、D-MOP

不退流行的收藏建议

骑士风皮衣、长版白衬衫、牛仔裤、长版针织衫

本季欲望清单

Balenciaga city包、Rimowa Aluminum 50系列

血拼地图

诚品信义店、五分埔、东区小店

NT.1,100
（约RMB216）
香港尖沙咀小店

约NT.15,800
（约RMB3,100）
Diesel

NT.1,280
（约RMB252）
ZARA

NT.680
（约RMB138）
Forever 21

NT.2,080
（约RMB409）
ALDO

Z PEOPLE 16

服装造型师

百变穿搭高手

从伸展台上的名模，到时尚杂志总编辑，这几年转型为知名造型师，大强在时尚圈十多年的工作经验和浑身的星味气质，早已练就轻松驾驭各种款式的功力，艺人名媛一看到他的外型，几乎都能放心将自己的造型交给他打理。在还没什么人（尤其是男性）敢穿着大胆鲜艳的服装走在路上时，大强就试过大红色风衣或金色皮裤这类稀有的风格，还好他天生模特儿条件，自成一格的穿搭在时尚圈独领风骚。

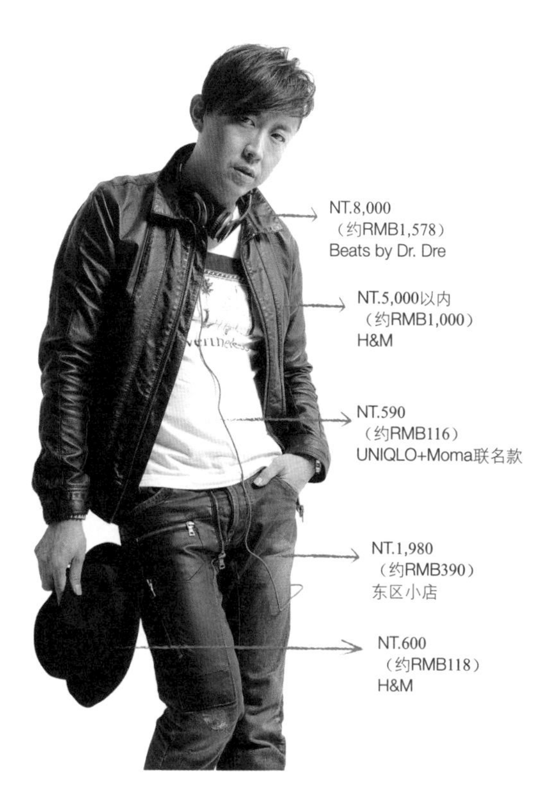

My Style 个人穿衣风格

摇滚范儿是近期的心头好

以前穿衣服偏向意大利或英伦风，摩登、绅士感强烈，现在我比较倾向摇滚风格，简单的白T－Shirt，配上骑士皮衣夹克、黑色窄管牛仔裤和皮靴，配饰方面我会选用有点朋克味道的手环、腰链和银饰戒指等，必要时擦上黑色指甲油，整体风格就出来了。以往酷爱名牌，现在更重质感，尤其身为造型师，常需要购买大量的配件和单品，现在采购重点会优先考虑如何以亲切的价格买到高品质的衣服，有效控制预算也是专业的一部分。

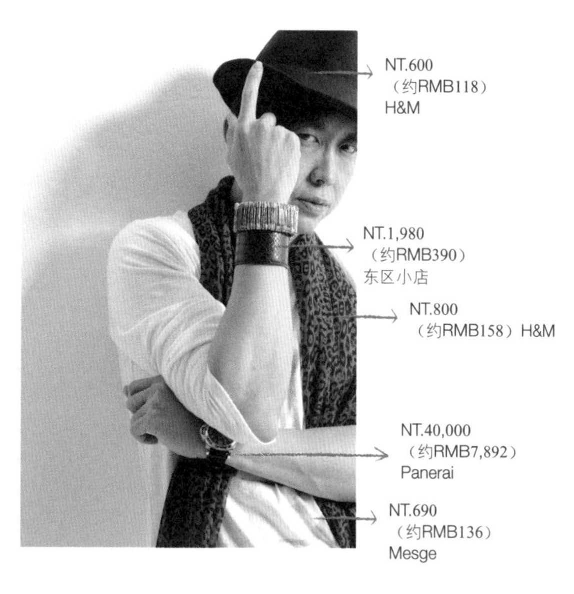

刘大强 × 平价时尚
平价小店找惊喜

我的工作需要常常出差，一到当地，一定会去逛平价时尚潮店；我也常去跳蚤市场寻宝，很好逛，但需要时间，否则真的看不完。东京的话有很多二手衣小店，多数都很便宜又很复古。在台北买衣服我最常在东区出没，现在统领后面小店都开在住宅区，很像日本的里原宿，每家装潢和风格都很特别。自营小店的老板往往挑到的东西，都能令人有惊喜之感。

Smart Shopping 穿搭建议
新旧搭配 既复古又环保

其实普通人如果不是这个产业的话，一个月置装费不会像我们花到那么高但所谓混搭其实一点也不难，不用一定要跟着流行走，每一季最流行的款式买个几件，然后从自己的衣柜找旧东西出来配，新的跟旧的搭配好的话，很难被发现一衣多穿；就像上班族也不可能一个礼拜每天都变出一套新衣服，不断地从新衣搭旧衣去转变风格，穿衣服才会变成是乐趣。比方这几年很流行复古风，你可以试着从爸爸的衣柜中翻出能搭的单品，像是衬衫或西装，或是把妈妈以前的手拿包再找出来用，以前年代的有些细节很讲究，现在的衣服反而做不出来，或省略了，这些都是很难得的复古元素。光凭想象想不出来怎么搭的话，现在网络发达，走红的blogger很多，很多国际设计师的灵感来自于街头，或来自于blogger，现在很红的lookbook，就很推荐大家可以上去看看他们怎么穿的，我自己也常去看，激发一下想象力，对于自己穿衣服会有很大帮助。

姓名 刘大强
职业 服装造型师
年资 时尚圈经历将近二十年
平价时尚中最爱 ZARA、H&M
不退流行的收藏建议 西装背心
欲望清单
男士手拿包
血拼地图
东区有些二手精品店，老板会从欧洲等地自己带回最新的配件，价格当然要比精品店可亲多了。另高雄义大的outlet据说有不少高档品牌，以过季价格出清时可以去寻宝。

NT.1,800
（约RMB355）
Izzue
NT.6,000
（约RMB1,184）
H&M（x'mas系列）
约NT.1,980
（约RMB390）
东区小店
NT.1,500
（约RMB296）
H&M（x'mas系列）
约NT.1,380
（约RMB272）
东区小店
NT.2,680
（约RMB529）
东区小店
NT.42,600
（约RMB8,405）
Alexander McQueen
NT.5,000
（约RMB1,012）
Gucci

Z PEOPLE 17

UNA 发型设计师

酷酷美少女

从事发型设计师的资历虽不久，但凭着一身的胆识与本事，Una可是近年来最红的设计新秀之一。古灵精怪的她，娇小纤细的外表，有着一种我行我素的酷个性。对潮流时尚一头热的她，总是领着那永无止境的欲望去挑战各种穿搭可能，从少女、街头到中性风，她都能轻松驾驭，主张时尚没有年龄界限，只要适合自己就算耍可爱也是一种专属的个人风格。

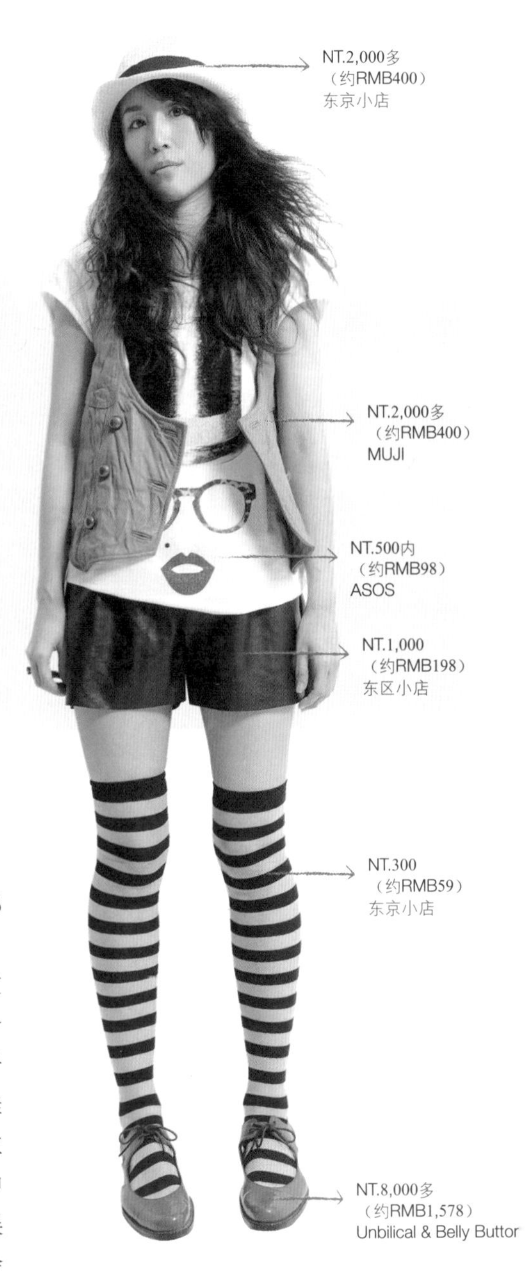

My Style 个人穿衣风格
个人风格独具的中性女

我穿衣风格蛮多元的，什么风格都试过，很女性的、英式的、酷酷的也有。最近迷上蕾丝，为了中和蕾丝所表现的过度柔美感，我会搭配较有个性能凸显出个人风格的配件，如酷酷的饰品、贴身牛仔裤，加上帽子，就能轻易“塑型”。对鞋子有种异于常人的迷恋，常常会不由自主地购买及收藏，鞋子是我觉得整体造型中最重要的配件，所以朋友都戏称我为蜈蚣。我偏好中性、大而有分量的款式，会让个性感加分不少。

注：[1] Unbilical & Belly Button,来自东京表参道“Tokyo Bopper”店内专售的手工鞋。造型抢眼、舒适好穿，是东京化妆师、发型师们的最爱。

Una × 平价时尚
平价时尚是心头好

最近爱上了Forever 21的underwear系列，他们家的商品很“少女”，颜色很缤纷且价格合理，很多配件的风格很强烈，出国时看到都会去买。还推荐一个我在东京街头发现的潮牌——Bershka（ZARA的副品牌）也很吸引我，走的是英式街头感的酷酷少女风，仿大品牌的设计，用色大胆、性感，风格近似Forever 21。

Smart Shopping 穿搭建议
国外街拍是潮流养分

最常通过杂志找灵感，补给流行资讯的养分，也会上网、阅读时尚杂志看街拍单元。外国人对于造型很敢尝试，只要有个性，有自信，其实穿什么都不是问题，“自信”看起来都有型，所以你的时尚衣柜中绝不能缺少的单品是“个人自信”！建议勇于尝试更多新鲜的事物，在探险中发现新大陆，别让年龄限制住风格！

About Me

姓名 Una

职业 elan hair concept首席发型设计师

合作艺人 侯佩岑、萧亚轩、杨千霈、天心等人。

平价时尚中最爱

ZARA 、H&M、Forever 21、ASOS 、Bershka（ http://www.bershka.com/ ）

不退流行的收藏建议

帽子、Vintage包

本季欲望清单

柏金包（梦想）、Cartier的Tank Watch

血拼地图

每个城市的平价时尚店

台北东区chica blanca 地址:106 台北市忠孝东路四段248巷6号

NT.1,100
（约RMB217）
东京小店

NT.3,000内（约
RMB590）东京
小店

NT.3,000内
（约RMB590）
东区小店

NT.200多
（约RMB40）
东京小店

NT.8,000多
（约RMB1,578）
Unbilical & Belly Button

陈建维 摄影师

潮流顽童

我和David是从小一起长大的好朋友，住同一个城市距离不到十公里，我们失联了将近十年，这些年我们各自发展，某天因缘际会在脸书上重逢了，冲着一句为理想而努力，热情的David二话不说，大方承揽了这本《平价时尚力》的监督摄影。摄影作品里充满人文味道的David，骨子里还是个热血青年，高学历加上俊俏的Camera Face(曾是Model)，私下即便是一身美式休闲，仍有股浓浓的潮味，简单轻松的哲理应该是David由内到外的一致性。

My Style 个人穿衣风格
潮流本位做自己

我喜欢透过镜头去探索一个人的内在，对于美与潮流这件事，我觉得做这件事的人如果不够自在，那必然是个失败的作品，讲白了，我不喜欢那种刻意刻画出来的美。我认为美是一个人的整体，不仅是一张脸，潮流也是，流行时尚本来就是生活的一部分，更是社会文化的体现，所以每个人都应该扮演好自己的角色就好了。一如我，不喜欢太拘谨的穿着，能够回归自然最好，所以潮Tee与休闲裤就是我生活的一部分，不管是工作或是正式场合，我希望不用扭曲自己的原型，可能就是外搭一件很Casual的西装外套就够了，其他配件像围巾或帽子，也是建立在实际功能上的需要而非造型，对我而言，流行必须是适合我的才成立，否则一味盲从，只会把自己搞得又累又“四不像”，何苦？

陈建维 × 平价时尚

无LOGO的潮流意识

以前觉得一分钱一分货，享受高价服装的同时，根本不会去往Giordano、NET这些品牌想，后来因为常出差，才发现原来像UNIQLO、ZARA、GAP、H&M 这些平价品牌的质感与设计都不差，渐渐地自己也爱上了平价品牌。我觉得我之所以会买平价品牌主要是因为它的质感，所以像Mesge在这方面就赢过多数平价品牌，另外我也会去ZARA店铺或Topman的网站上找些流行性单品。现在我几乎不买高价品牌服装，对我而言，流行是个人穿着的态度，而非品牌的logo，我认为平价品牌提供的是低门槛的时尚乐趣，我们又何乐不为呢？

姓名 **陈建维**

职业 **摄影师**

平价时尚中最爱

Mesge、ZARA、H&M、UNIQLO、GAP、American Eagle

不退流行的收藏建议

西装外套、牛仔裤，T-shirt

欲望清单

李吉他的手工包（李宗盛吉他品牌）

血拼地图

101，天母中山北路一带，微风百货

NT.980
（约RMB193）
ZARA
约NT.580
（约RMB114）
Mesge
约NT.15,000
（约RMB2,960）
Lavenlito
约NT.10,000
（约RMB1,973）
GAS
NT.4,500
（约RMB910）
Clarks

Z PEOPLE 19

许有湘 彩妆师

性格潮味魔法师

有湘是很多一线女星御用彩妆师，合作过艺人天心、张韶涵、侯佩岑、郭采洁等。长期在娱乐圈打滚，加上本身热爱、从事美的工作，每次见到有湘总有股新鲜感，虽然在造型上会有些微的出入，但是一头利落有型的短发已经成为她的招牌，有湘平日的打扮就很潮，这天的装扮更是散发着浓浓的“港味”！令人惊奇的是，除了饰品与包包，全身上下都很“平价”！

My Style 个人穿衣风格
暗黑女王路线

我喜欢街头感的服装，颜色比较低调，暗色系居多，搭配大的、夸张点的项链。我会穿的造型大概两个路线，玩颜色对比的，像荧光色、颜色高反差的；要不就是一身暗色系，我的衣服多数是黑、灰、墨绿色等。我对外套有种沉迷，各种型的外套都有，皮衣、西装、风衣、军装感的、短大衣等，我时常靠配件、饰品和外套搭出整体造型，里面就是基本款的T－Shirt穿搭，用素色长、短不同款式的T－Shirt穿出层次。近来我还迷上帽子，其实以前从来不戴帽子，因为头型小，短发也有限制，多数的帽子一戴，整个头盖住了，脸也完全遮住。直到试到这种头围较小的小礼帽，我戴起来是可爱的，可以冲淡太酷、过冷的距离感，所以在我暗黑的衣柜里又多一名生力军了，这是一件让我颇为开心的事。

许有湘 × 平价时尚
配件与服饰高低价混搭型格

平常我不喜欢逛百货或精品店，我很享受在小地方、小巷弄挖宝的乐趣，全身的行头几乎都在小店里拼凑出来的。服饰类的东西我觉得可以穿搭，实用性够强比较重要，所以只要花点时间往平价品牌里去找就可以了，现在许多平价品牌也有大牌的设计感，不仅实穿，价格也经济，台湾地区的平价品牌还不够多，所以平价商品小店是我最常血拼的地方。让我花比较多钱永远是鞋子、包包和饰品这些配件类，质感是我的第一考量，我认为这些在平日就要多采买，才会好做造型。

Smart Shopping 穿搭建议

化繁为简 配件是主角

追着流行走太累了，我平时工作很忙，其实没太多时间打扮，多年来也研究出一套自己的穿搭理论，建议不喜欢盲目追求流行的朋友可以作为参考。我觉得衣服尽量不要买设计感或流行性太强的，尽可能是在剪裁上有些变化的服装反而好打理，我个人的搭配诀窍就是服装以“不变应万变”，配件才是重点，多利用一些饰品多层次混搭出我所要表达的个性感。

姓名 **许有湘**

职业 **彩妆师**

平价时尚中最爱

ZARA、H&M

不退流行的收藏建议

各种基本款单色T－Shirt

本季欲望清单

宝蓝色硬挺短大衣

血拼地图

各种街头巷尾的特色小店

NT. 2,000以内
（约RMB390）
东区小店
NT.500以内（约
RMB98）
东区小店
NT.1,500
（约RMB296）
东区小店
NT.1,000
（约RMB197）
Circus
NT.6,000以内
（约RMB1,180）
Marc Jacobs
NT.5,000
（约RMB987）
东区小店
NT.199
（约RMB39）
东区小店
NT.1,500
（约RMB296）
东区小店

Z PEOPLE 20

吴东泽 服装设计师

高贵不贵的
百变潮穿设计师

身为国际精品夏姿男装首席设计师，潮流对他而言是家常便饭的事。在时尚产业从事设计十余年，东泽没有满身闪亮亮的名牌，相反的，他是个很厉害的平价时尚品牌网购高手！设计等同于创作，他的创作来源不是大明星，反而是很有个人主张的街头潮人们！

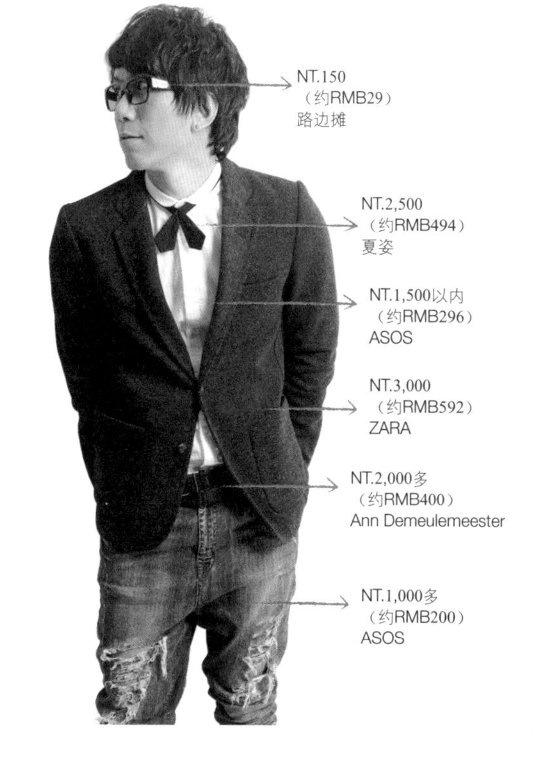

My Style 个人穿衣风格
街头与流行文化是浑然天成的灵感

我的工作常要出差至欧美等地，所以很喜欢观察不同城市街上、地铁的素人穿戴，尤其是上了年纪的长辈们，穿着一整套手工制作的西装大衣、绅士帽、袖扣、手工皮鞋等的老先生，或是戴着很美的手套、围着细致的丝巾、穿着质感很好的大衣的老婆婆，他们常带给我很多创作的灵感。

流行文化会一直影响我的穿着！之前很喜欢英国音乐时，特别注意英国人的穿着。有阵子设计休闲服，每天就会穿得犹如冲浪客，全视当天的感觉穿搭。多层次的穿搭一直是我的喜好，就像这阵子迷上了飞鼠裤，一买就买很多条，上半身随性的T－Shirt加上开襟衫让我觉得很自在。以前偏爱的色系一向都黑、灰、白，近来180度转变改走色彩风，不爱穿袜子的我，莫卡辛鞋Moccasin[1]也是最新喜好采购的清单之一，这种休闲式的平底鞋搭窄管裤很有型。

注：［1］Moccasin（平底船形鞋，也称Loafer），原意是印第安人穿的便鞋，也是指“没有鞋带的平底软鞋，鞋内底与鞋面通常由同一块皮革制成”，穿起来相当舒服，也叫懒人鞋。

吴东泽 × 平价时尚
一指搞定全身造型

网购常碰到尺寸不合和质感的问题，尺寸方面，网站会详细列出模特身材和选择尺寸；材质会有文字说明或从价格上去判断。很多快时尚网购做得很全面，送货、退货都方便，完全不需通过代购，英文看习惯就懂了。不出门就能采购平价精品，对我这种很懒出门的宅人，简直是一大福音！像 ZARA鞋子质感不错，好穿耐用；UNIQLO的T－shirt实穿；H&M推荐他的设计师联名系列；ASOS流行感强，穿起来很舒适，加上 free shipping(免运费)，去年我大概花了将近十万（新台币）在网购平价时尚潮牌上，“一指搞定”从内到外的造型。

Smart Shopping 穿搭建议
胆大心细 平价中创新意

近来男生对穿搭愈来愈有想法，但我认为在穿衣色彩上可以做突破性的改变会更好，尤其在鞋子的选择方面可以更多元。极少数男性会穿着红色或绿色鞋子在街上走，其实鞋子不一定要很贵，但可以选择流行入门款约一两千元（新台币），穿个两三季就可以淘汰。来自西班牙的ZARA男鞋有型之外，价格也很亲民，两千多元是很好上手的价格，却能让你穿出个人品位，一双设计好的鞋能让你从头到“脚”都能彰显个人魅力。

姓名 吴东泽

职业 夏姿男装首席设计师

平价时尚中最爱

ASOS、ZARA、H&M、Topman

不退流行的收藏建议

黑色好皮料的修身皮夹克

欲望清单

一双正式的、好皮质的皮鞋，在颜色、材质上能有拼接效果的尤佳

血拼地图

各大平价时尚品牌的实体、网店

NT.270
（约RMB53）
ASOS
NT.2,500
（约RMB494）
Falconeri
NT.3,000以内
（约RMB590）
ZARA
NT.3,000多
（约RMB600）
夏姿
NT. 2,000以内
（约RMB390）
Sport b,
NT.50,000以内
（约RMB9,870）
Bvlgari
NT.1,000以内
（约MB190）
Izzue
NT.1,800
（约RMB355）
ASOS

Z PEOPLE 21

艺　人

选美皇后爱耍酷

被称为“选美皇后”的钱映伊，漂亮秀气的外表下拥有一颗狂野豪迈的心，总是笑容迎人的映伊，私底下是大剌剌的个性，完全没有出身豪门的娇气。人缘超好的她，更是朋友眼中的傻大姐，对于自己的衣着态度，映伊用两个字来解读自己——酷女。“所有元素放在我身上都要符合酷，还要不失女人味，我喜欢女人要有独立的感觉，但是也保留老天赋予的女性魅力，所以任何潮流元素只要有这两项特质就是我的菜。”

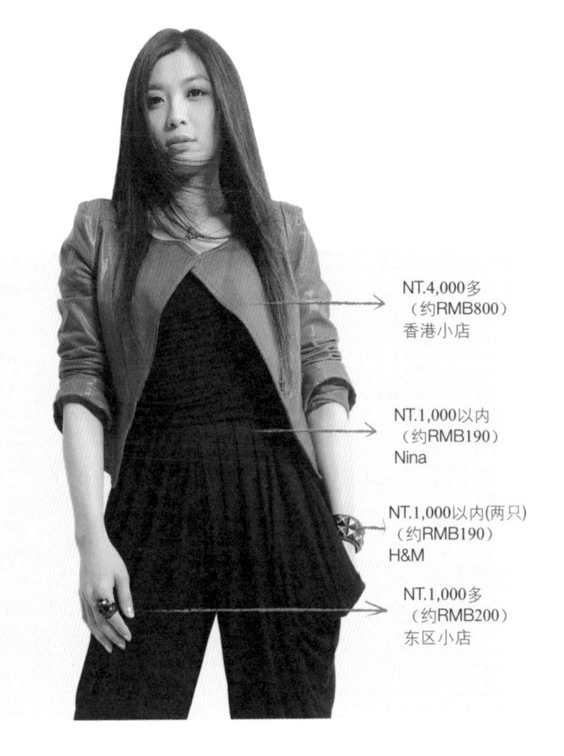

My Style 个人穿衣风格
最爱摇滚风装扮

从小我就喜欢唱歌，也喜欢音乐，现在还在苦练吉他，所以平常私下穿着，喜欢带着摇滚味儿的服装。我个性不拘小节，平常穿着其实比较偏中性look。因为喜欢摇滚乐，所以穿搭风格也会往摇滚感觉走，我觉得整体造型要看起来有个性，就要有自己的味道和特色。 我拥有最多的配件是围巾，我连围巾都会买很Rocker感的，像是有图腾、花纹或骷髅头的；每次出门逛街买衣服，买最多的都是围巾和帽子。我觉得帽子和围巾是可以让整体造型变活泼、差异性最大的配件，有时浪漫，有时复古，也可以耍酷。饰品方面，就属戒指最多，这类单品我尤其喜欢很夸张的设计，比较大的、显眼的、骷髅头或特殊造型的都会让我爱不释手。

钱映伊 × 平价时尚

一身Rocker行头交给平价时尚

红色和黑色是我很喜欢的色系，这两个颜色很百搭。对于平价时尚的品牌我知道得比较晚，因为常去香港购物，逛到了ZARA、H&M后觉得就像中了平价时尚的毒，除了质感很不错的基本款，也能买到很年轻的潮流款式。此外，我更爱去逛ZARA旗下比较年轻的副牌Bershka Collection与BSK Collection，在这些品牌里更容易找到我喜欢的摇滚味T－Shirt。往往在平价时尚店里逛一圈，基本上全身上下都能买齐，让我常常有种进得去出不来的感觉。

Smart Shopping 穿搭建议

从个人喜好 发展自己的路线

因为喜欢音乐的关系，我也常会观察一些音乐人的穿着，我最喜欢的是两种风格。一种是穿着很中性又前卫，从穿着就看出这是很有想法的人，这是我很想达到的一个目标。另外一种是像周丽淇这样比较女人味，也是另一个性格的我。其实如果是和喜欢的男生约会，我就会穿得比较贴身，展现女人的那一面。所以我也建议对自己造型拿不定主意的人，不妨从你欣赏的歌手、名人下手，从模仿中再去摸索出自己的味道，自然你会觉得为自己打扮也是一件有趣的事！

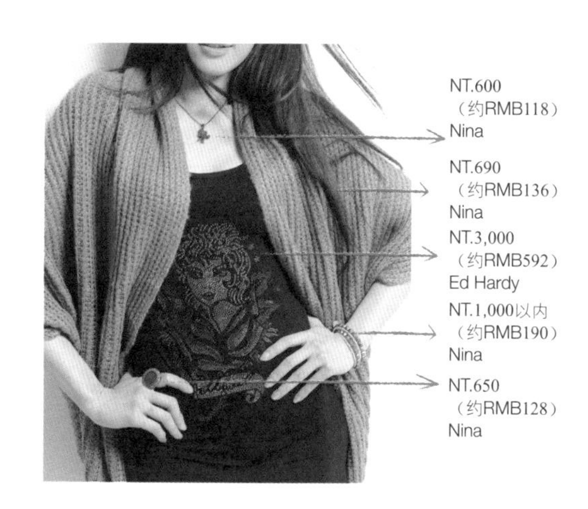

About Me

姓名 钱映伊

职业 艺人

平价时尚中最爱

ZARA、H&M、Bershka Collection、BSK Collection

不退流行的收藏建议

T－Shirt、牛仔裤

本季欲望清单

无，该有的都有了。

血拼地图

临江街上的Nina：通化街观光夜市里

SMG（林俊杰的店）：台北市大安区忠孝东路4段219号1楼

微风二馆(微风忠孝馆)内1楼

NT.790
（约RMB156）
Nina

NT.690
（约RMB136）
Nina

NT.3,000以内
（约RMB590）
H&M

艺 人

潮流发电机

总是轻声细语的晴瑄，身材高挑纤细绝对是个百分百的衣架子，爱美又有天分，在美妆与服装造型上绝对具备专业水平，所以每次聚会女生们一定会围着她，一一考究她身上的行头、妆发配备。没错！她本身就是个潮流发电机，任何物件放在她身上都好看，所以对她来说，时尚毫无局限，能展现出个人优势就是无可取代的精品。

My Style 个人穿衣风格

帽子达人气质加分

我是个不折不扣的帽子控！帽子是我的造型秘技，能凸显个人风格。不同款式的帽子大约有上百个，绅士帽、小圆帽、草帽、淑女宽帽、毛帽等，我觉得帽子能为个人气质加很多分，其中我觉得最百搭的是绅士帽，再搭上皮衣、黑长裤超有型。绅士帽既能表现个性，也能摇身一变成为淑女风、可爱风或帅气风，秘诀就在戴法上稍作变化即可。我最爱绅士帽搭配小西装，再搭配一件长裙，在随性中展现出与众不同的个人气质。

杨晴萱 × 平价时尚
平价时尚挖宝要快狠准

平价时尚新势力正在崛起，忠孝东路到敦化南路这一带的巷子中，隐藏不少让人眼睛一亮的设计师小店，超推荐大家可以去挖宝。ZARA风格多元，能够充满女人味、也能充满年轻潮味，能满足每个人不同的采购欲望。对于平价品牌的血拼经验是——喜欢的款式就要先下手为强，因为一旦错过，很可能就买不到了！

Smart Shopping 穿搭建议
从1开始的聪明穿搭术

我觉得要建立自己的风格有很多方法，最简单的方式就是找到一件自己最爱的单品，从这类单品去衍生出相关的搭配方式。就像套公式，有一个路径可循，渐渐地就熟能生巧，我称它为“1的无限大”，像我就从帽子开始建构我衣柜里的时尚王国，每顶帽子都能让我变出5~10个造型。每天打开衣柜，看到帽子我就会有穿搭的灵感，建议你不妨试试看。

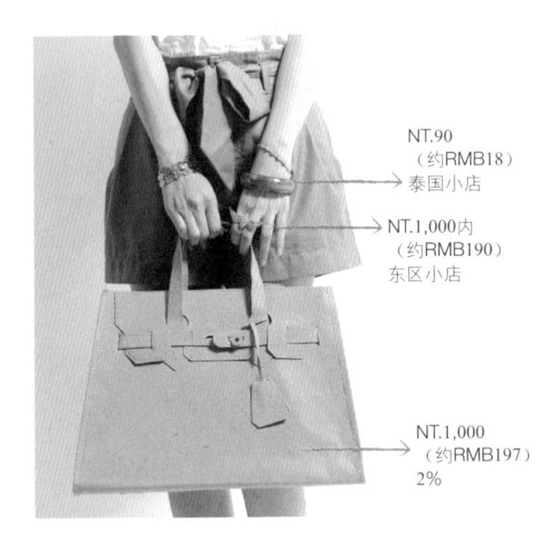

About Me

姓名 杨晴萱
职业 艺人
平价时尚中最爱
ZARA、UNIQLO、H&M
不退流行的收藏建议
帽子
欲望清单
红色的Boy Chanel男孩包
血拼地图
台北东区韩货小店、平价时尚店
网购：www.shopbop.com、www.asos.com

NT.1,500
（约RMB296）
日本小店
NT.600
（约RMB118）
东区小店
NT.1,000多
（约RMB200）
ZARA
NT.3,000
（约RMB592）
Cocodeal
NT.790
（约RMB156）
东区小店
NT.8,000以内
（约RMB1,579）
Marc Jacobs

张李玉菁 服装设计师

高街与高单价的完美相遇

张李玉菁的穿着精神会让我联想到美国的《Teen Vogue》的前时尚总监格洛里亚·鲍姆（Gloria Baume），鲍姆大胆地把玩色彩与图纹，服装完整呈现出天真、充满孩童式想象乐趣的个性。张李穿衣服不是像调色盘般狂放洒野，而是和鲍姆一样，从服装可以看见个性与思维，而这点，是多数照着杂志穿衣服的读者们可以试着走出自己的comfort zone、有点突破的技巧。一点日式俏皮，一点法式复古，张李穿出了无数街拍爱好者都会有共鸣的独特巧妙。

My Style 个人穿衣风格
用层次穿搭高视觉

我穿衣服偏好中性路线，偏爱能凸显个性的单品，喜欢运用不同布材混搭，像身上白色长洋装感觉上是纱质，但经过压制会显出布料的硬度。还有，如果身材像我一样娇小的人，可以利用层次穿搭来营造出“高”的视觉感，除了围巾，我觉得legging与袜套是一个很容易混搭出高度的秘诀，可以利用颜色制造下半身的焦点，全身上下维持一定的平衡点，高度就出来了。我最喜欢丹宁布，所以衣柜中牛仔系列的衣裤最多。丹宁是趣味感十足的材质，有自己独特的味道。从原始的色彩到水洗的过程，会留下使用过的痕迹，有一种讨喜的古着味，在牛仔单品上很容易营造出这种味道，所以使用牛仔搭配任何一个新的单品便能轻易地凸显出个性感，不易退潮。

张李玉菁 × 平价时尚
从平价中找出经典款

其实逛平价时尚品牌，大家会想以有限的预算，采买当季最流行单品。但我建议采买时应该跳脱这个思维，从替代性高的服饰中，找到经典的单品，如此一来每一季能省掉更多的预算，不需盲目地追赶流行。当然不见得每次都能挑到自己喜欢的，有时还有版型和材质都要考虑进去。我喜欢简单的线条、带点古着味的材质，加上价位合理才能吸引我下手。 其次就是配件饰品类，简单的白T－Shirt和牛仔裤，用饰品去搭就可以很好看。善于储备一些有趣的配件和饰品，可以帮助你在各种场合中吸引众人的目光。

Smart Shopping 穿搭建议
白衬衫和牛仔裤衣柜必备

每个人衣柜都要有的东西，我的建议是白衬衫和牛仔裤。女生们应该要拥有有点正式感的白衬衫，以及不同裤型的牛仔裤。裤子版型的趋势常常是宽、窄的循环替代，这几个线条版型都有了，通常就不用担心之后趋势又怎么改变，也是精打细算的方法。 时尚不是你一定要跟着潮流走，我觉得更重要的是你的思维，有想法才能灵活穿搭，多收集潮流资讯，试着走出自己的风格，流行的DNA自然就会在你的生活中滋长。

About Me

姓名 张李玉菁

职业 Stephane Dou & Changlee Yugin 自创品牌设计师

平价时尚中最爱

UNIQLO、Topshop

不退流行的收藏建议

白衬衫，牛仔裤

本季欲望清单 无

近期时尚icon

徐濠萦

血拼地图

伦敦有两个我爱逛的二手市集：

Portobello的跳蚤市场有古典珠宝、胸针和Vintage的古董衣，另外Old Spitalfields Market是许多新锐设计师的作品，前卫而独特往往会有惊喜。

网址：www.portobelloroad.co.uk/
www.visitspitalfields.com/

NT.8,000以内
（约RMB1,579）
Ale×ander McQueen
NT.8,000以内
（约RMB1,579）
Junya Watanabe
NT.8,000以内 （约RMB1,579）
Stephane Dou & Changlee Yugin
NT.199
（约RMB39）
UNIQLO
NT.190
（约RMB38）
H&M
NT.10,000以内
（约RMB1,970）
Christian Louboutin

Z PEOPLE 24

服装设计师

随手拈来就是风格

本身就是设计师的窦腾璜，从衣服、造型当中获得的学问与经验，以及长久以来对于服装各种层次的追求，使得现在的他，随手拈来就是风格。乍看他的造型似乎很惊天动地，其实细看，戏剧化的效果是来自宽大的斗篷，脱掉斗篷，他一身的造型很简单、易搭，也是你我衣橱中都会有的衬衫和运动外套，这就是穿衣服的功力。

My Style 个人穿衣风格
回到本位的直觉性穿衣法则

我这两年的穿衣风格，比较回归到自己生活的舒适跟需求，不会刻意要求什么造型，像是我喜欢白衬衫，也喜欢运动装，今天比较冷，觉得有个大的斗篷还不错，就会这么搭着出门。以前服装上希望有个爆点，要有不同的设计或饰品之类，现在反而会把重点放在喜不喜欢、舒适与否的直觉上，用删除的方式，只留下适合自己的。但一开始若不清楚什么是适合的，多尝试是对的。

配件类，我完全没有名牌包，因为经常出差，所以包包一定要是尼龙材质，“轻便”是首选。我认为“配件”是最不会退流行的，围巾或帽子，只要适度搭配，整体造型就会格外有型。

窦腾璜 × 平价时尚
出差时的急救站

我出差通常不太带衣服，都到当地再买，所以在台北几乎不太逛街。如果出差时突然急需要衣服，平价时尚品牌就是很好的选择，很好入手，也不容易出错， 而且只要善加维护，这些衣服其实可以穿很久，并不像一般人印象中以为的便宜就容易坏。 我认为在享受快时尚的同时也要兼顾个人风格，所以一定要懂得混搭的窍门，那就是“善用配件”，否则很容易像穿着制服的路人，是无法在穿搭上获得乐趣的。

Smart Shopping 穿搭建议
自我喜好 创意无限

没有什么不可能，也没有什么好与不好，流行本来就是被创造出来的一种意识形态，对我而言自己的喜好最重要！我觉得可以大胆地玩穿搭，把衣柜里的衣物找出来试着用一种逆向思考的方式放到身上去，常常创意就在颠覆的瞬间诞生了，我建议那些在潮流中迷失而无从选择的朋友，别太在意什么是In，做自己才是王道。

姓名 窦腾璜
职业 Stephane Dou & Changlee Yugin 自创品牌服装设计师
平价时尚中最爱
MUJI、American Apparel （www.americanapparel.net）
不退流行的收藏建议
白衬衫、棉质衣物
欲望清单
想要买大量的贴身衣裤与袜子
近期时尚Icon
艾里珊·钟、火力全开的日本版《Vogue》总编安娜·戴洛·罗素
血拼地图
日本南青山、里原宿，香港的海港城、中环IFC一带等

NT.2,000以内
（约RMB390）
框框
NT.4,000多
（约RMB790）
Stephane Don &
Changlee Yugin
NT.1,000多
（约RMB200）
Nike
NT.10,000多（约RMB1,980）
Stephane Don & Changlee Yugin
NT.2,000以内
（约RMB390）
Greyhound
NT.4,000以内
（约RMB790）
Nike

Z PEOPLE 25

MIMI 时尚秀导

轻松自在的衣Q模范

模特儿就得一身芭比娃娃的完美精装look？NO！Model出身的Mimi，几次私下聚会让我对她轻松自在的衣Q印象深刻，高瘦身材和白皙皮肤，其实穿什么都好看。原以为她会是个酷妹或辣妹，殊不知个性执着又爽朗的她却偏爱干净感中略带青涩的Casual打扮，确实一来凸显了她清新的气质，二来还有那么点学生味，我想这股理所当然的个人质感应该也是多数人学不来的，同时也是回归自我最坦率的自然美女模范！

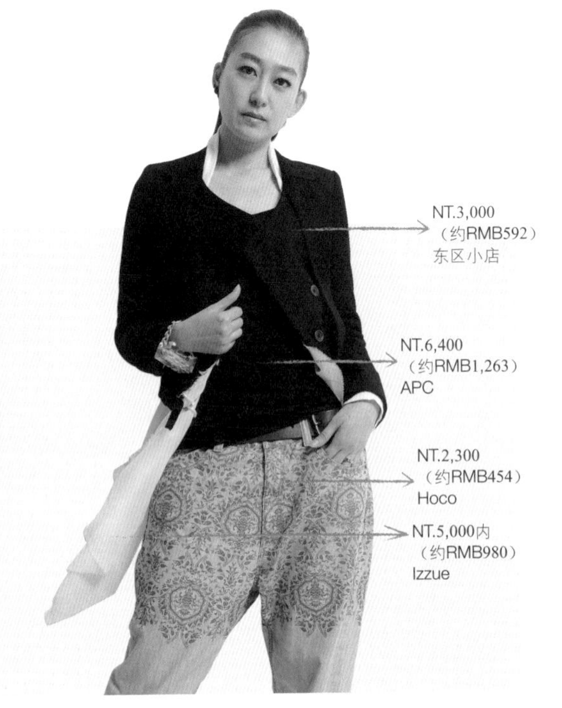

My Style 个人穿衣风格

下半身交给牛仔裤就对了！

平时以中性风格为主，因为工作关系（秀导）需要常走动，所以原则上裤装就是我的基本配备，打开我的衣柜最多的就是T－Shirt和牛仔裤，几乎各种版型的牛仔裤我都有。对我而言，牛仔裤是一切造型的答案，只要遇到任何难搭配的衣服，下半身交给牛仔裤就对了！我不喜欢一整套很严肃的穿搭，所以即便上半身来个正式的外套我也会选一条舒服的牛仔裤来平衡。

所有牛仔裤当中我最推崇Boyfriend的款式，有点Oversize的垮裤设计，没有一般牛仔裤的拘谨，有型而且有种轻松活泼的时髦感。除了搭配T－Shirt和平底鞋可以穿得很年轻、很休闲外，其实只要换件较正式的上衣，踩双细高跟，马上又是另一个味，我常这样穿搭出席潮Party及活动，有型又不失礼。

Mimi × 平价时尚
平价时尚应该是很生活化

我觉得平价时尚应该是很生活化，而且不需过度造型，否则看起来反而很有压力。

全身上下的单品来自不同平价店铺，我喜欢从小店及平价品牌挖宝，这也是我的穿搭乐趣。不管是ZARA，Izzue或小店，只要搭配性够且高贵不贵我就会下手。我很喜欢在东区巷弄或后火车站采买，有时也会动手改造，便宜未必没好货，我身上很多看似高单价的饰品、鞋靴都是超乎想象的便宜，重点是要有耐心多逛多看！

Smart Shopping 穿搭建议
简单的单品 不简单的学问

我以前也会买一些风格很强烈的衣服，却不知道该怎么搭，后来有个原则是：蝴蝶袖或其他不好搭的宽版类衣服少碰，合身的单品比较好搭。我喜欢平实、简单而耐看的单品，同一路线的衣物容易搭配，不易出错且可以N次方地把玩混搭，我觉得这才会有个人特色。像我身上的红色格子上衣，可以当外套，但是把袖子打个结，再配双军靴，就可以当裙子穿。功能性和搭配性是我挑衣服的重点。

我有很多T－Shirt是因为搭配性高，而且台北的冬天不太冷，所以到冬天只要里面多套件长T－Shirt，外面照常穿短T－Shirt，外套穿厚点，就能搭成一套，T－Shirt对我来说几乎没有季节性。我认为穿搭没有那么难，重点在于自我定位，有时候我们不需要刻意去修饰或凸显个人身材，跨过这些界线，穿出有记忆点的个人风格胜过于一切。

姓名 Mimi (黄怡芳)
职业 伊林时尚秀导
平价时尚中最爱
Izzue、ZARA、H&M
不退流行的收藏建议
T－Shirt、牛仔裤
本季欲望清单
图腾或剪裁特别的牛仔裤
血拼地图
东区后巷，后火车站，五分埔和西门町，建议大家逛街要一步一脚印，才会发现惊喜和趣味。

NT.1,280
（约RMB253）
Mesge

NT.199
（约RMB39）
NET

NT.600以内
（约RMB118）
东区小店

NT.48,000
（约RMB9,475）
Fendi

Z PEOPLE

孙乐欣 电视制作人

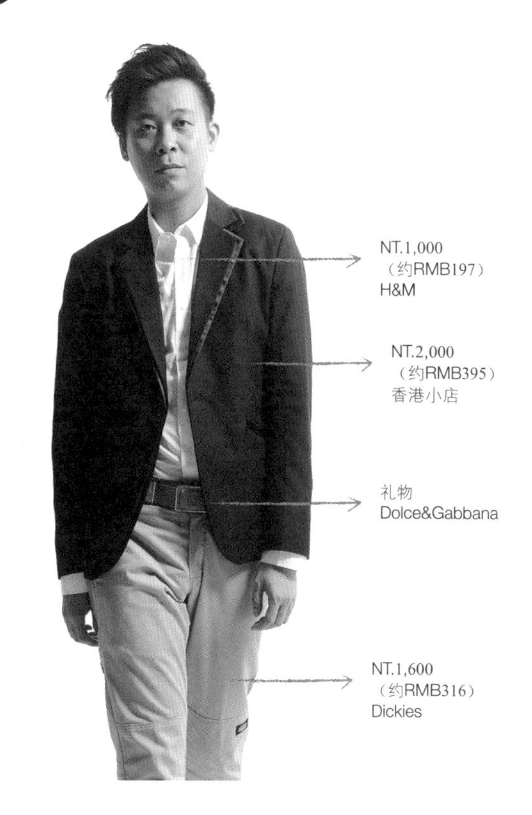

四平八稳的实际派

号称电视圈最帅的制作人孙乐欣，是这圈子里的少数异类，永远一副GQ型男的潮样出现在摄影棚，和一般衣着随性的电视人完全不同。因为金牛座的个性使然，穿搭不以花哨见长，务实的个性让他对时尚品位的判断十分精准，不做多余的花费在不适合自己的事物上，也不喜欢跟随潮流，只规矩地扮演好自己的角色，所以穿搭风格上也如同他的个性，是简单有型的都会雅痞风。

My Style 个人穿衣风格
规矩黑白配绝不出错

衬衫、牛仔裤是我最常的打扮，因为从事幕后工作的缘故，大多数人给人不修边幅的印象，但我希望自己至少人模人样，所以衬衫是我最基本的配备。

穿衣服对我而言简单、舒服最重要，愈简洁愈好。从事幕后的人长相都不会太突出，更别提穿衣打扮这件事，因此要尽量维持一贯的低调，免得搞到最后人家只看衣服不看你，也不是什么好事。颜色钟爱黑和白，偶尔才会出现一件蓝色的，大多是衬衫及T－Shirt，因为不管潮流怎么走，衬衫、T－shirt很难退流行，我一向衣服穿到破才会丢。我们哪懂什么时尚？我的穿衣逻辑就是规矩，所以愈简单愈不容易出错。

孙乐欣 × 平价时尚
表和车子，男人的时尚配件

在美国念书时我就是平价时尚爱好者，现在也还是专挑平价时尚品牌逛，基本款的衬衫、黑白色系衣服一次买齐。我没有像女生那样夸张的配件，但最重视表，男人要有一只好的表，其他多余的饰品就不必了。还有车子，对于时尚的喜新厌旧，我是表现在车子上，一两年换一次，车子和表，是我觉得对男人而言最重要的时尚“单品”，钱都投资在这上面了！

Smart Shopping 穿搭建议
欧美艺人穿搭当指南

做这行常会接触很多艺人，多数男艺人的造型都太不实际了，所以日常穿着上我反而注意欧美艺人，他们穿得简单，牛仔裤、衬衫和一件简单的外套，剪裁简单的单品比较适合每一个人。我其实很少花钱在买衣服这件事上，但一条好的牛仔裤，是最基本的。我觉得男生造型不用太花哨，一条有型且适合自己style的牛仔裤就能显现品位，所以再怎么不懂流行，就从挑一条牛仔裤为自己加分开始吧。

姓名 孙乐欣

职业 电视制作人

平价时尚中最爱

ZARA、H&M、GAP

不退流行的收藏建议

一条好穿的牛仔裤

欲望清单

已经十年没有球鞋，想要一双亮丽的球鞋

血拼地图

在美国一定会扫遍当地outlet与各平价品牌

NT.1,000
（约RMB198）
H&M
NT.8,000以内
（约RMB1,580）
H&M
NT.800
（约RMB158）
观光夜市
NT.1,800
（约RMB356）
东京小店

Z PEOPLE 27

陈孙华 知名造型师

用低调打造品位

从唱片企划一路做到造型界的翘楚，孙华的好人缘与造型功力有目共睹。虽然身为大牌艺人的御用造型师，私底下的他还是一派谦逊，平时的穿着尤其低调，你很难在他身上看到夸张的发型或前卫的配饰，将所有光彩聚焦在艺人身上，自己则在背后默默付出。舞台下的孙华，仅用黑、灰、白、蓝基本色便能穿出高人一等的英伦潮味！

My Style 个人穿衣风格

英伦绅士玩细节创意

总是在帮别人做造型的达人，如何为自己造型？

帮艺人做造型时我会依艺人的条件，或唱片的定位而尝试破格，甚至做夸张前卫的整体设计，但是回到个人本身的穿搭，我反而喜欢走低调的路子，对我而言，简单的衣服里掺杂着一些细节的设计与特质就够了，剩下的就交由穿衣者的“质”来定夺一切。我重视剪裁，以及细节的处理，光是肉眼扫描，三秒便可判断穿上去的实质感，衣服的剪裁要能修饰身形才是根本。“简单、舒适、内敛、低调”的设计是我的陈孙华风格，所以我喜欢的品牌大致上也是偏向低调，如Martin Margiela，Yohji Yamamoto，Giuliano Fujiwara等。

陈孙华 × 平价时尚
完美的七件单品

建议读者，如果怕撞衫，又不想花大钱，“聪明采购”百搭基本单品就成为你的第一堂时尚入门课，女生的衣柜中一定要有的七件式：白衬衫、T－shirt、卡其风衣、平口洋装、开襟毛衣、黑色圆裙、牛仔裤；男生穿搭不可或缺的七件式：T－shirt、针织开襟、西装外套、白衬衫、合身牛仔裤、风衣、围巾。如果真的不知道怎么挑选时，就可以从令你有型的完美七件式下手采购，不仅省了荷包还能度过好多季。

Smart Shopping 穿搭建议
不知道怎么搭？找条围巾就对了

我的职业每天要接触流行，帮艺人hold住时髦趋势。为了艺人造型，脑子里永远都要保持灵感乍现的流行感，但对自己则回归到近乎极简的设计感，只选择特别的领子或是特殊的剪裁，当然材质一定要舒服像大品牌一样。

我一向认为所谓的“经典”，是可以经过时间的考验，不会随着时空的转变而退潮。衣柜中各式各样白衬衫，领子有一点变化的，剪裁稍不一样的……各种开襟针织衫，还有西装外套也呼应着“经典隽永”这四个字。但围巾我有四五十条，很好搭配，穿西装时，可以交叉在胸口当内搭，也可以披在夹克和衬衫之间，披挂出层次感，真的毫无穿搭灵感时，不妨充分利用围巾来造型，将里外两件本来不搭的东西变得协调，这样的穿搭秘诀适用于每个人。

姓名 陈孙华

职业 知名造型师(蔡依林、言承旭、黄晓明等艺人造型)

著作 《完美七件事》

平价时尚中最爱 ZARA、H&M、UNIQLO

不退流行的收藏建议

T-shirt、针织开襟衫、西装外套、白衬衫、合身牛仔裤、风衣、围巾

本季欲望清单

Goyard托特包、IWC手表

血拼地图

团团(微风本馆G F、新光三越A11 2F)、Hotel V(敦化南路177巷48号B1)、club designer(http://www.clubdesigner.com.tw/)、复合式的精品店都喜欢去。

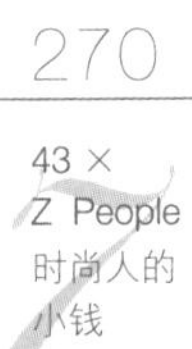

NT.1,000多
（约RMB200）
UNIQLO
NT.1,000多
（约RMB200）
UNIQLO
NT.8,000以内
（约RMB1,580）
N.hollywood
NT.250,000
（约RMB9,375）
Burberry
NT.5,000多
（约RMB990）
Wu yonu min
礼物
天梭
NT.8,000以内
（约RMB1,580）
Giuliano Fujiwara
NT.20,000多
（约RMB4,000）
Burberry

Z PEOPLE 28

导 演

型男养成

品位是可以养成的，这句话放在导演Paul身上一点也不为过！长年旅居美国的他，以往总是一件宽松polo衫和打折卡其裤，非常美式学院风的少年郎，数年后的今天，将polo衫变成潮Tee，卡其裤换成中低腰的牛仔裤，除了还是有点害羞的性格没变外，整个外型几乎完全是另一个人，现在只要出席时尚派对，一出场很难不吸引正妹、潮男看过来啊。

My Style 个人穿衣风格
轻松自在做自己

我和多数男生一样，最在意的来自于有主题（精神）的T－Shirt设计，是“舒服”两个字，因为常居美国(LA)，我非常习惯美国棉的好穿感，基本上我不太care潮流之类的事。我觉得衣服要穿起来像自己比较重要，那种矫揉造作或太紧绷的衣服我都很怕，我还是喜欢带点美式休闲的都会感穿着。T－Shirt与Jeans是我一年四季的基本款，所以我觉得只要设计够特别，再随气候变化搭配不同季节性的外套，个人风格就可以很明确，所以我的采购原理很简单,只要是喜欢的图腾设计加上纯棉的舒适感我就会买单。

杨维凯 × 平价时尚

平价是王道

我不是很爱shopping，之前在美国想买衣服一定就是跑到 outlet直接进GAP、Banana Republic几个店铺逛一逛就能满载而归。回来后基本上没有太多平价品牌可以买，所以也只好定期请亲戚从美国购回，不过偶尔还是会去百货公司或Costco买买CK、A/X、DKNY等品牌，后来发现平价品牌NET有些基本款的T－Shirt质感还蛮接近美国棉的，所以现在我会直接跑到内湖一带的outlet，把Adidas，NET及Nike的过季店一次逛完。对我而言，平价品牌一直是我的购物习惯，尤其是现在的平价品牌实在太精彩了，以前去东京可以买到Jil Sander × UNIQLO的+J，最近我在电脑前按按鼠标就买到了Undercover × UNIQLO的UU限定款。平价品牌不只是平易近人的价钱，而是更贴近多数人的真实人生。

Smart Shopping 穿搭建议

“型，不行”的减法穿衣术

从事媒体广告工作，对于穿着其实多少会有点创意人的Style，不过我的原则还是在于“型，不行”这个观念差，也就是要有自己的型，而非一味地跟风。我觉得太刻意或太花枝招展的打扮通常都是扣分的，就像广告角色设定一样，愈是简洁的造型才能耐看与讨喜，所以我建议用“减法”穿衣法来找出自己的型，特别是一般的男生，干干净净再加上简简单单的衬衫或T－Shirt，应该就不会差太远了。我自己的经验法则是基本分数上先拿到，接着再依据自己的身材优缺点找些设计利落的服装，像是圆领或V领的T－Shirt，以及在领口或口袋有点设计的衬衫，除了基本款的蓝、白、黑外，也可以穿插一些特别色。我觉得时髦未必要一身名牌，简单的款式透过颜色也可以很有流行感了。

姓名 杨维凯 Paul

职业 导演

平价时尚中最爱

GAP、Banana Republic，ZARA、NET、UNIQLO

不退流行的收藏建议

T-shirt、西装外套、白衬衫、牛仔裤

欲望清单

Biker Jacket、Paul Frank 包

血拼地图

Leeco、Costco、101 mall、诚品信义店

NT.1,600
（约RMB316）
Adidas
NT.1,680
（约RMB332）
ZARA
NT.3,500
（约RMB691）
A/X
NT.2,480
（约RMB490）
Nike

Z PEOPLE 29

廖素平 经 纪 人

最耀眼的美女经纪人

号称艺能界最美丽的经纪人，素平平常带着侯佩岑或天心出席活动时，隐身幕后，在旁小心翼翼照顾艺人，将光芒留给她们。殊不知，原来她也是超级爱买一族，满肚子的服装经，还有满衣柜要爆棚的各种服装、配件。原来经纪人必须陪同艺人出席公开场合和派对，艺人美美的，经纪人当然也要有耀眼度，镁光灯一过来才能跟着hold住全场。

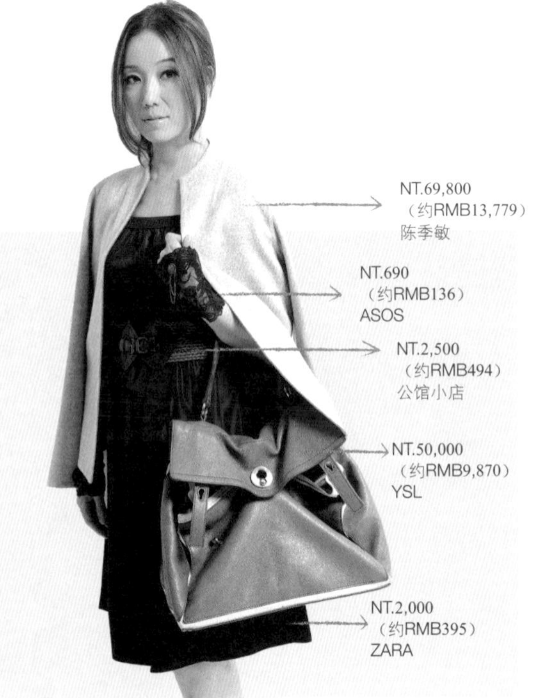

My Style 个人穿衣风格

以工作为考量的日常装备

因为工作需要展现出专业度，常要开会、跟客户见面，有时晚上也要跟艺人一起出席活动，所以我的洋装非常多，大概有30件以上。打开衣柜最多的就是洋装和牛仔裤；色系大多是黑色、咖啡色、灰色、深蓝等这种安全的颜色。有时也会想要不一样，但发现粉红色或其他鲜艳色系，辨识度太高，也比较不容易搭配，因此我会尽量避掉这些色系的服装。女生到冬天都很爱买外套，我也是，皮衣外套三件，风衣最多，各种颜色、长短版厚薄不一，大概有三十几件，我觉得风衣百搭又时髦。平常工作机动性高，常需要站着或走路，所以平底娃娃鞋是我的基本配备，所有的平底鞋中我最喜欢Ferragamo这牌子，真的非常舒适好穿，虽然一双要价一万多新台币，但可以穿很久，非常值得投资。我不迷信名牌，但是在使用的实际考量上，精品的质感与做工确实有它的可靠之处，所以像鞋子与包包这类单品，我会买好一点。除了好用外，往往质感好的名牌精品确实可以有加分效果。

廖素平 × 平价时尚
ZARA、Forever 21是最爱

平常工作没时间逛街，有空的话，一定到ZARA和Forever 21报到。H&M也有很多配饰，款式多，流行感强烈，又便宜。我最常买ZARA的洋装，实穿又便宜！我身上穿的这件蕾丝洋装就是ZARA买的，才新台币1,590元（约RMB316元）！

Smart Shopping 穿搭建议
包包和鞋子是值得投资的单品

我穿衣服的观念是，不用全身上下都名牌，高单价的东西要看值不值得投资，其实贵的包包两三个就可以了，以耐用、可以常用的为佳。我不是冲动型购物的人，通常仔细想过之后才决定投资，像我现在最常用这个YSL的Muse包，符合我需要带很多东西、要拿大包的需求，质感好，单价较高，但很值得，可以用很久。 配件类我的围巾最多，算算也有20条以上，一条围巾或丝巾，可以让整体服装颜色有变化，很推荐。配件方面我常常买齐同个款式、不同颜色，很怕之后会买不到，像身上戴的这个真皮腰封，我觉得别的地方找不到了，就白、黑两色都买，搭配洋装、长版上衣都很好用！

About Me

姓名 **廖素平**

职业 **经纪人**

平价时尚中最爱

Forever 21、ZARA

不退流行的收藏建议

Brappers牛仔裤，版型多又耐穿。

本季欲望清单

香奈儿的菱格纹包，已经按捺不住下手买了！

血拼地图

师大夜市，很多韩货，但现在小店开得太多，要细心找质感好、价位合理的。总体而言，很推荐师大夜市，服装的流行性很强，价位不高。

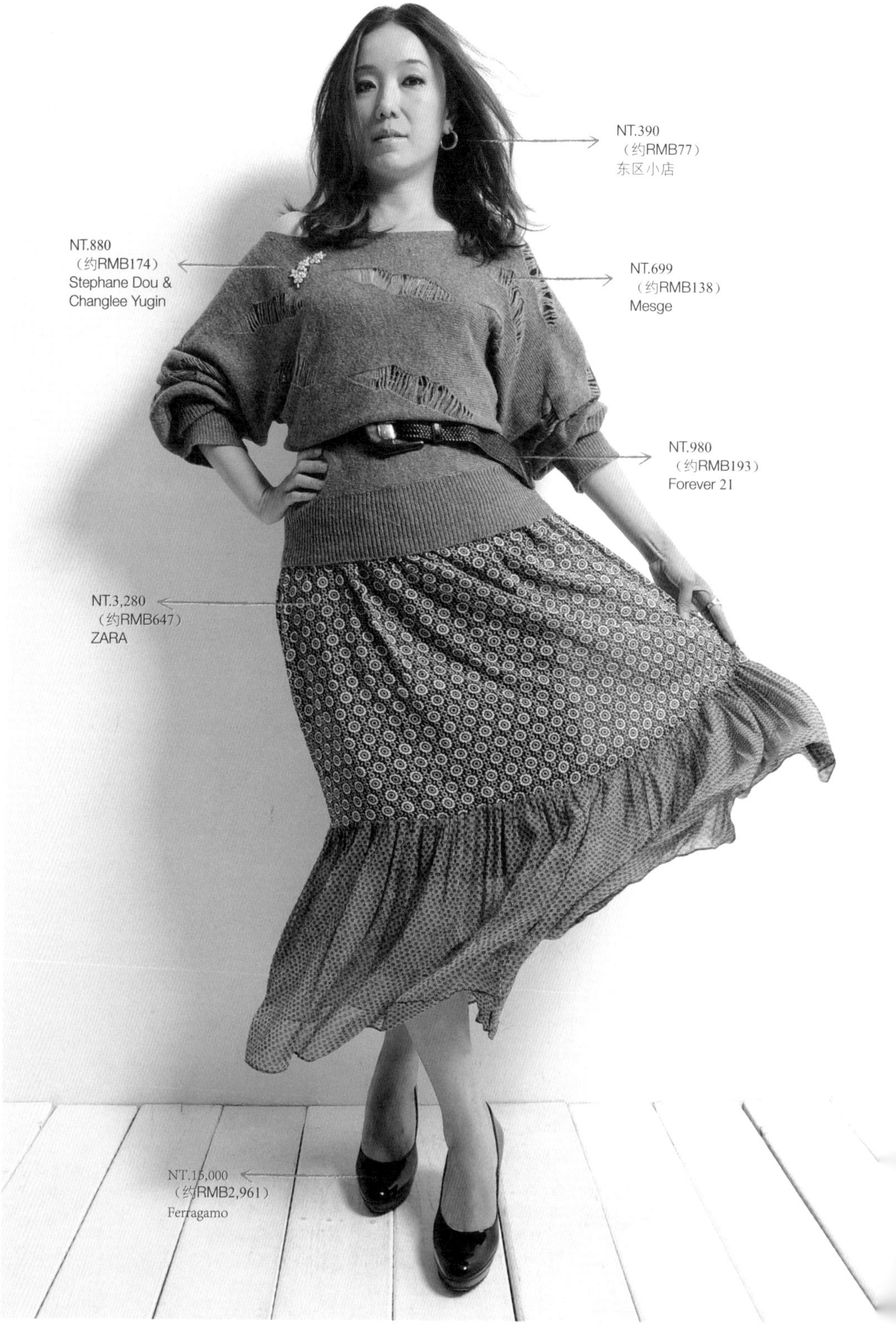

NT.390
（约RMB77）
东区小店

NT.880
（约RMB174）
Stephane Dou &
Changlee Yugin

NT.699
（约RMB138）
Mesge

NT.980
（约RMB193）
Forever 21

NT.3,280
（约RMB647）
ZARA

NT.15,000
（约RMB2,961）
Ferragamo

Z PEOPLE 30

里维 美食作家

从味蕾出发的好品位

这是一位为美食而活的男人，从台北到巴黎，甚至每个城市的角落，里维眼里的风光不是那些虚有其表而冰冷的建筑，而是最能温暖每一颗心的地道美食。从味蕾出发的好品位，架构了他在生活上与人际关系上的细腻哲学：衣着服装如同美食，要穿出耐人寻味的质感，而非表面功夫，用品味美食过生活的里维，对时尚与流行就像寻着美食地图一样，绝不随波逐流。唯有亲身体验，真实领略发自内心的“好”才是真理。

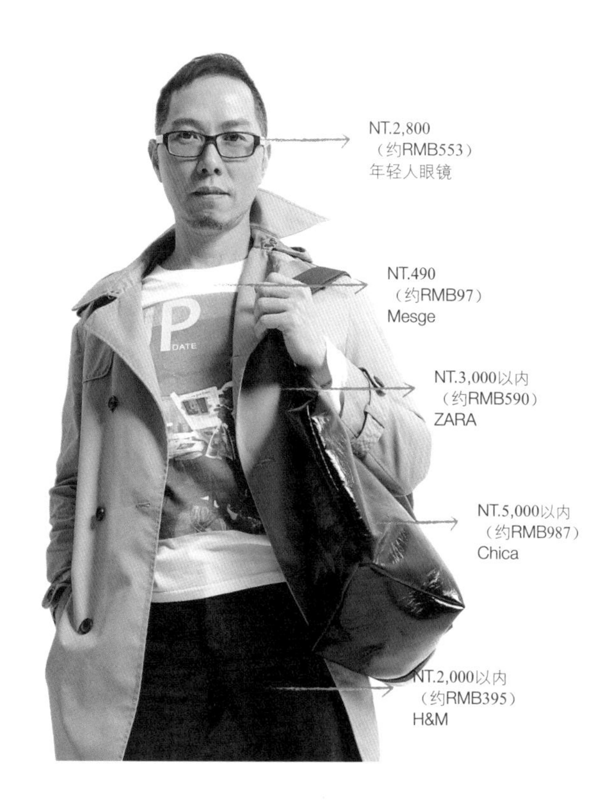

My Style 个人穿衣风格
低调又不失质感的时尚

曾经旅居巴黎的里维，平时穿着便是一派都会雅痞路线：一件优质的衬衫加件西装外套就可正式，套上针织衫后又是一番休闲感，这样的穿搭平常上班或开会都很得体，而且不具有侵略性。

“简单、舒适和棉质”是我的服装关键词。上衣我喜欢衬衫类的，白色给我单纯干净的感觉，色系方面喜欢纯色的，这样一来就非常好搭，有时搭条特别的围巾，色彩鲜艳的或有印花图腾的，整体造型就会鲜明立体。衬衫重细节的设计，如提花或条纹。在裤子选择方面，我喜欢工装裤的轻松感，再搭配双短靴，休闲mi×粗犷是我最爱的型路。衣着上不喜欢太抢风头，又希望能有点质感表现的人，不妨可以列为参考！

里维 × 平价时尚
享平价不忘质感诉求

喜欢平价时尚蛮久了，约莫十多年前住在巴黎时，就爱上了ZARA，它吸引我的是简约利落的设计，不过当时多数以基本款为主，近几年来变得时尚感很强，完全走在流行前端，而且版型和颜色选择上，也非常多元丰富。但是以前的材质比较好，很多几年前买的基本款，现在都还很实穿，现在某些单品在质感上稍显不足，所以享受平价的乐趣也要兼顾质感拿捏是我的购物原则。

Smart Shopping 穿搭建议
别让衣服混淆了个人气质

在我的配件中以戒指和项链较多，我不建议金色系配件，因为金色有时太突兀必须找其他物件搭配平衡，否则容易流于俗套。所以我的配件诀窍通常是以皮质、黑色的单品搭配银饰。我认为衣服和人之间的关系，应该是由衣服来搭个人气质，衣服太抢眼的话除非是个人风格很突出才能驾驭，否则很容易被归类为奇装异服一族，同时也会完全看不出个人质感。

About Me

姓名 里维 (江烈伟)

职业 时尚美食作家

著作

《老饕带你从北吃到南——在地人必推巷弄排队小吃》《老饕带你从早吃到晚——在地人必推人气小吃》《恋上普罗旺斯的餐桌》等

平价时尚中最爱

ZARA、H&M、Celio

不退流行的收藏建议

衬衫、风衣

欲望清单

一双质感好的黑色高统靴

血拼地图

欧洲很多Celio，不然就去百货公司，或品牌专卖店如ZARA、Agnes b.等。

NT.2,800
（约RMB553）
年轻人眼镜
NT.100多
（约RMB20）
ZARA
NT.500以内
（约RMB98）
ZARA
NT.800
（约RMB158）
H&M
NT.2,000以内
（约RMB395）
H&M
NT.1,000多
（约RMB198）
ZARA

Z PEOPLE 31

田井典子 美食家

懂得表现自我就是时尚

我非常欣赏葛丽丝•凯莉与詹姆斯•史都华（James Stewart），以及裕容龄（慈禧太后御前女官，中国近现代第一个女舞蹈家），他们共同的特色，就是拥有强烈的个人辨识度！这世上没有一个人是完美的，但是善于将自己的特色表现出来才是智举，或许我不是一个很擅长穿搭的人，但是我知道我非常乐于表现我自己，而这也正是我认同的时尚态度。

My Style 个人穿衣风格
翻玩时尚 穿活服装

我不喜欢无趣的事，对于时尚，我的想法就是一种多方乐趣的翻玩，我认为，有思想的人才能把服装穿活，所以，身边的朋友知道，我就是一个好玩、爱玩的人，在我的服装字典里有六个字："没什么不可以。"但是，我可不是一个喜欢奇装异服的怪人，我喜欢找些设计简洁的服装，然后依据自己当下的想法与心情，通过服装来传达内心的言语，甚至，我觉得把服装穿搭加一些"幽默感"会更能引起共鸣。

田井典子 × 平价时尚
翻玩大牌衣物间

谁说平价品牌里就没有设计？我觉得平价品牌或许擅长模仿精品设计的精髓，但是他们在复制概念的同时，其实是用一种更贴近一般人的时装喜好来重新设计服装，所以在平价品牌的店铺里，能够吸引我的往往是令人眼睛为之一亮有大牌设计概念的服装，绝不是什么基本款，我喜欢像寻宝一样享受逛街的乐趣。

Smart Shopping 穿搭建议
不败的50年代潮流基因

我认为传统的时尚风格都有一个很明显的时代界线，20世纪50年代的经典风格永不退流行，也是我的挚爱。我特别喜爱英伦的古典风格，混合着学院风的贵族气质，却也掺杂着不安的叛逆因子。经典格纹在任何年代、任何人身上都可以理所当然地存在，所以，虽然潮流不断地异动，但是50年代这个“后美好年代”的一切，会是我衣柜里最想收藏、也是目前最想拥有的时髦单品。

姓名 田井典子

职业 创意总监、美食家

平价时尚中最爱

ZARA、H&M、MUJI

不退流行的收藏建议

Vintage的服装

本季欲望清单

短外套、款式简洁干练的皮衣

血拼地图

无论身处世界何处，总是爱逛二手店，抱着淘宝的心情，试图在其中寻找我的宝藏。

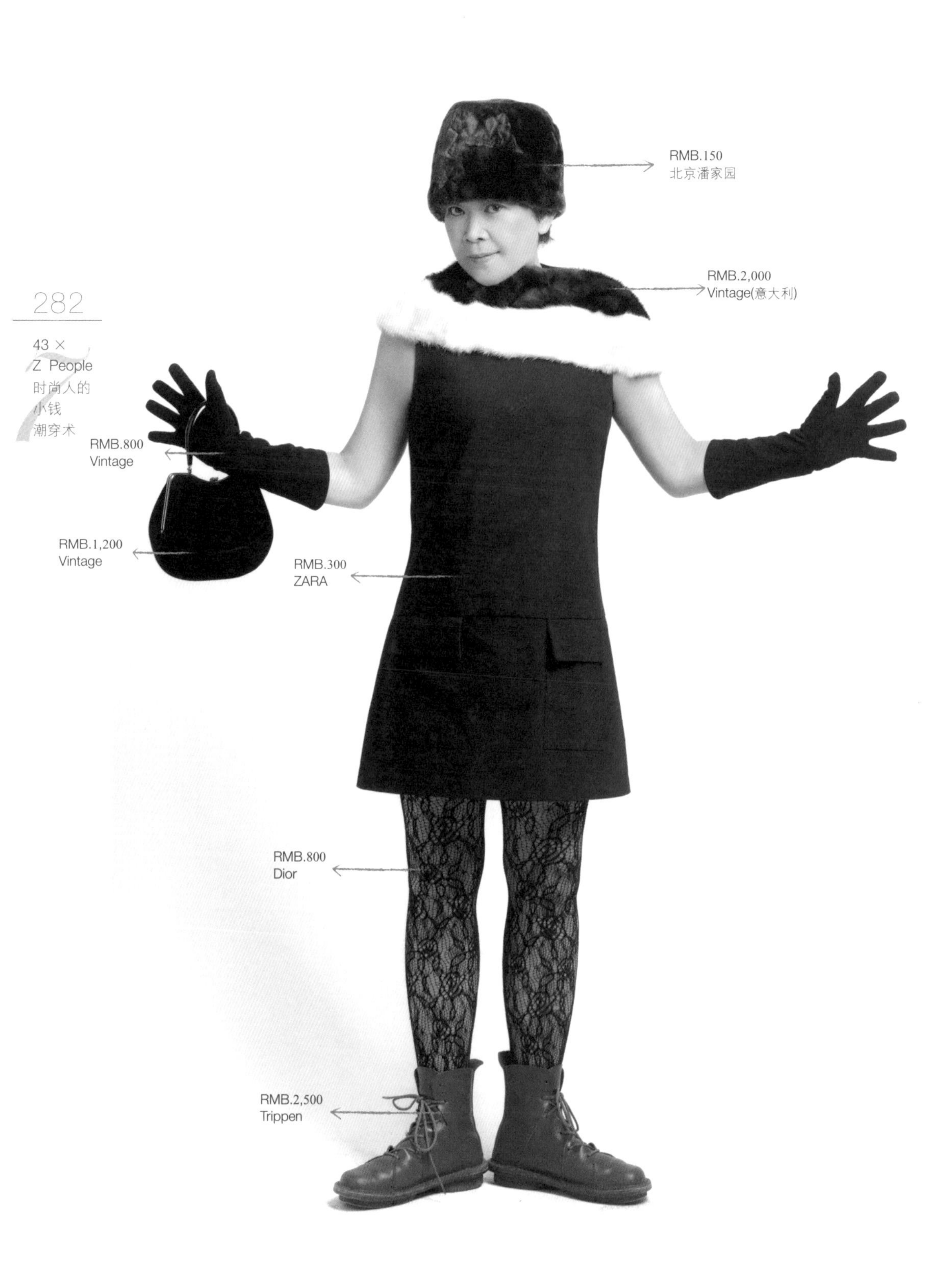
RMB.150
北京潘家园
RMB.2,000
Vintage(意大利)
RMB.800
Vintage
RMB.1,200
Vintage
RMB.300
ZARA
RMB.800
Dior
RMB.2,500
Trippen

Z PEOPLE 32

SCOTT 发型设计师

用想法架构风格的剪刀手

顶尖设计师团队elan hair concept的Scott，是个惜字如金的型男，因为热爱流行，所以选择投入美发设计师的领域，对潮流很有见解的他，一如他的工作态度，第一眼就要区分出每个人流行接受度。木讷的Scott不喜欢刻意去强迫客人，他觉得流行与时尚需要一定的喜好，无法强迫，如同他喜欢日系街头又带点80年代Grunge Rock的Style，他认为想要有自己风格，一定先要自己心里有想法。

My Style 个人穿衣风格
日系英伦混搭的少年郎

我觉得流行讲究整体感，服装、彩妆与发型设计是无法分割。杂志是我感受流行的工具之一，一方面可以寻找灵感，另一方面也可以当做穿搭参考。

喜欢日系街头与英伦混搭风，却不爱复杂。夏天常常是牛仔裤和素色V领、圆领T－shirt。以前爱黑、白色系，现在年纪大点，反而鲜艳颜色也敢尝试。我曾经穿legging搭配短裤，也曾经因为Vivienne Westwood女生的裤袜图纹很好看，就将裤袜头尾剪掉缝上裤头，摇身一变成为大腿到脚踝处的男用legging，这反而让我尝试出适合自己的风格。我认为最百搭的单品是皮衣、牛仔外套和牛仔裤。挑选原则：刷色要漂亮，基本上颜色不是太浅的都很百搭。配件上，我很重视饰品和帽子，最爱Chrome hearts的纯银饰品，我的手链、皮包、腰链和项链都是这牌子的，粗犷有分量感。不想整理头发的时候戴顶帽子就很有型，帽子的选择上我偏爱绅士帽和军装风格有点硬挺的帽子。

Scott × 平价时尚
风格接近款穿出时髦味

以前在杂志上看到喜爱的衣服，台北很难找到，最多跑到天母去，现在东区小店进的日、韩货很多，就算找不到杂志一样的款式，起码也有风格相近的。我最喜欢UNIQLO的素色T－shirt，长、短都有，棉的材质很舒服，花色多又显瘦，且size也很符合亚洲人的身型。 ZARA、H&M则较有设计感，不用花太多钱就可以穿出时尚感。

Smart Shopping 穿搭建议
由简入繁 我塑我型

我会建议如果还找不到自己方向、不会穿的男生，可以先以简单为主，买一堆衣服但还不太会搭的话，就不会穿得好看。反而先从简单开始，自己搭配觉得不错的，慢慢就会去尝试更复杂的东西。工作跟流行有很大关系，我最爱翻杂志，常看的都是日本杂志，像《Huge》《Sense》《Men's Fudge》等，从上面可以得到不少穿着想法。

姓名 Scott

职业 elan hair concept 资深发型设计师

平价时尚中最爱

ZARA 、H&M

不退流行的收藏建议

皮衣、牛仔外套、材质好的牛仔裤、背心

欲望清单

黑色军装风靴子、银饰

血拼地图

台北市东区“好样”餐厅同条巷子的“beauty&young”和“mind”

NT.50,000
（约RMB9,870）
Chrome hearts
NT.380
（约RMB75）
Mesge
NT.500
（约RMB99）
H&M
NT.1,000多
（约RMB200）
东区小店
NT.77,000
（约RMB15,285）
Chrome hearts
NT.7,000多
（约RMB1,382）
Bottega Veneta
NT. 7,000多
（约RMB1,382）
东京小店
NT.10,000
（约RMB1,974）
Danny

33 丘礼颖 时尚记者

秀场外的型人靓女

一直以来非常欣赏礼颖的时髦扮相，就像欧洲时装周上看到的各路型男靓女，不仅风格强烈，而且全身行头高贵不贵，果然在时尚线混久了，功力了得！她的至理名言：“质感好的东西，穿搭简单就能好看，这是多年经验累积下来的心得。”

My Style 个人穿衣风格
每年都要送自己一样好的生日礼物

因为外型不属甜美路线，深怕外型与个性不搭，细看礼颖的穿着，软料的复古洋装配上黑皮衣夹克，或是黑西装外套加上雪纺纱洋装，以及复古手拿包，走“软混搭硬”、“柔美搭中性”的路线，也是街拍潮人最In的风格！

工作需要每天接触手感很好的精品，所以自然而然拥有不少经典款式如Mulberry包、香奈儿的2.55、机车包，以及在法国比LV更被推崇的Goyard包。每年生日都送一件好的生日礼物犒赏自己，像她脚上这双让女生惊呼连连“好美喔”的Christian Louboutin红底鞋就是礼物之一！接下来的欲望清单就是希望给自己一只IWC的表。她说：“后悔几年前想买时没买，当时是八万，现在快二十万了。表更能传达个人的风格与质感，女生要给自己一只好的表，不用靠别人，自己就可以给自己好东西。”她以过来人的经验，建议配件要投资在好的品项上，能增值又能戴一辈子。

丘礼颖 × 平价时尚
尝鲜潮穿 平价好入门

礼颖身上很多闪亮亮又精致的首饰平价又百搭。在她身上任何你觉得很厉害的行头，其实价钱都很平易近人，除了平价时尚品牌，网络与小店都是她采买的血拼地图。 最近她还迷上时尚界的Grunge风，宽松的上衣搭配长裙，脚上是中性短靴，这些单品其实从平价品牌就可以入手了，所以建议想在造型求变的人，大可先从平价潮牌下手，即便NG也不会造成荷包太大损失。

Smart Shopping 穿搭建议
玩美穿搭不设限

时尚icon是Kate Moss，及《Sex and the city》中的Carrie，礼颖说最欣赏Carrie那样穿着蓬裙和超高跟鞋就走在纽约街头的态度和品位，她也鼓励女生们群起效仿。“和朋友去买衣服时我觉得很美的衣服，朋友说，什么时候能穿啊？我认为爱什么时候穿就什么时候穿，上班也能穿，怕太夸张就搭个小外套。不要太担心别人怎么看你。”推荐百搭款是皮衣夹克，里面加件衬衫或T－Shirt，搭上珍珠项链，和牛仔裤就可以；也可以穿上质地柔软的洋装，另有风味，最近她就爱上穿件连身及踝长洋装，再搭配皮夹克，这身打扮光用想象，就觉得很像欧洲秀场外的型人！

About Me

姓名 丘礼颖
职业 时尚记者
年资 十年
平价时尚中最爱
ZARA、H&M
不退流行的收藏建议
深色皮衣夹克
本季欲望清单
Dolce&Gabbana豹纹长丝巾、IWC表、Hermès凯莉包。
血拼地图
东区小店，推荐买饰品类，如项链、耳环或手环等；My Habit精品折扣网站(www.myhabit.com)

NT.1,000以内
（约RMB195）
东区小店
NT.2,400
（约RMB474）
ZARA
NT.3,000
（约RMB592）
Club Monaco
NT.200以内
（约RMB39）
东区小店(珍珠)
NT.300以内
（约RMB59）
东区小店
NT.1,900
（约RMB375）
东区小店
NT.32,000以内
（约RMB6,464）
Christian Louboutin

Z PEOPLE 34

卡 卡 平面模特儿

拥抱时尚的甜姐儿

我喜欢精品大牌像Chanel、Marni这样充满戏剧性的设计风格，也偏好弗里达·古斯塔夫松（Frida Gustavsson）、艾里珊·钟、奥黛丽·赫本这些新的及老的灵魂，当我在穿搭服装前，我会不由自主地想起这些Icon人物，这也是我一直很享受身在时装领域里的原因，不管是工作抑或是私下，我希望拥抱更多时尚，因为时尚能给予的不仅是外表的象征，它更能赋予我生活莫大的乐趣。

My Style 个人穿衣风格

复古老派新衣像

模特儿的工作满足我尝试各种服装搭配的乐趣，不过现实生活中的我，却不尽然喜好主流服饰，反而喜欢有点个人意识强烈的穿衣风格，不过我也不全是逆时尚或反潮流，说穿了，我也只是用自己方式来重新诠释服装的潮流性。我觉得把服装原本的风格压低，再用一种复古的心态去穿搭，往往会有意想不到的古着范儿，所以我喜欢研究欧美复古风格，用一种简约的方式，融入现代和旧时代的时装，应该就是我这几年来的个人风格。

卡卡 × 平价时尚
慢态度对待快时尚

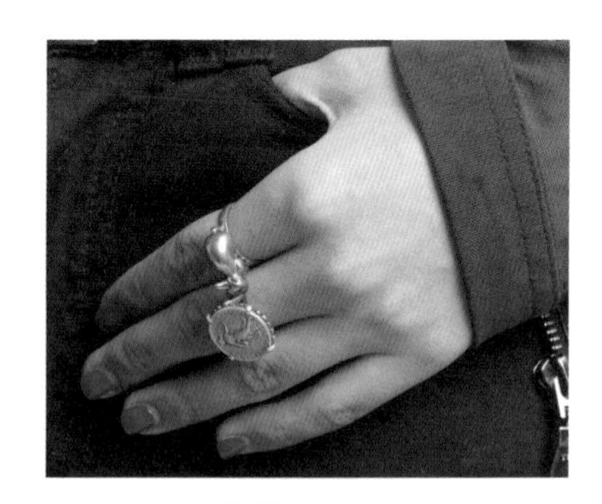

说起平价时尚，我个人观感是：因为是快时尚吧，来得快走得也快，不过对我而言，它们却也是我用来搭配经典服装的时髦配件，所以多数我会选择较为基本款的、简单设计的，不要太过复杂。硬要从中挑选出适合自己风格的，绝不能太过盲目地跟新季潮流，否则很容易迷失自己。平价时尚毕竟是类似快速消费品，潮流性高，诱惑也高，但是一味地追流行很容易乱了自己的需要，所以，面对快时尚我必须坚持我的慢态度，才能勿乱方寸。

About Me

姓名 卡卡
职业 平面模特
平价时尚中最爱
ZARA、UNIQLO、TopShop、H&M、American Apparel
不退流行的收藏建议
各种各样的Vintage，60年代、70年代的绝对是经典！
欲望清单
Chanel 2.55包、House of Harlow的首饰、Jil Sander2012春夏的新衣
血拼地图
American Apparel、Sankuanz、 ZARA、 TopShop等品牌的网店

RMB.350
American Apparel
RMB.800
LARNE
RMB.350
American Apparel
RMB.1,500
雷朋
RMB.1,100
ZARA
RMB.740
American Apparel
朋友赠送
手工鞋

Z PEOPLE

苏益良 摄影师

摄影界中的型男

如果外型与才华可以兼具，那可是老天爷的恩典！认识小苏十几年了，这句话从未当面跟他说过。180cm的高瘦身材，过肩的长发，一件简洁的长版皮风衣，以及黑色Skinny丹宁裤，一时之间你可能会搞不清楚他到底是潮流达人，还是摄影师。别看他平常总是一头乱发，老是一穿再穿的那几件T－shirt，业内人都知道，那是一种刻意营造出来的“不经意”造型。

My Style 个人穿衣风格
魔鬼藏在细节里

以前喜欢缤纷色彩、紧身裤、各色T－shirt一应俱全，现在则简化到黑、灰、白的简单色调，这是为了符合年纪，想要给人一种稳重及专业感。推荐的单品是皮衣和T－shirt，尤其在意T－shirt的领口，因为头发长，要让脖子不被头发、衣服吃掉的话就要露多点，所以会选择深V或大圆领的T－shirt。一件好的T－ shirt，会细致到连领口接边的细节也不放过，我曾看过昂贵的品牌，领口接边却处理得十分粗糙，会让人觉得名不符实。充满美式幽默趣味的图案是我最近乐于收藏的创意T－shirt，之前在纽约的Diesel买了一件人脸被挖空到仅剩脸部轮廓的图像，充满无限的想象，让人沉浸在设计者营造的意境中。

苏益良 × 平价时尚
平价时尚让我们过足时尚瘾

几年前到日本工作，和当时木村拓哉的造型师聊天，我问他，日本经济已经十几年不景气，对时尚业不是很大的冲击吗？他说，正因为长期不景气，所以像Comme Ca Du Mode和UNIQLO才爆红，可以让一般人用亲民的价格得到装扮上的满足。尽管全球经济不景气，但平价潮牌在台湾地区的买气很争气，就连耳熟能详的NET，也开始趋近H&M的风格，跟以往很不同，甚至还让我有挖宝似的乐趣发现很多百搭的单品。我认为平价时尚潜移默化全球的穿衣价值观，这是值得期待的时尚趋势。

Smart Shopping 穿搭建议
收放之间展现个人潮型

摄影的工作一忙起来就是一整天，为了工作时的轻便，Skinny的紧身线条及飞鼠裤的宽松感，在收放之间展现出个人的潮型。鞋子清一色Converse，在忙碌中营造自我的轻便休闲感。拍照穿的这双靴子是罗志祥带我去买的日本潮牌，鞋底也还是采用Converse的元素所设计，不仅厚实，穿起来也十分舒适。

About Me

姓名 苏益良

职业 摄影师

平价时尚中最爱

ZARA的T－shirt、H&M的饰品，+J（UNIQLO）

不退流行的收藏建议

T-shirt、牛仔裤、皮衣

本季欲望清单

陶瓷全黑、表面全素的沛纳海，男士手拿包

血拼地图

微风的D-mop，Lacoste（男鞋），通常会翻杂志做功课后，有中意的单品有空再去专卖店逛。

NT.360
（约RMB71）
ZARA
NT.3,000多
（约RMB592）
D-mop
NT.230,000
（约RMB45,402）
沛纳海
NT.4,000以内
（约RMB789）
D-mop
NT.10,000多
（约RMB1,974）
日本潮牌

Z PEOPLE 36 方二 艺术家

拼贴独我风格的艺术家

可能是双子座的个性加上艺术家的身份，我觉得真正的时尚不是盲从，而是追求适合“个人美”的时尚。我想“反潮流”是我的时尚理念，我不喜欢跟着别人做同样的事，也不太去购买时尚杂志。我似乎有种天赋可以在一个拼贴的过程当中找到适合自己的风格。

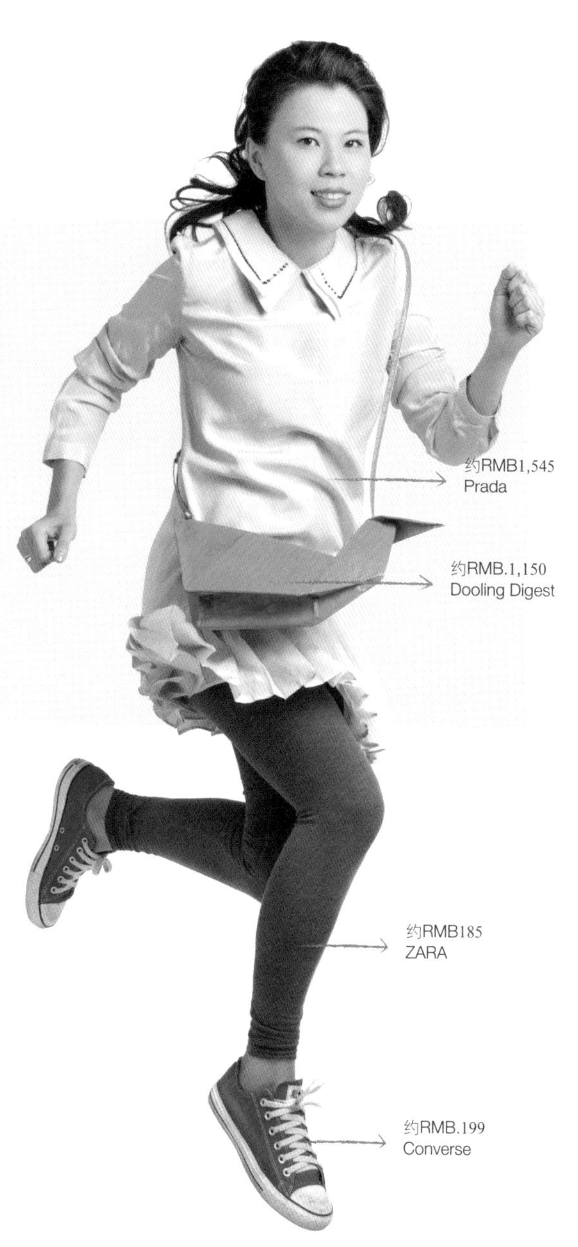

My Style 个人穿衣风格
拼贴独我风格

大部分的时间我喜欢各种几何图形、利落剪裁的服装，显得很有感觉，但同时我很在意一些精致的细节，例如一些包包首饰或服装本身的设计，可以让我有视觉上的亮点。我很喜欢Lady Gaga，除了商业行为的客观条件，她的时尚感是整体的一个印象，不光是一个视觉上的控制，还有她的行为及言谈方式等。

方二 × 平价时尚
为平价时尚的未来担忧

作为一个消费者，我喜欢平价时尚带给我那种快速的生活方式，品牌如ZARA、H&M都是时常光顾的地方，他们将高高在上的时尚“民主化”“平价化”了。

但同时我发现我们也在这当中失去一种权利，一种与品质要求相对应的东西。作为一个创作者，很多的创意并不是取之不尽，是经过一种长期的累积而提炼出来的精神产物，而创意变成品牌，甚至变成经典的过程，那是当中多少人的心力的结果，然而平价时尚是用一种野蛮且急速的方式在消费和消化这些设计。我不知道这样的时代过去之后，未来会有怎样的新势力来临。

Smart Shopping 穿搭建议
不退流行私藏推荐

我特别喜欢Vintage的东西，这些服装、 饰品甚或家具等，无论使用的面料、细节的剪裁甚至是用途都是当时那整个年代的缩影。而当东西变成经典之后，简单来说就是过去可以穿、现在可以穿、以后也可以穿的那种设计。当中我特别喜欢登月时代背景的东西，那是带着“希望”生活的设计。

我觉得很多经典的设计在过去三十年已经高度的发展，而当下这时代多是Collage或是与高科技结合的过程。

About Me

姓名 **方二**

职业 **艺术家**

平价时尚中最爱

ZARA、H&M、UNIQLO

不退流行的收藏建议

Vintage的服装

欲望清单

Alexander McQueen的Faithful Boot、Philip Treacy的帽子

血拼地图

TaoBao网、三里屯、栋梁、IT、ZARA、H&M、UNIQLO、digest design workshop 独立设计师 、 www.asos.com

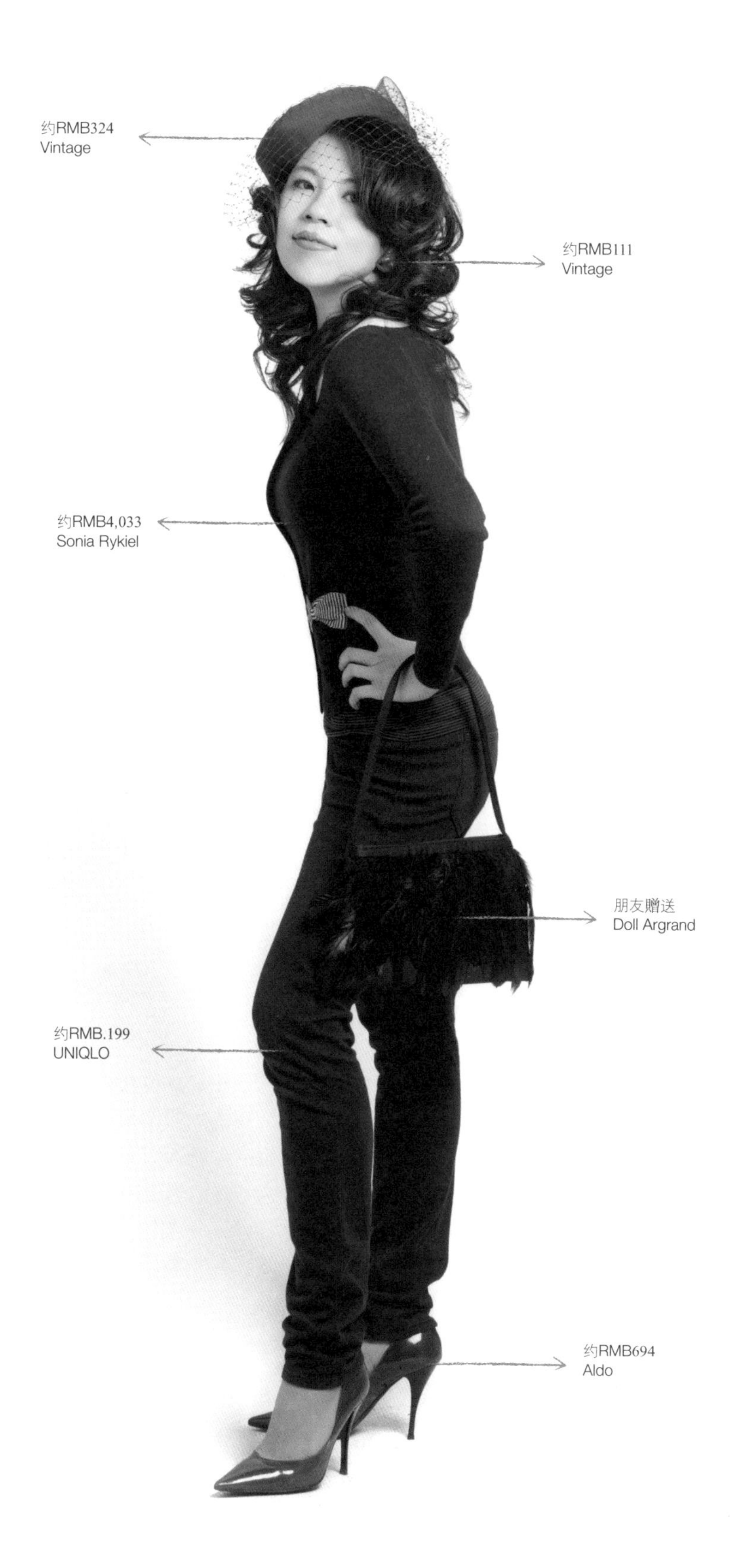
约RMB324
Vintage
约RMB111
Vintage
约RMB4,033
Sonia Rykiel
朋友贈送
Doll Argrand
约RMB.199
UNIQLO
约RMB694
Aldo

37

梁 波　影剧编导

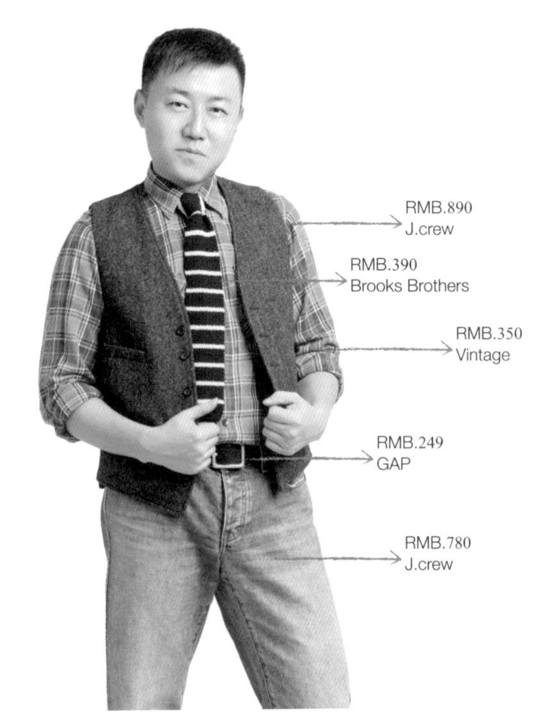

有态度的潮流文青

话说文字工作者哪需要那多花哨的时尚人的服装造型？我想除了这些大明星外，一般人其实只要扮演好自己的角色就足够了，不过，“个人角色”定位若是不明不白也真叫人头疼，讲白了，一个没性格的人还真不足以称为个人！所以，不论美丑、高矮、胖瘦都是个“型”，我想，流行时尚的特点，便是提供多数人借由服装去传达自己的态度，我喜欢“潮流态度”这个字眼，用潮流来替自己说话，多么有趣的一件事啊。

My Style 个人穿衣风格
美式学院人文风尚

我个人比较追崇美式风格，对于常青藤校园风特别钟情，所以我偏爱西装外套搭配牛仔或休闲棉裤，不过通常我会选择稍微宽松的款式，我不习惯紧贴身体的服装。工作时我偶尔选择有型的白领路线，但是日常生活上我基本会以休闲穿着为主。整体说来，我喜欢舒适随意又有轮廓感和趣味的搭配。我特别欣赏日本艺人瑛太的个人风格，很讲究细节与质感的品位穿搭，即便是西装衬衫较为正式的服装也不会出现那种严肃的距离感，反而有种文学家、艺术家的斯文秀气，这也是我目前在衣着上的一位指标性人物，我希望自己可以通过服装让周边的人有温暖、自在的舒服感受。

梁波 × 平价时尚

细节潮搭平价衫

虽然我有自己喜欢的特定风格，但是ZARA、UNIQLO、MUJI、H&M等平价的时尚品牌，还是让我抵挡不了购物的欲望，尤其是这些商品的价格都太诱人了，加上它快时尚的营销策略，每每才刚从Runway上看到最新的设计，马上就出现在眼前，真的很过瘾。这几年来我总会往这些平价店铺去捞，主攻特定基本款，一如我最常穿搭的衬衫、打底衫、POLO衫、腰带等实用单品，利用这些非常易于混搭的单品为自己来加入色彩与活力元素，另外再于细节上增加潮流度。

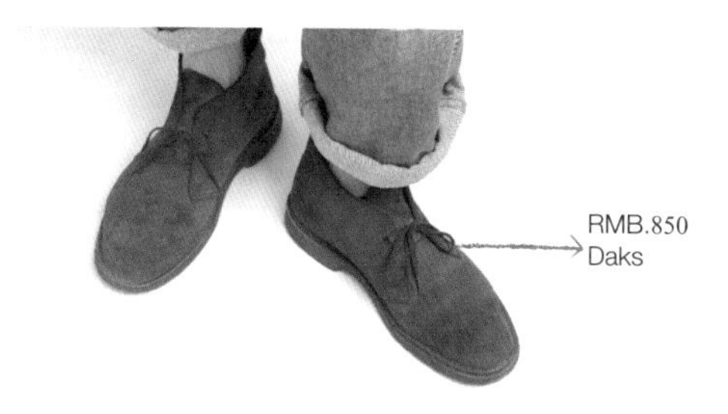

About Me

姓名 梁波

职业 影剧编导、资深文案

平价时尚中最爱

J.crew、GAP、ZARA、UNIQLO、MUJI

不退流行的收藏建议

条纹水手衫、条绒裤（粗细条不限，适合秋冬季的温暖感），高领毛衣及厚花呢外套、渔夫大衣

本季欲望清单

Beams衬衫、Edwin牛仔裤、有设计感的开衫毛衣

血拼地图

东京代官山的设计师品牌店与搜集店、Brooks Brothers、世贸天街

RMB.3,200
德国慕尼黑民毛衣
RMB.199
UNIQLO
RMB.90
Vintage
朋友赠送
Vintage
RMB.20
ZARA
RMB.620
Vintage

Z PEOPLE

胡晋尼玛 资深编辑

跟着喜欢的艺人风格走

对我而言穿搭是一种角色扮演，我的穿衣风格大致上跟潮流较无直接关联，反而受电影影响较大，多半会跟随着我喜欢的角色（艺人）风格走，像吉姆·贾木许（Jim Jarmusch）和伍迪·艾伦（Woody Allen）都是我现阶段的精神指标，所以他们的形象直接影响我的穿衣风格，以至于我的生活态度。

My Style 个人穿衣风格
多变风格玩潮型

绝大多数对外的穿搭风格倾向日系混搭，但出席较正式的时尚活动则是欧美简约风，私下休闲日偶尔以街头摇滚装扮来玩味，总而言之，对于时装及潮流我从不设限，当一个感觉来时，我就会凭感觉走，好像我的可塑性也很大，所以能够不断地尝鲜是我的潮流指标。我很喜欢Jil Sander、Alexander McQueen这两个品牌鲜明前卫的企图心，一直以来它们也是我追求的时尚Icon。

胡晋尼玛 × 平价时尚
快速更新你的时尚

平价品牌虽然无法在质量上和耐穿性上与精品相比，但是在这个潮流全球化的当下，确实提供了多数一般民众追随时髦的快速通道，也让我们在服装搭配上多了更多新的可能性，特别是它在价钱上的优势，对于新潮流你可以毫不客气地快速更新，这也许对高街品牌是一种冲击，但是选择在于个人，我觉得大可不必去探究对与错，重点是你用何种态度去参与时尚。

RMB.2,200
Sandqvist

About Me

姓名 胡晋尼玛

职业 《周末画报》资深编辑

平价时尚中最爱

ZARA、UNIQLO、Topshop、American Apparel

不退流行的收藏建议

Edward Green的牛津黑色皮鞋

欲望清单

Burberry Black Label羊毛的大衣、Hare做的旧皮衣、Hysteric Glamour的新季T-shirt

血拼地图

北京的话一般就去三里屯Village

网站：淘宝、www.etsy.com二手市集

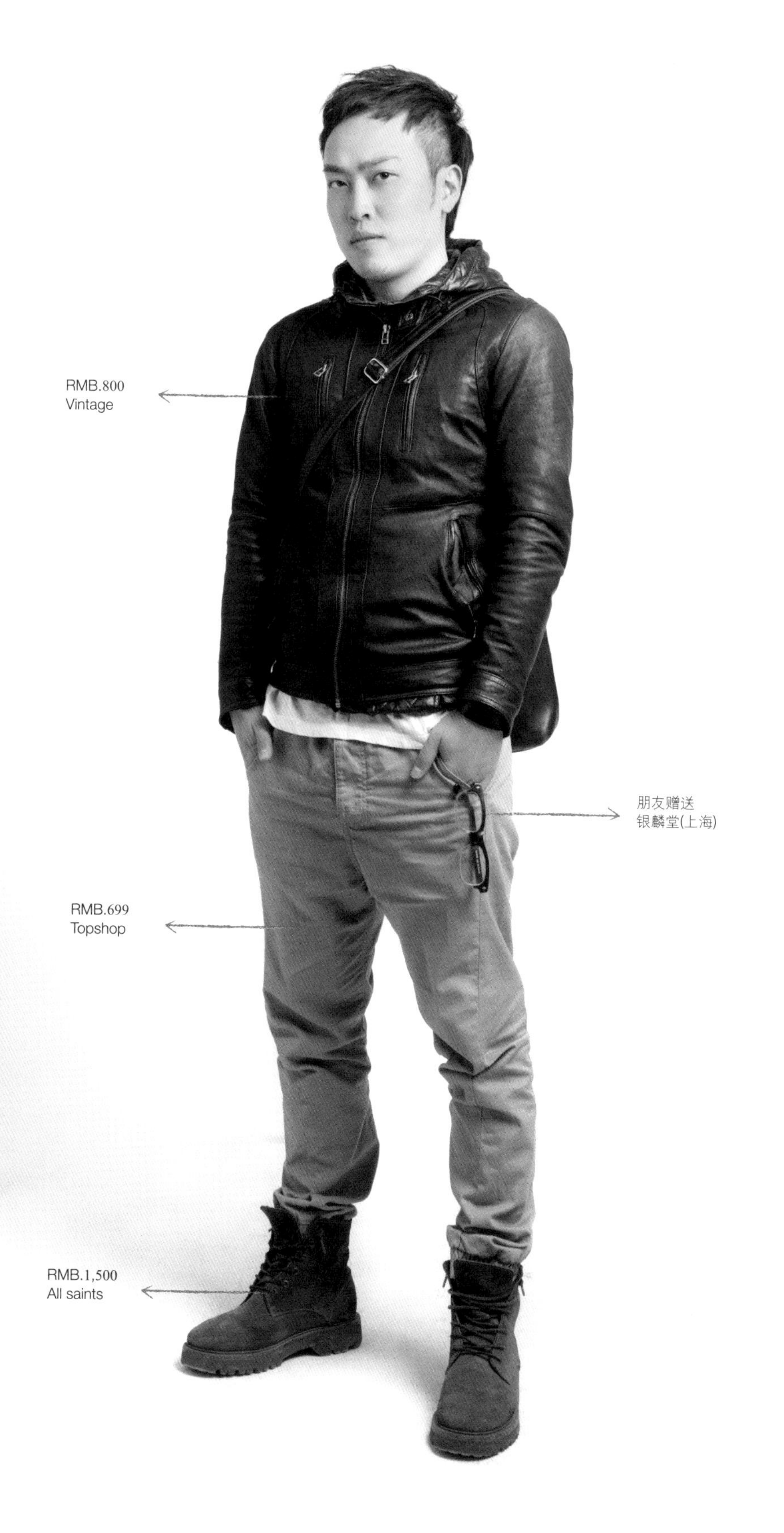

RMB.800
Vintage
朋友赠送
银麟堂(上海)
RMB.699
Topshop
RMB.1,500
All saints

39 IVY 时尚空姐

时髦宝贝俏妈咪

美丽的Ivy已经是一个孩子的妈，同时她还从事让女生充满无限幻想的空姐职业。总是飞来飞去的她，不是在飞机上，就是在往购物的路上，长年下来，不仅阅历了每个城市的美丽，衣柜里更是挂满了来自世界各地的战利品。爱美成痴的她，有了女儿后，美丽加倍，连女儿也一起打扮，对她而言，美也是一种教养，所以小小Ivy从小就是一副IT Baby的潮范。

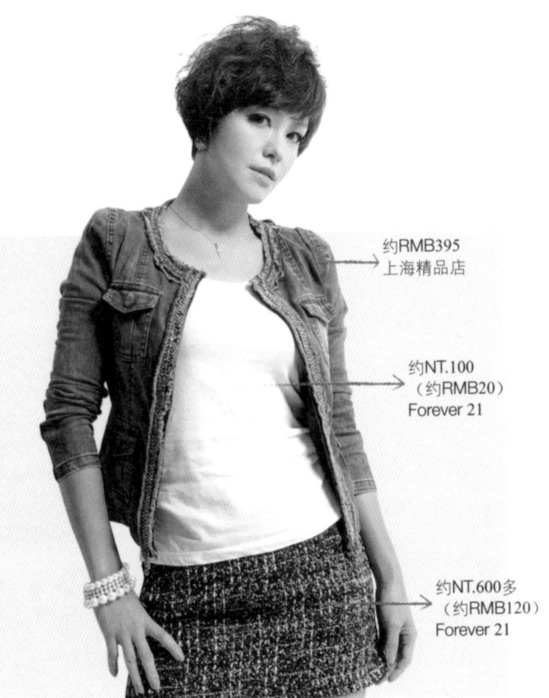

My Style 个人穿衣风格
1+1不败衣魔术

白嫩娇气的Ivy，其实最喜欢简单个性的穿着，外表非常女性化的她，以中性、利落的时装，平衡整体气质。

配件方面我非常喜欢用夸张的、大的耳环或项链，搭配T－shirt，这样简单又带着奢华感。混搭是我最爱的搭配方式！我觉得包包是配件最重要的亮点，一定要选质感好的，不一定要名牌，但材质和款式最好选择有经典特质的。我有个不败的穿衣技巧，就是“外套+牛仔裤”，我衣柜中有很多各式各样的外套，外套类很好搭配上衣，可以做很多造型的排列组合。另外牛仔裤是另一个我的必备单品；一件能修饰臀部、腿部线条的小喇叭裤，可以和上身所有风格穿着搭衬，我认为这是最百搭的！

IVY × 平价时尚
平价店铺拼潮流

我现在每个月的置装费不会超过5000元，不多，对吧！因为现在重心在我女儿身上，我很喜欢帮她打扮成不同的型，有点像是在弥补童年的娃娃梦，现在只要看到美丽的童装就会忍不住血拼一番，不过还好，现在有太多平价品牌可以选择，所以荷包不至于大失血。我自己在衣服上也不会花费太多，所以不管在台北或飞到别的城市，我一定会先到Forever 21、ZARA、H&M报到，任何最时髦的服装或配件，都可以一并打包。我喜欢这些平价品牌快速提供潮流的选择性，伴着我女儿一起痛快地追赶流行。

Smart Shopping 穿搭建议
母女同调混搭乐

我已经开始把自己的东西放在女儿身上了，像她身上这件裙子，是我以前曾在Party上穿过的，搭上靴子、长袜，小朋友也可以很混搭。女儿都喜欢将妈妈当成是模仿的对象，所以我女儿很享受穿戴我的东西，不管我穿什么风格，她都会充满兴趣。她现在才3岁就懂得注重打扮，不过她目前没有特定的喜好风格，所以我反而花较多心思在她的服装上。而我自己则更简单了，把旧衣与新衣任意混搭，除了经济实惠，更能摸索到不一样的穿搭创意，也蛮有趣的。

姓名 IVY
职业 **空服员**
平价时尚中最爱
ZARA、H&M、 Forever 21、UNIQLO
不退流行的收藏建议
长短各式外套、牛仔裤
本季欲望清单
Chanel 2.55
我觉得与其花费金钱在多款包包上，不如集中投资在一件值得的单品上。Chanel包包经典百搭，时而率性，时而贵气，年轻到年长都能背。
血拼地图
五分埔、师大路和ZARA

约NT.5,000
（约RMB990）
韩国购入
约NT.300
（约RMB59）
Forever 21
约NT.300
（约RMB59）
Forever 21
约NT.700
（约RMB138）
ZARA
约NT.150
（约RMB30）
五分埔
约NT.1,800
（约RMB355）
日本小店
约NT.1,200
（约RMB237）
WHY AND 1/2

Z PEOPLE 40

王贞妮 资深媒体人

摩登贵妇进行曲

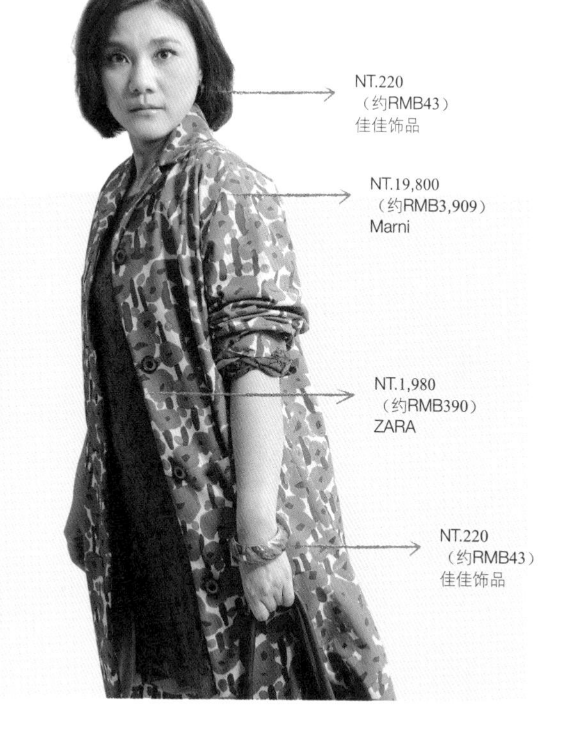

和贞妮从制作流行节目“la modenews”认识到现在也十余年了，因为爱时尚、爱流行，所以做起这类节目特别起劲，我们可以从工作到生活都聊着买什么、哪里买。一直到现在，这个姐妹淘掏心话还是持续进行着，白羊座的贞妮对于潮流的敏锐度与参与度都很高，每次见面，这位贵妇身上一定会有新行头让你来个大惊喜，我很欣赏她永远都是一副很有姿态的时髦贵妇范儿，从她身上你可以明显感受到，充满“自信”的人是如何成功驾驭潮流这档事。

My Style 个人穿衣风格
one piece洋装穿衣术

我喜欢洋装，一件有设计感的洋装，3秒钟便可以搞定造型，这是我很爱Marni与Tsumori Chisato的原因，这两个牌子洋装的印花与剪裁都很抢眼，一直以来是我洋装的首选。我应该是洋装控，即便是冬天我还是洋装一族，我的洋装多半是及膝长度，这类洋装除了好修饰身材外，也较能显得活泼俏丽，另外，我也喜欢七分长的洋装，除了单穿，也可以玩点legging的穿法，这样会有种偏知性的慵懒浪漫味道。我是一个凡事讲求效率的人，简单讲我的穿搭术就是以一为重，先把想穿的洋装挑出来，顺着洋装样式再去搭配外套或饰品，然后就是与鞋、包，这是我多年来养成的洋装穿搭术，我觉得蛮管用的，喜欢穿衣不费事的人或许可以参考看看喔。

王贞妮 × 平价时尚
平价时尚新选择

除了特定的设计师品牌是我每季的心头好外，现在很多精品小店或平价品牌也都很好买，我常常心血来潮一买就失控。以前我真的很爱买那些国际大牌的服装，近年来发现身边许多朋友身上穿的服装特别好看，质料设计也都有大牌的样子，一问之下原来都是来自精品小店的韩货，有些甚至就是ZARA 、H&M或网络上的平价品牌，我真的是大开眼界。所以，现在每次有购物欲望时，我会先冷静想想，是不是有些衣服可以在平价品牌的店里购买就好了。确实，除了我自己的需求外，我发现小女生的衣服也都一应俱全，而且流行感与设计感几乎和大人是一样的，所以现在我和我女儿Juliana最大的共同乐趣就是一起去逛ZARA或H&M。

姓名 王贞妮

职业 资深媒体人、姐妹淘执行长

平价时尚中最爱

ZARA、H&M

不退流行的收藏建议

洋装，西装外套、牛仔裤

欲望清单

Roger vivier方扣鞋、Hermes皮带表，35cm 大象灰柏金包

血拼地图

MIHO、HEMA、I love Everthing

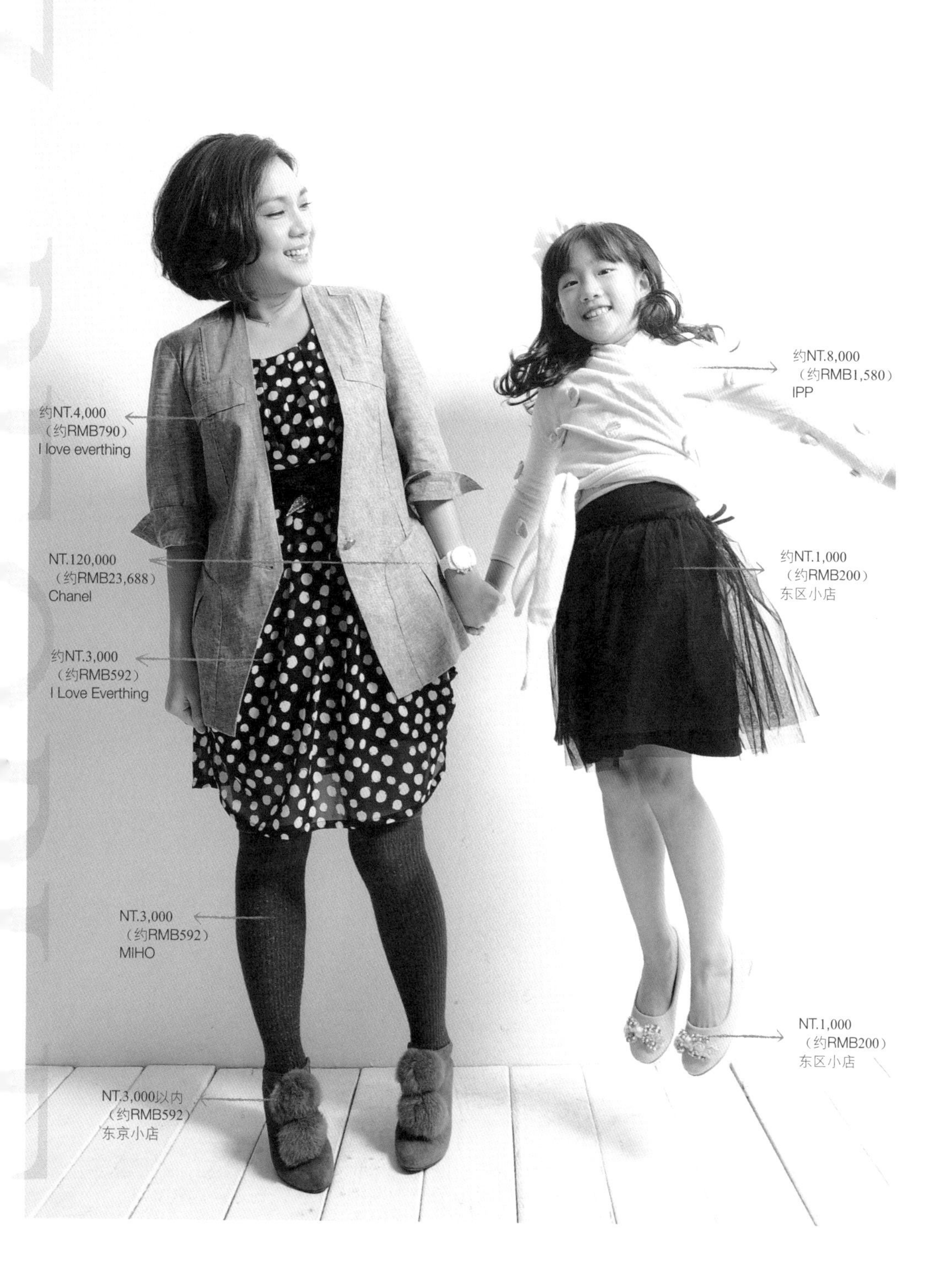
约NT.4,000
（约RMB790）
I love everthing
NT.120,000
（约RMB23,688）
Chanel
约NT.3,000
（约RMB592）
I Love Everthing
NT.3,000
（约RMB592）
MIHO
NT.3,000以内
（约RMB592）
东京小店
约NT.8,000
（约RMB1,580）
IPP
约NT.1,000
（约RMB200）
东区小店
NT.1,000
（约RMB200）
东区小店

Z PEOPLE 41

双C姐妹花 Clair & Cerise

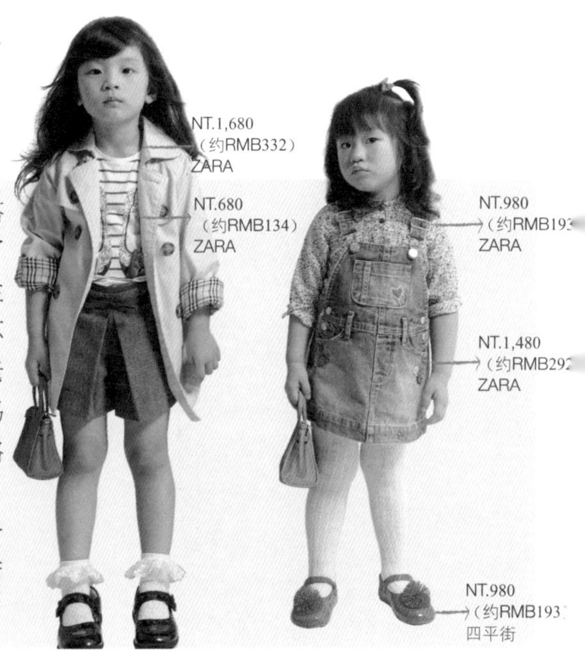

姐妹仅相差一岁半，对于服装穿搭很有主见，每天出门前总是为了要穿什么而和妈妈拉锯，当她们打定主意后通常很难被左右，对于美的坚持不惜以哭闹来圆满。古灵精怪的妹妹，老早就把姐姐当偶像，有样学样，虽然妈妈刻意要把两个人的风格区分，但一路下来，却只见两个人愈来愈像双胞胎，不过仔细瞧瞧，这对小小姐妹花，两个人各有自己的气味，随着成长过程，若干年后应该会有令人惊艳的风格差距。

My Style 个人穿衣风格

梦幻公主两个样

没错，这个年纪的小女生内心里都住了一个小小公主梦，已经上中班的Clair最爱的造型就是裙装，叫她穿裤子简直要她命，所以为了满足她公主梦的执着，从事流行时尚工作的妈妈，会很技巧地运用休闲或个性化的上衣来抵消裙装过度的梦幻感，或选择设计比较简洁的裙子，好让Clair不会落入爱丽丝的梦游仙境里。

至于俏皮的妹妹Cerise，虽然也爱学姐姐穿裙装，但是range比较大，只要穿起来是舒服的（不要太紧绷），她都可以自以为很漂亮地充满自信，也因为长相比较有个性，所以即便裙装，也会比较偏向俏皮感，所以通过姐妹俩的示范，我们可以看到两种全然不同的小公主范儿。

Smart Shopping 穿搭建议

平价时尚找童潮

其实小朋友在成长期间，服装的汰换率非常高，几乎每一季都要换一个size，不像大人今年买的洋装，明年、后年还是可以拿出来穿，童装的CP值堪称所有服饰中最小，所以有经验的妈妈都知道，再美再可爱的童装都要适可而止（多数妈妈很容易因为一个好可爱的感觉而陷入非理性的购物狂），不过在少子化的时代，多数父母还是很愿意砸钱在宝贝的身上，所以建议年轻爸妈们可以在平价品牌的童装部门满足血拼的冲动，或者也可以在韩系童装小店里淘宝，试着将ZARA、H&M的基本款搭配韩版潮流款，绝对可以让小宝贝成为爸妈最时尚的配件。

About Me

姓名 杨可晴&杨可彤 Clair&Cerise

平价时尚中最爱

GAP、ZARA、UNIQLO

实穿的收藏建议

T-shirt、背心式洋装（长款洋装变上衣）、肩带可调整的牛仔吊带裙，纱裙（同一条纱裙可以从90cm穿到130cm，过膝裙变迷你裙），针织外套

本季欲望清单

Gucci风衣、Hunter 雨鞋、Bonpoint 丝质洋装

血拼地图

Leeco、Costco、ZARA、四平街韩童小店

NT.450
（约RMB89）
Halloween
NT.780
（约RMB154）
ZARA
NT.980
（约RMB193）
ZARA
NT.680
（约RMB134）
四平街韩童
NT.480
（约RMB95）
四平街韩童
NT.30
（约RMB6）
Costco
NT.980
（约RMB193）
顶好小店
NT.980
（约RMB193）
四平街小店

Z PEOPLE 42

徐承濠 艺术指导

时尚热血青年

因为在英国念书的关系，初识濠时觉得他有股浓浓的书卷味，私下也是个斯文先生。在经历了社会的历练，特别是这几年长期居住北京工作，再见到他时，她已经从一个大男孩蜕变成熟男。我们是非常match的老朋友，这次出书他是幕后功臣之一，除了包办这本书的美术总监，还找来一干潮流人士参与，并且亲自诠释“潮人式”的平价时尚穿搭，让时尚更具体地成为你我生活中的必需品。

My Style 个人穿衣风格
英日混血潮男

我的个人风格就是一种“英式街头绅士＋日系潮流混搭风”的Mix&Match，我喜欢线条简单，没有太多缀饰，但重视“某个部位精致的细节设计”才能呈现出整个穿搭的诉求及质感。我的时尚Icon是裘·德洛（Jude Law）！他的举手投足最符合我心目中的男人味！所以，在我的穿搭理念里有一部分裘·德洛的灵魂，我希望自己不管在哪个年纪都有一定的范儿，特别是年纪愈大时愈能驾驭一切，届时服装只是身体的一部分、生活的一部分。

徐承濠 × 平价时尚

原创设计与平价时尚的MIX

我认同平价时尚，但是暗地里还是坚持对设计师品牌的支持，所以我想提醒大家的是，当有了更多元的服装及逐渐提高的穿搭敏感意识时，不要因为平价而忽略了设计师最初的用心及理念，以免成了消费品倾销的肤浅牺牲品 。虽然现在我是一身平价时尚混搭，但是在我的穿搭理念里还是希望尽可能多以原创设计的精神为主，所以我也很乐见愈来愈多平价品牌与设计师的联名设计。随着这股平价浪潮，我们更可以用不到十分之一的价钱享受到大牌设计的原汁原味，我觉得这也是时尚走向群众的一大改变。

原创
Lowhao

RMB.3,200
Burberry prorsum

About Me

姓名 徐承濠

职业 艺术指导 / 插画家

平价时尚中最爱

ZARA、UNIQLO、MUJI

不退流行的收藏建议

裤子挂链——金属 、 皮质皆可，依整体服装搭配不同款式裤子

窄版领带——不羁的庄重，适用各种正式与非正式的场合

欲望清单

Junya Watanabe（渡边淳弥）的外套， 线条利落、材质拼贴， 拥有无穷尽的想象力。

血拼地图

1.各城市的ZARA、UNIQLO、MUJI旧衣市集（尤其怀念伦敦的BrickLane、Notting Hill Gate)

2.东京的RAGTAG二手服饰店 www.ragtag.com

3.英国的设计师服装网店 www.mrporter.com

4.淘宝网www.taobao.com

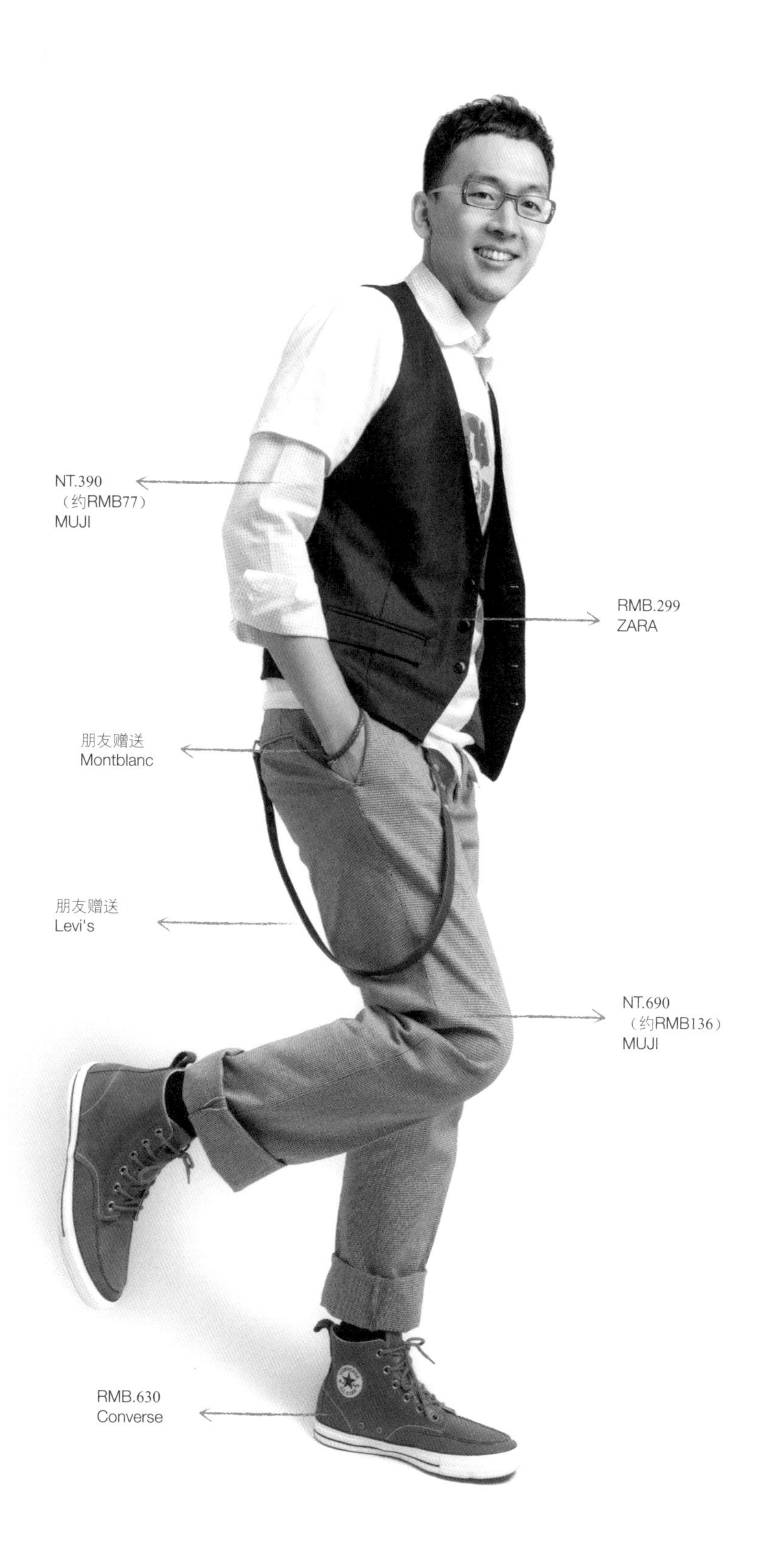
NT.390
（约RMB77）
MUJI
RMB.299
ZARA
朋友赠送
Montblanc
朋友赠送
Levi's
NT.690
（约RMB136）
MUJI
RMB.630
Converse

萧青阳 平面设计师

运动家精神的格莱美大师

曾获得2012年美国独立音乐大奖的萧大师，入行三十余年，获奖无数，仍低调宣称自己只是唱片界待得比较久的资深前辈，常说得奖只需高兴一天就好了的他，做事与做人一样务实，对工作全力以赴，对生活尤其充满冲劲。举凡登山、冒险、单车等，能挑战体能极限的运动才能激起他的热情，就如同他对时尚的解读，套句他的话：“流行时尚不就也是一种态度的表征？”

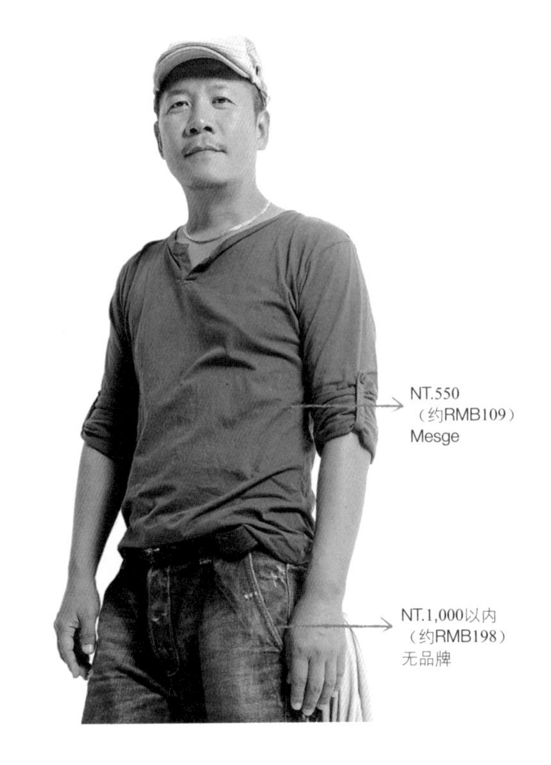

NT.550（约RMB109）Mesge

NT.1,000以内（约RMB198）无品牌

My Style 个人穿衣风格

运动控 实穿至上

认识我的人都知道，我只穿球鞋与夹脚拖，这就是我的萧式风格。“我不为潮流而穿搭”，就像设计唱片封面一样，设计就是要有“辨识度”，而不是随波逐流的淹没。因为热爱运动，衣柜里几乎是清一色的休闲服与运动服、各式各样的潮T，零星掺杂了几件美式古着休闲衬衫，不过近期最受我青睐的应该是单车专用服装，耐高温，到夜间还能保暖，很适合我这种重视功能性的消费者。

工作以外的时间，我会抽空去旅行，热爱的休闲活动也都跟运动有关。夏天如果找不到我，那肯定就在海边。就连裤子，多数都是运动裤和牛仔裤，因为耐穿，活动性也高；我曾经一整身运动服去机场搭机，到达目的地一下飞机，马上就可以开始行程立刻玩。

萧青阳 × 平价时尚

平价快时尚 全新的价值观

因为从事唱片设计，我的穿衣风格一向是跟着音乐人的潮流走，轻松简单带点设计感的服装是首选。不管是高价精品或是平价快时尚，我觉得生活本来就应该是多层次、多元化的供需状态，有竞争、有比较，有一定的差异性存在，这些都是好的，平价快时尚不只是让时尚快速传递，更深层地解构，它也提供给年轻人一种消费得起的时尚观，让人对时尚的解读不只停留在花大钱的奢华精品，在赞叹的同时，也能让时尚更实际地融入生活。

Smart Shopping 穿搭建议

有态度 帽子戴出型

虽然我总是一身T－shirt与牛仔裤，看似很日常的一身便服，其实只要戴上帽子马上变身成为另一个Style，不过还是萧青阳，所以配件中拥有最多的就是帽子，而且骑单车时也很适合佩戴！多数潮牌会找我创作绘图，所以工作室里有很多MIT生产的“裸帽”，也就是没任何颜色、图案的素色帽，反而不会抢了身上服装的风采，并能增加造型的吸睛度，所以穿什么其次，重要的是“态度”，这也是我对潮流这档事的看法。

姓名 萧青阳

职业 平面设计师

作品 第一位入围格莱美奖的华人唱片设计师。设计超过1,000件唱片封套。曾获2012年美国独立音乐大奖、2010年德国红点设计大奖、2010年、2008年、2007年、2005年格莱美包装内页设计奖等。

平价时尚中最爱

Mesge的T－shirt、运动品牌与设计师的Crossover 设计款。

不退流行的收藏建议

T－shirt、牛仔裤、Agnes b.皮衣

本季欲望清单

户外运动型的轻量保暖外套。

血拼地图

各种专业运动品专卖店、单车用品店。

NT.5,000以内
（约RMB980）
Police

NT.20,000以内
（约RMB3,950）
Agnes b.

NT.700
（约RMB138）
Mesge

NT.1,000以内
（约RMB198）
无品牌

NT.1,500
（约RMB296）
Mizuno

后记

多年流行时尚媒体工作的实务经验，让我有个很深的体悟：

再好的理论与知识，若没有一个浅显易懂的传达方式，就无法产生共鸣，就像一道美味的食物，若难以消化，就无法让人细细品味，一再回味。

当初决定要出这本书时就想好了，这不是一本自命清高的时尚书，这是一本可以跟很多人对话的工具书，所以，本着做节目与做杂志的精神，一开始我先预设了Focus Group（读者检讨会）的种种可能性。

要有血有肉、有精神、有灵魂、有图为证、有历史依据、有时事潮流、有名人效应、有教战手册、有哪里买资讯……该有的一应俱全外，还要有“态度”。

从封面到内文的一字一句，每一个角落，都是铺着解读“平价时尚力”的梗，希望用最诚恳、友善的方式让大家轻松阅读，并彼此产生共鸣。

这是我的第一本书，但我总觉得自己只是挂名作者的那位Writer，因为没有身边这些义气相挺的好友就不会有这本书。

原来只是想把平价时尚（Fast Fashion）这个潮流讯息分享于大家，但碍于本人无法自拔的职业病，终究还是把事情搞大了，为了便于解读百年时尚革命史，有请正忙着艺术创作的商少真帮我绘了12位Icon人物，为了让读者更容易理解平价时尚的混搭魅力，动员了不同领域的42位潮流人士，自备服装造型进棚拍照示范，这当中还不乏忙到不可开交的大明星佩岑与天心，以及空中飞人游丝棋、吴依霖、陈孙华、张景凯、Tony、苏益良、黄天仁，还有公关教主于长君、姊妹淘执行长王贞妮、华敦集团品牌经理高芳莉、格莱美得奖人萧青阳、婚顾老板王亭又……各个都是大忙人，再加上为了发行中国大陆的计划，我甚至央请了远在北京的好友Hao，动员了中国大陆的朋友共同参与这次Z People的拍摄，老实说要完成这本书还真不容易，它几乎用掉了我这辈子的友谊存折（汗），所以背负了这艰巨的人情债，岂能轻忽怠懈，这一年来我几乎用尽可能的时间全力投入这本书，这当中过程是开心而且获益匪浅，有这些友谊相挺，我备感荣幸，也很庆幸自己可以借此机会做学问，长了知识与常识，同时也很感谢所有协助我完成这个任务的每一位朋友，感恩（鞠躬）！

By 铁打的贵妇 陈璧君

致谢。

Louis Vuitton
Chanel
Valentino
Givenchy
Dior
Jean Paul Gaultier
Fendi
Salvatore Ferragamo
Gucci
Chloe
Bally
Repetto
Rouge
Dazzling
Carole
Stephane Dou&Changlee Yugin
Jamei Chen
Maje
Mesge
L'Occitane
Beautymaker
红双囍有限公司
Elan hair concept
许有湘彩妆造型工作室
陈雅红彩妆造型工作室
夏天摄影工作室
黄天仁摄影工作室
苏益良摄影工作室
林柄存摄影工作室
预见未来影像创意有限公司
杰思比有限公司
Yes 娱乐网
巨亨网
陈琼妤
李昭融
丘礼颖

图书在版编目（CIP）数据

平价时尚力：时尚女王教你穿出个人竞争力 / 陈璧君著. — 长沙：湖南文艺出版社, 2016.9
ISBN 978-7-5404-7250-4

Ⅰ. ①平… Ⅱ. ①陈… Ⅲ. ①服饰美学 Ⅳ. ①TS941.1

中国版本图书馆CIP数据核字(2015)第196459号

著作权合同登记号：图字18-2013-55

Pingjia Shishangli——Shishang Nuwang Jiaoni Chuanchu Geren Jingzhengli

平价时尚力——时尚女王教你穿出个人竞争力

作　　者／陈璧君

出 版 人／刘清华
责任编辑／唐　敏　唐　贾
封面设计／郑嘉佩　徐承濠
版式设计／郑嘉佩　徐承濠
内文排版／汪　勇
插画设计／商少真
潮人摄影／陈建维

湖南文艺出版社出版、发行
（长沙市雨花区东二环一段508号　邮编410014）
湖南省新华书店经销
湖南天闻新华印务有限公司
2016年9月第1版第1次印刷
开本　880mm × 1230mm　1/16
印张　21.5
书号　ISBN 978-7-5404-7250-4
定价　48.00元

网址：www.hnwy.net
本社邮购电话：0731－85983015
若有印刷质量问题，请与本社出版科联系调换。
联系电话：0731-85983029

时尚没那么遥远，

它就存在你我的日常生活之间。

enjoy ZFASHION……